天下雜誌
觀念領先

恆久卓越的修煉

掌握永續藍圖，厚植營運韌性，
在挑戰與變動中躍升

BE 2.0

Turning Your Business into an Enduring Great Company

詹姆・柯林斯、比爾・雷吉爾——著

齊若蘭——譯

獻給我們的摯友，瓊安與桃樂西

目錄

☆ 為柯林斯 2020 新觀點

推薦序

堅定信念，攀登卓越的高峰

玉山金控董事長　黃永仁
玉山銀行董事長　黃男州

卓越，是至高的夢想，是沒有終點的挑戰。

「如何建立恆久卓越的組織？」年輕時的柯林斯愛上了這個問題，為了滿足自己的好奇心，沒想到竟開啟了長達三十年的研究，如今他無疑是此領域最具話語權的大師，這也成為他一輩子的使命，並且樂此不疲。柯林斯曾做過一個有趣的思想實驗：「別人得付我多少錢，我才願意打消發表多年研究心血的念頭？」答案是即使有一億美元的重賞，都不足以澆熄柯林斯及團隊和各界分享研究成果的熱情。

那麼，到底什麼是卓越的組織？我們認為，真正卓越的組織除了亮眼的績效外，更是一家有靈魂的企業，如果有一天它消失不見了，從員工到顧客到社會，都將感到惋惜與不捨。真正卓越的組織是長久欣欣向榮，禁得起時間的考驗。1992 年，玉山銀行成立，以台灣最高的山為名，決心經營一家最好的銀行，過去三十年，我們懷抱希望、堅定信念，這份初衷成為推進玉山不斷前進的重要力量。

在過程中，我們體會柯林斯字裡行間所表達的理念，卓越是一種嚮往，是一種態度，是對於所在乎的事物，想把它做好、更好、還要再更好的過程。由於真的很在乎目前所做的事情，也深深相信這份工作的目的和意義，所以設法做到盡善盡美，長期累積的結果，不知不覺便達到或接近了卓越的境界。從優秀到卓越，從不是一件容易的事，無論遇到再大的挑戰，堅持理想，永不放棄，這正是卓越的本質。

玉山相信，傳播知識就是傳遞幸福，也是傳遞希望。《恆久卓越的修煉》可視為柯林斯一系列研究的集大成，他打造出卓越企業的藍圖，並專注於闡述能歷久彌新、超越時間的恆久原則。在這樣一個充滿變化、混沌與不確定的年代，書中的方法就像是指引方向的北極星，讓企業做為學習與依循的準則，不僅能幫助領導人更好地經營企業，也能幫助個人成為更好的管理者。

柯林斯在書中提出清晰的願景架構，深入剖析構成願景的三個要素：核心價值、目的及使命，我們認為相當具有參考價值。身為領導人的首要責任，是為公司描繪清晰的共同願景，就好比你想造一艘船，首要任務是激發所有人對浩瀚海洋的熱切嚮往。願景能賦予工作意義，凝聚團隊、促進合作，進而為企業注入靈魂。

因為擁有共同的願景，讓一群平凡的人，成就不平凡的事。人才是關鍵指標，也是先行指標，找對人的重要性永遠優先於找到好的商業構想。當組織的關鍵崗位上有很高的比例坐著對的人，就在邁向卓越的路上跨出重要的一步。

每一個卓越的企業或個人，在成功的過程中或多或少有運氣的成分，而幸運之神總是眷顧能堅持到底的人。關於這點，玉山有深刻的體會，從 CSR 到 ESG，我們從創立之初就堅持投入，這是玉山的自我要求，是玉山對這片土地許下的承諾，或許正是因為這樣的初心與堅持，才得以掌握隨之而來的幸運與機會，長期累積的結果，自然吸引到許多傑出的合作夥伴以及獨特的資源，成為玉山變革創新的動能，也成為玉山最重要的永續競爭力。

人生最快樂的事，莫過於為理想而奮鬥。

追求卓越，建造偉大事物的熱情與衝勁將永不止息。

導讀

卓越，來自於選擇與承諾

台灣大學國際企業學系名譽教授、
誠致教育基金會副董事長　李吉仁

卓越，從來不是因機遇而生，往往是結合高遠企圖心、真心付出與聰明執行的結果；卓越代表的是面對不同方案的智慧選擇，是選擇、而非機遇，決定了最終的命運！

── 亞里斯多德

《基業長青》是我與本書作者柯林斯初次結緣的作品，該書出版於我剛從美國取得學位、返國任教的同一年。我非常喜歡兩位作者與團隊，基於六年的深度質性研究，歸納出高瞻遠矚公司為何能夠基業長青的根本原因。因為《基業長青》的成功，柯林斯以此模式延伸，作為研究與創業的基礎，在後來的十五年陸續出版了五本「長青系列」書籍。本書（《恆久卓越的修煉》）雖是柯林斯的近作，其實是他與啟蒙恩師比爾・雷吉爾早年針對中小企業如何茁壯成長，於 1992 年出版的第一本書《Beyond Entrepreneurship》，再結合「長青系列」研究的精華彙整而成的作品。如果對比於長青系列是「續集」，本書可說是長青系列的「前傳」。

不管是前傳或續集，柯林斯在過去近二十年嘗試想回答的核心問題是：「企業為何／如何變成恆久卓越的組織？」對柯林斯來說，恆久卓越包含「績效」、「影響」、「聲望」與「長壽」四個面向，可說涵括企業經營的「有形」與「無形」目標。這真是非常難以完整回答的問題，因為影響企業長青的因素非常多元，實在難以一言以蔽之。即使這個議題從九〇年代起，在策略學術領域吸引許多研究者關注，但囿於研究嚴謹性的要求，多數研究都只能針對影響「可衡量績效」的因素進行量化解析，使用的解釋變數也很有局限性，因此結果也較難對實務上有具體的啟示[1]。

相對的，柯林斯從基業長青的研究開始便採取類似「多重個案質性分析」（multiple-case qualitative analyses）的研究方法，結合研究者對實務脈絡與決策場景的洞察，歸納出不少假說式推論，再用科普與實務的語言跟讀者溝通觀念。儘管相較於學術研究，其研究結論的嚴謹性或有不足，但內容攸關性與豐富性，絕對可供對「恆久卓越企業」議題關注的讀者，花時間仔細品味與反思學習。

1　策略學術研究針對企業財務績效高低的影響因素，有許多面向的深度討論。若以大量企業層次的數據所進行的計量分析結果來看，「企業個別策略差異性」應該是最大的影響因素，「領導效能」排第二，「產業與環境」則列第三。不過，所有可比較的研究都有四成左右的績效表現變異無法具體解釋，這應該就是廣泛的機遇（luck）因素。

綜觀本書對成為恆久卓越企業所提出的「修煉清單」，基本上涵蓋六個彼此相關的重點，依序分別是關於人才、領導、願景、策略、創新，與執行。柯林斯將前三項定位為卓越企業的「上位思考」，或是必須及早種下、成為卓越企業的「基因」，這部分多源自於長青系列的研究心得。相對於前三項，後三項則比較像是營運面的內涵，多半源自 1992 年著作中給中小企業成長的指引。為了銜接前後兩部分內容，柯林斯提供了一張四階段的「卓越成長藍圖」（第六章），算是本書的主題論述與亮點。整體而言，柯林斯是以這本書將其多年研究卓越企業的洞察，為讀者做整合性的呈現。

由於這份「修煉清單」很長，我嘗試用兩組、四個 C 的概念來詮釋柯林斯提供的祕笈與內涵。

第一組 C 是「選擇與承諾」（Choice with Commitment），要成為卓越企業，必須敢於做出核心選擇（core choice），並依循這些選擇採取行動，與投注資源的承諾，做為面對不可知未來的上位思考原則。

柯林斯認為卓越企業首要選擇在吸引「對的人」加入組織的關鍵職位，而所謂對的人，是指價值觀契合、能自我持續成長、能主動分享成果、更願意當責的人才。接著，為了吸引對的人才加入，組織必須建構高效能領導力，包括從建立具挑戰性的願景，到影響、激勵與發展同仁突破舒適圈的根本「領導功能」（leadership functions），以及七大領導要素形塑的獨特「領導風格」（leadership style），進而成就能兼容謙沖為懷與專業堅持的第五級領導力。有了人才與領導力，組織要敢於依循「刺蝟原則」，選擇專注發展後有機會成為領域頂尖的成長方向，並以此做為組織發展的使命與終極目的，結合核心價值與膽大包天的目標（BHAG），成為導引探索與支持飛輪轉動的「願景」[2]。

第二組C則是「一致性與改變」（Consistency with Change），確立高瞻遠矚的願景後，企業需要在策略規劃、創新能量與戰術執行上，確保成長過程中的內外部一致性，並且能夠動態進行必要的改變與調整。

在策略發展上，柯林斯在早期的書籍中並沒有提出較特別的規劃模型，內容比較屬於傳統或古典式的策略思維（類似SWOT的規劃架構）。累積了長青系列的研究，以及後期融入軍事戰略的啟發後，柯林斯的卓越藍圖側重在以願景驅動、聚焦深耕、突破擴張、與滾動修正等策略規劃做法，以應對多變的環境。創新能量方面，柯林斯強調開放式創新、兼容創意與需求驅動的創新、多元與自主、包容失敗的文化、試誤與迭代開發，以及內外在激勵等，是產學兩界普遍認同的做法。至於戰術執行面上，柯林斯除了強調從願景到策略到戰術行動間的一致性連結，更特別提示設立里程碑目標，建立有效的執行當責，並將執行紀律深化為組織文化的重要性。

綜觀全書內容，雖然是作者過去研究的彙整，卻再次激勵我們反思，如何在快速變動環境與挑戰下，追求成長之餘，也

2 柯林斯書中定義的「願景」這個概念，範圍非常廣泛，包含使命（mission）與目的（purpose）、核心價值（core value）與目標（goal），與一般實務上各個概念分開界定的做法非常不一樣。

不忘及早植入可導引組織邁向恆久卓越的因子，並轉化為決策思考、實踐行動的紀律。修煉清單儘管冗長，柯林斯的核心訊息或許可以進一步綜整為以下四個重要概念：「人本為要、以終為始、兼容並蓄、成長心態」。

誠如古希臘哲學家亞里斯多德對卓越的洞察：卓越不是因機遇而生，而是智慧的選擇與用心的承諾！我相信本書帶給我們的絕非是成為卓越企業的標準答案，而是對更根本的企業目的與價值的深刻反思！

序言

為什麼現在寫這本書？

當年比爾・雷吉爾（Bill Lazier）和我合著《*Beyond Entrepreneurship*》（無中譯本，以下簡稱BE）時，希望以我們在史丹佛企管研究所的授課內容為基礎，為想要打造出恆久卓越企業的中小企業領導人設計藍圖。

能兼具實務經驗與學術思維，是比爾難能可貴之處，《BE》是他多年累積的智慧結晶。我後來又撰寫或合著了幾本書，探討卓越公司為何卓越，其中好幾本書登上《紐約時報》和《華爾街日報》的暢銷書排行榜，但不時有企業領導人告訴我，我和比爾合著的第一本書始終是他們的最愛。

2014 年，Netflix 共同創辦人里德・海斯汀（Reed Hastings）在 KIPP 學校[1]的集會中介紹我時，說自己年紀輕輕就創業，

---

1 *KIPP* 代表「知識就是力量計畫」（Knowledge is Power Program），是美國最大的公辦民營特許學校體系，致力於幫助少數族裔、經濟弱勢的孩子有效學習。

當時他把《BE》讀了六遍，我聽了非常驚訝。Netflix 獲選為史丹佛年度最具創業精神的公司（Stanford ENCORE Award）時，海斯汀曾對充滿抱負的年輕執行長提出下列忠告：「牢記《BE》最前面八十六頁的內容。」透過《BE》，比爾成為許多素未謀面的創業家的良師，這本書激勵他們努力建立真正能常保卓越的長青企業。

那麼，我為何重新出版《BE》？又為何選在此時出版？我基於三個理由，決定出版這本書。

首先，我仍然對於創業家和中小企業領導人抱著很大的熱忱，我一向認為他們是我最想接觸的讀者。我後面幾本書的讀者可能深感訝異，因為我後來寫的書都是研究規模已經很大的公司。然而即使這些公司最後變成大企業，仍不能掩蓋一個事實：《基業長青》（*Built to Last*）、《從 A 到 A+》（*Good to Great*）、《十倍勝，絕不單靠運氣》（*Great by Choice*）研究的企業都曾是小型新創公司，我們的研究追溯他們從起步到壯大的整個公司發展史。我最好奇的是，為何有些新創公司能蛻變為恆久卓越的公司，有些公司卻辦不到。

其次，對今天的創業家和中小企業領導人而言，我手邊有些新材料正好可提供直接助益，這些關於用人決策、領導、願景、策略、運氣等等的新內容，很適合放在重新出版的《BE》中。諸位閱讀本書時，可以把它想成經典老屋重新擴建。新增的內容會以全新的章節呈現，也會以「插入」方式散見本書各章。插入新增內容時，前面都會出現一個標頭：「新觀點」。這部 2020 年的增訂版有將近一半的內容是新增的，至於比爾和我在 1992 年撰寫的原始內容，我刻意保持原封不動（只有少數修訂和微調）。原版內容出現時都會鋪上灰底。

第三點，也是最重要的一點，重新出版本書乃是為了向我最偉大的人生導師比爾．雷吉爾致敬，並將他遺留的思想觀念發揚光大。如果不是比爾諄諄教誨和啟發，我不會成為今天的我，我的人生也不會是今天的樣貌。比爾在2004年過世時，我很想寫些東西談談他，也談談他對許多人的深刻影響。所以緊接著前言之後，我會和各位分享我和比爾的故事，以及我從這睿智寬宏的心靈學到了什麼。數以千計的年輕人都和我一樣，人生因比爾而改變。

我希望本書能幫助你打造出指標性的卓越公司，我尤其希望在閱讀本書時，比爾的教誨能透過你和你領導的員工，繼續長存。

詹姆．柯林斯
美國科羅拉多州博德市
2020年3月2日

新觀點

第1章

人生導師

在我心目中，比爾．雷吉爾是最像我另一個父親的人。家父在我二十三歲時過世，他在世時從來不曾花時間教我如何分辨是非對錯，如何建立核心價值、塑造人格。我在 1970 年代後期長大成人，正值越戰及水門事件後那茫茫然漫無方向、缺乏目標的年代。1980 年大學畢業前，我從來不曾和同學聊過人生是否應該以服務他人為職志。我們也從來不曾討論過，是否應依循一套核心價值來發展職涯。我二十出頭時經常忐忑不安，總覺得自己錯失了什麼重要東西，卻無法明確指出到底是什麼。

然後我遇見了比爾。

就在二十五歲生日前不久，當時是史丹佛企管研究所研二生的我，彷彿被閃電擊中般，有了「碰對人的運氣」（who luck）── 因為偶然機遇，碰到改變一生的貴人。五十開外的成功創業家比爾應教務長之邀，到史丹佛擔任教職，開一門選修課。比爾接受邀約，決定到史丹佛大學，分享自己從實務中累積的智慧，將原本投注於打造新公司的精力，轉為培植年輕領導人。我原本看中了另外一門選修課程，但學校裡負責分配選課的隨機抽籤系統將我派給比爾生平第一遭開的課。我問班上同學：「有沒有人知道雷吉爾教授的任何事情？」大家都搖搖頭。「好吧，我猜我就先去上兩堂課，看看他究竟教得怎麼樣再說。」

還好我這麼做了。假如當年選課系統把我分派給另外一門課，或我決定退選比爾的課，那麼我極不可能走上如今這條人生道路，本書也不可能問世，更遑論撰寫或合著其他作品了，不會有《基業長青》，不會有《從 A 到 A+》，不會有《為什麼 A+ 巨人也會倒下》，也不會有《十倍勝，絕不單靠運氣》。所有研究和隨之而來、我有幸撰寫的書都不會出現。而且我的性格和最深層的核心價值，都會和今天大不相同。

比爾不知怎麼，對我很感興趣。我想他察覺到我是個缺乏明確方向的高能推進器。他經常邀我和內人瓊安去他家，和他及師母桃樂西一起吃飯，即使在我畢業後仍不間斷，督促我努力思考如何善用自己的才華，作出獨特貢獻。他以一種親切但堅持的態度，激勵我將一生投注於研究、寫作和教學上。

然後在 1988 年，我剛滿三十歲的時候，比爾突然代我做了個決定，永遠改變我的一生。誰都沒料到，一直在史丹佛企管研究所和比爾同教一門課的明星教授，突然無法繼續任教，而這門關於創業及小公司經營的課程深受學生歡迎。教務長問比爾有沒有認識什麼人，可以在下學年暫時接下這份教職，讓他們有時間尋找「真正」的替代人選。比爾建議由我接手。

教務長表達他的疑慮，但比爾極力為我爭取。比爾說：「我相信他，由於他會和我教同一門課，只是各自負責不同的部分，我會好好帶他。」

由於手邊沒有其他人選，教務長同意了，希望比爾會看著我，不讓我把事情搞砸。

假設你是個小聯盟的年輕投手，有一天，載著大聯盟投手前往洋基棒球場的巴士突然在半路上拋錨。球賽即將開始，球隊經理急著找人上場投球，而你剛好在那兒。這時候，有人代你斡旋，然後跟你說：「嘿，小子，拿起手套和球，上場投球吧！」我走進史丹佛大學的 MBA 教室，代替明星教授上場授課時，感覺正是如此。

比爾賦予我這個重責大任，他信賴我，相信我，我不想辜負他的期望。他還對我訓話一番，告訴我愈是肩負重任，愈要拿出最好的表現。我彷彿碰上千載難逢的表現機會，上場前，比爾教練在球員休息室對我說：「這是你的大好機會。假如你能投出一場幾近完美的球賽，他們會再度讓你上場，你的一生也會因此改變。現在，給我出去，好好投球吧！」

於是，接下來七個球季，我都在史丹佛企管研究所的「洋基球場」投球。

偉大導師的人生教誨

比爾之所以偉大，不是因為他很成功。當然，無論從任何標準來看，比爾都很成功。他是成功的創業家，即使生命結束許久後，他的公司仍然繼續創造工作、創造財富。他是成功的老師和學者，因為聲望崇隆而獲選為史丹佛法學院首屆南西與查爾斯蒙格企管教授（那裡也是他教書生涯的最後一站）。比爾對法學院學生影響深遠，他們為了向他致敬，將蒙格研究生宿舍的戶外中庭命名為「雷吉爾庭院」。他更是成功的「僕人」，投注時間和金錢於各種社會企業，還曾擔任格林內爾學院董事會主席六年。

但最重要的是，比爾是我們的良師益友，不只對我如此，對其他數以百計的年輕人也是如此。所以，在探討本書有關企業經營的內容之前，我想分享我從比爾身上學到的人生啟示。比爾以身作則告訴我們，唯有成功活出自己的人生，才算真正的成功，因此很適合把這些啟示放在本書的開頭。

絕不要壓抑慷慨的衝動

有一天，我們家前廊忽然出現兩個很大的板條箱，上面的地址顯示是比爾寄來的。我和瓊安打開箱子，發現裡面有幾十瓶法國、義大利和加州產的美酒。我打電話給比爾，問他怎麼突然送我們這麼好的禮物。「我們的酒窖碰上庫存過多的問題，需要騰出一些空間來放新酒。我們覺得，如果你們能拿走一些酒，真是幫了我們很大的忙。」

比爾很懂得如何讓別人接受他的慷慨餽贈，而且還講得好像你幫了他一個大忙。比爾家的酒窖很大，我們很懷疑他是否真有庫存過多的問題。有一次和比爾共進晚餐時，瓊安和我曾提到他選的酒真不錯，我們都很愛喝。當時我們的經濟能力還不足以在家中私藏這樣的美酒，所以比爾決定和我們分享美酒，讓我們開心煩惱著怎麼樣把幾十瓶美酒，塞進我們小小地下室的架子上。

在著名的傑出企業領導人中，比爾很容易讓我聯想到惠普公司（HP）的共同創辦人威廉．惠烈特（William R. Hewlett）。惠烈特認為，公司對所有相關人士都負有責任，應該讓努力工作、促使公司成功的人分享他們協力創造的財富。惠烈特走在時代前端，早在1940年代，就開始具體實踐他的想法，當時這樣的價值觀尚未在美國企業界蔚為風潮。惠普公司是率先為長期雇用的員工推出利潤分享和配股制度的科技公司之一，惠烈特更是第一批承諾捐出大筆財富的科技巨擘。他經常提到一句奉行不渝的簡單標語：「絕不要壓抑慷慨的衝動。」無論打造企業，或活出自己的人生，惠烈特都恪遵這個信條。

比爾和我都深受惠烈特啟發，比爾欣然採納惠烈特的慷慨作風。他認為美國夢不只關乎自己的成功，更關乎有機會貢獻己力，幫助別人，也許奉獻的是金錢或時間，或為理想奮鬥，或報效國家，或教導下一代，或為實現信念不惜置自己於險地。就比爾而言，他全都做到了，而且做得更多。比爾的慷慨作風非但沒有消耗他的能量，反而帶來相反的效應。由於他如此慷慨大方，對別人付出這麼多，帶來別人的回饋，於是他更加心懷感激而付出更多，於是進一步增強他的能量。慷慨－能量的飛輪轉了一圈又一圈，在比爾一生中，累積了巨大動能。

何時該破釜沉舟，放手一搏

比爾初出茅廬時，在一家享有盛譽的會計公司開啟職業生涯，擔任會計師。事業蒸蒸日上，他知道自己很快就會晉升為公司合夥人。

那麼，比爾對於即將來臨的升遷機會有何反應呢？

他辭掉工作。

「我一直有個偉大的夢想，想要跨出創業的大步，建立自己的公司。」他告訴我當時的心情。「我覺得成為合夥人後，我可能會被牢牢綁在舒適安逸、備受尊崇的位子上，我可能因為過於安逸，更難放手一搏。」所以，就在公司準備升比爾為合夥人的時候，他拋棄了可能扼殺創業夢的舒適感和安全感，逼自己走出去跨越深淵。

別忘了，在那個年代，大家都追求名望和中上階層的安全感，認為創業是瘋狂冒險家的怪誕職涯選擇，結婚不久、家有幼子的專業人士，很少有人會放棄眾人皆踏上的安穩道路，或順利邁向成功的機會，而寧可面對諸多不確定和風險。然而如果你想實現幾乎不可能的夢想，就必須在關鍵時刻，破釜沉舟，全力以赴。比爾相信，大多數人之所以無法實現大膽的夢想，是因為他們無法在關鍵時刻放手一搏。

千萬不要誤會，比爾並不是鼓勵大家隨便挑個目標，就莽撞孤注一擲。他是經過審慎選擇，才大膽投入，踏上不歸路。重點是：沒錯，把所有籌碼都押在勝算極低的夢想上，有極大的風險，但如果你在關鍵時刻，無法展現破釜沉舟的決心，那麼實現夢想的可能性更是趨近於零。

在比爾看來，留在會計公司的話，他的人生會按部就班，沒有太大變化，所有的一切都攤在眼前，一目了然，只要不越線，幾乎鐵定會有個美好結局。然而還有另外一個選擇，就是比爾做的選擇。你可以放棄人生的確定感，不再試圖將人生塗抹成一幅美好的圖畫，和其他人的人生大同小異的美好圖畫，反而讓人生從空白畫布開始，你可以在上面盡情揮灑，創造一幅傑作。

後來，我也面臨我的關鍵時刻。我在大學任教第五年時，碰到了根本的人生抉擇。我可以踏上眾人皆選擇的道路，追求傳統學術生涯，拿到博士學位，再花幾年時間，一步步往上爬，直到拿到教授終身職。我也可以跨出學術界，奮勇開闢一條自己的路，大膽押注在自己的研究和著述上。

多年來，不時有學生問我，「教授創業」這觀念本身是否就隱含矛盾。畢竟學術界的終身職制度及工作保障，怎麼可能和創業所面臨的風險及不確定性相提並論呢？於是我想：「何不把兩者顛倒過來，與其教授創業，何不乾脆變成創業的教授？」

我告訴比爾我想當個「自雇型教授，成為自我資助的講座教授，也授予自己終身職」時，比爾覺得我的想法太奇怪了，也不可能行得通。他認為我天生適合教書、做研究、寫作、當教授，起初建議我不妨設立一個比較傳統而穩定的學術平台。我告訴比爾，我仍然會教書、做研究、寫作、當教授，只是不在大學裡做這些事，他對我這毫無根據的大膽想法，深深不以為然。

於是我提醒比爾，他自己也曾碰到需要破釜沉舟、放手一搏的時刻，在晉升合夥人的前夕辭職。「當時你為了創業，放棄成為合夥人的機會，很多人為你擔心，假如你把他們的話聽進去，你的人生會變成什麼樣子？」我注意到他臉上閃現一抹微笑，卻沒有回答我。回頭來看，我猜比爾當時是在考驗我，看看我是否真的堅信「自雇型教授」的想法，願意全力以赴，也因為關心我，而挑戰我的想法。

瓊安和我果真大膽踏上不歸路，不再回頭，那可說是我們的「賽爾瑪與路易絲時刻」。在經典電影《末路狂花》（Thelma and Louise）最後一幕中：賽爾瑪和路易絲開著敞篷車，兩人的手緊緊握著，加足馬力，全速朝大峽谷衝過去（雖然，和賽爾瑪與路易絲不同的是，我們其實想飛越峽谷，在另一端安全落地）。我們幾乎失敗了，有一度現金枯竭，覺得快撞上懸崖，粉身碎骨。但如果我們一直留著後路，輕易就可回去史丹佛，過著安逸的日子，我想我不會有這番作為，不會那麼全心投入，於是成功機率也會從微乎其微，跌落到零。

如果你一直保留選擇的餘地，不下決心，就會像這樣……在開放選項中度過你的人生。

押下信任的賭注

離開史丹佛大學與世隔絕的研究室和學院文化後，我曾經做了一些糟糕的用人決策，錯信了不該信任的人。我和比爾分享慘痛經驗，問他：「比爾，有沒有人曾經濫用你的信任？」

他說：「當然有啦，人生就是如此。」

「你有因此變得比較不信任別人，更加保護自己嗎？」我繼續追問，「因為這些經驗，我對別人的戒心提高很多。」

「吉姆，這是你人生面臨的重大十字路口。如果你選的是第一條路，你會先假定某人值得信任，除非你找到確切證據，證明他並非如此，否則你會一直保持這樣的看法。如果選擇另外一條路，你會先假定某人不值得信任，除非他證明自己的確值得你信任。你必須決定自己想走哪條路，然後就堅持到底。」

比爾似乎很信任別人，所以我問他：「但事實上，很多人並非一直都值得信賴？」

「我選擇先看每個人最好的一面，並接受他們有時不免令人失望。」

「所以，你始終沒有受到太大傷害嗎？」我提出質疑。

「我當然受過傷！」他激動地說，「而且還被傷了不少次。但更常見的情況是，我發現大家會努力不辜負你的信任。

如果你信任他們，他們會覺得有責任讓自己值得你的信任。你有沒有想過這個可能性，當你信任別人的時候，你其實在幫助他們變得更值得信任？」

「但有人會利用你的信任，可能因此傷害你。」我反駁。

於是，比爾告訴我，他曾經因為有人濫用他的信任而損失了「一大筆錢，十分心痛」。雖然不算什麼大災難，不過仍會感到心痛，尤其當你和對方已認識多年時。（他給我的忠告是：「一定要防患於未然，盯緊現金流量。」）

比爾會從正反兩面來看這件事。假如你信任某人，而他也確實值得你信任，會帶來很大的好處。萬一你看錯人，會有什麼壞處呢？只要不讓自己曝險在承擔不了的損失中，你只不過覺得痛苦和失望罷了。另一方面，不信任別人有什麼好處？你把可能帶來的痛苦和失望降到最低。那麼不信任別人的壞處是什麼？比爾表示，這是決定性的關鍵。一旦假定別人不值得信任，最優秀的人才會深受打擊，覺得不如求去。這就是比爾所謂的「信任賭注」── 理智地相信，比起不信任，信任別人的利還是多於弊。

我問他：「那麼，當你發現有人的確濫用了你的信任時，你會怎麼辦？」

「首先，你必須先弄清楚有沒有誤會他，或他其實能力不足。」

「能力不足？」

「沒錯，」比爾說：「失去信任的情況有兩種。一種是對他的能力失去信心，因為你發現他有心無力，能力不足以勝任。另一種是對他的人格失去信心。能力不足的人，你或許有辦法幫助他逐漸勝任，但如果某人一再處心積慮利用你對他的信任，你就再也無法完全信任他了。」

比爾對別人的信任彷彿磁鐵的拉力，能將員工的績效和品格提升到更高水準，因為他們不想令他失望。比爾從來不會因為失望而停止信任，他一而再、再而三地押注在人的身上。其中有些人證明自己確實值得信任，而且終其一生，他們都對比爾盡心盡力，忠貞不二。

有美好關係，才有充實人生

比爾有一次告訴我：「你的人生可以忙著應付一個又一個交易，也可以努力建立關係。交易能帶來成功，但唯有關係能為你創造美滿人生。」

「怎麼知道自己是否擁有很棒的關係呢？」我問。

比爾沉思了一會兒才回答：「如果你問對方在這段關係中，誰獲益最多，兩個人都回答『是我』的時候。」

我很疑惑。「這樣看一段關係，不會有點自私嗎？」

「不會。整體概念是，每個人對雙方關係都貢獻良多，所以都感到很充實。」比爾解釋。「我問你，你覺得我們倆之中，誰從這段關係獲益最多？」

「喔，很容易回答⋯⋯我啊！你給了我這麼多。」

「啊，我就是這個意思。」比爾笑了。「你瞧，我會說，我比你獲益更多。」

但唯有當兩人投入這段關係時，都不是為了從中「獲得」什麼，而是為了可以「付出」什麼時，比爾的方法才能奏效。

比爾是個特別寬宏大量的良師益友。在他生命最後的二十五年，數以百計的年輕人曾接受過他的指點和教誨。比爾會選擇指導誰，又會繼續指導誰，總是令我好奇。比爾曾費心教導的年輕人都明白，在比爾門下受教無關乎「拉關係」、「建立人脈」或「有個師父指點門路」。教導和受教，其實是一種關係，而不是交易。

儘管比爾仁慈的告訴我，他從我倆的長遠友誼中獲益良多，我總覺得我從他的諄諄教誨中得到的收穫，遠超過我所能回報。其他接受過比爾教誨的人告訴我，他們深有同感。但比爾對弟子有個未明言的要求，他希望受過他教誨的人都能投入良性循環，原本的徒弟能成為未來的師父，而下一代弟子又繼續帶動良性循環。如此一來，我們的師徒關係不只是雙向關係，而會變成不斷擴大、無限延伸的關係網絡，不受歷代師徒的壽命所限。

價值為先，永遠價值至上

比爾很喜歡拿 L.L.Bean 當教學案例，尤其喜歡和學生討論 L.L.Bean 創辦人李昂・比恩（Leon Bean）的作風，他如何根據核心價值來制定決策，而不是一味追求成長和擴大營收。不同於一般 MBA 以賺錢為目的的心態，比恩待顧客如朋友，培養值得驕傲的企業文化，花時間從事戶外活動，甚至不惜錯過賺錢的機會。在比恩看來，創業成不成功並非純粹看你做了什麼，而是看你究竟是什麼樣的人。就好像傑出的畫作或樂曲會反映藝術家的內在價值，卓越的公司也反映出創業家的核心價值。

比爾以比恩為例挑戰學生，要他們為自己的人生發展出清楚的理念和方針，不是由金錢定義的指導方針。比爾最喜歡引用比恩的一段話（你們隨後在本書內文也會看到這段話），當時許多人都覺得比恩應該讓公司更快速成長，才能賺更多錢，比恩的回應是：「我一天已經吃了三餐，根本吃不下第四餐。」

在比爾眼中，金錢從來不是人生的主要計分卡。如果他在過去二十年，戮力擴大企業的成功，他會賺到更多錢，比現在多很多，然而他選擇去教書。比爾透過身教和言教，讓我學到的基本教訓是：如果你用金錢來定義成功，那麼你會一直是個輸家。人生真正的評量標準在於，是否能建立起有意義的關係，以及能否信守核心價值。也就是說，價值比目標、策略、戰術、產品、市場選擇、融資、經營計畫都重要，所有的決定都應以價值為先。我從比爾身上學到的是，企業初創時，首要之務不見得是擬定經營計畫，而是仿效美國開國時的做法，先擬定自己的《獨立宣言》，開宗明義說明公司的價值觀：*我們認為以下真理乃是不證自明的*。價值至上，其他一切都需服膺價值 —— 無論事業、職涯、或人生，都是如此。

比爾教導我們，**核心價值不是「軟主張」，信守核心價值是「硬道理」**。

比爾灌輸我一個重要的核心價值：承諾是非常神聖的。比爾的忠告是：「許下任何承諾都要非常小心，輕易許下承諾卻無法履行，無論如何都不光彩。」

2005 年，我答應在 10 月 25 日飛到佛羅里達州羅德岱堡，為一場集會發表閉幕演講。我計畫在 10 月 24 日啟程，但威瑪颶風偏偏就在那天襲擊佛羅里達南部。六百萬人無電可用，機場關閉，連機庫大門都被吹垮。我預期會接到籌辦者電話，告訴我無須履行承諾。但大會早在颶風來襲前已開幕，而且這是會議籌辦者告別職涯的重要活動。他希望我無論如何仍能親臨現場，對所有與會者發表演說，畢竟大家現在全都被困在佛羅里達南部。

我該怎麼辦？

我和團隊針對是否該取消行程，展開激辯，由於深受比爾啟發，我提出一個簡單問題：「我真的不可能信守承諾嗎？真的完全不可能嗎？」

事實上，仍然有極其渺茫的機會守住承諾。我可以飛到還准許飛機降落的奧蘭多市，於深夜抵達後，開四、五小時的車，一路上小心避開被風吹落的電線、傾倒的樹木、扭曲變形的路標，如果公路尚可通行的話，可望在清晨抵達會場。於是我就這麼做了，搭上飛往奧蘭多的午夜航班，徹夜在空蕩蕩的公路上疾駛，趕到停電中的城市，看到許多人在超市外大排長龍，搶購食物和飲水。最後終於在燃氣發電機的幫忙下，及時發表閉幕演講。

比爾灌輸我們的觀念是，信守核心價值往往極為不便，有時代價高昂，而且總是費時費力，真是不容易。我仍然無法時時刻刻都堅守核心價值，但多虧了比爾的教導和他樹立的榜樣，我的所作所為愈來愈符合我的價值。他告訴我，你必須不斷自我矯正，就好像海上航行的船隻靠天上的星座導航，儘管有時不免稍稍偏離航道，但你會重新看到自己的核心價值，調回正確航向。美滿的人生都是持續不斷如此。

在鬆餅上塗奶油

1991 年，我開始辛苦撰稿，這份書稿後來成為《BE》這本書，我跟比爾抱怨，覺得自己好像踏上絕望的黑暗旅程，每天絞盡腦汁，思考如何遣詞用字。《BE》是我生平第一本書，我深感自己無法勝任，每次閱讀前一天寫的內容時，這種感覺就益發強烈，我心想：「我花了整整六小時，只產出這堆垃圾。」

我以為比爾會好好訓我一頓，告訴我就像辛苦跑完馬拉松的最後一哩路，我需要靠紀律來克服困難，我開始體會到字斟句酌的辛苦。寫作和跑步一樣：總是得經歷痛苦煎熬，才能跑出最佳成績，從來都不會變得比較容易，只會愈來愈進步。

不過，比爾談的卻是寫作的樂趣。「吉姆，假如你不喜歡寫作，你不可能堅持太久，真正精於此道。」他又說：「人生苦短，你必須熱愛自己做的事。假如沒辦法把它變得有趣，乾脆停下來不要做算了。」

我們將《BE》書稿交給出版商的第二天，比爾心臟病發，動了五重心臟繞道手術。手術後幾個月的星期六上午，我和比爾又照例在加州帕羅奧圖市的半島牛奶坊，一起享用鬆餅大餐。比爾的鬆餅送來後，他在上面塗了厚厚一層奶油。

我大驚失色：「比爾，你在做什麼？他們沒告訴你，以你目前的心臟狀況，不可以再吃奶油嗎？」

比爾泰然自若倒了一些熱糖漿到鬆餅上，注視著奶油和糖漿混成一團高糖、高油脂的美味食物。

「他們把我推進手術室時，」比爾解釋：「我敢說他們在我臉上看到一抹微笑。我領悟到，如果這是我的人生終點，那就這樣吧！桃樂西和我擁有精彩而美滿的人生。我在進入手術室時領悟到這件事，我是說，真正感受到這點……我在那一刻明白，我過了很棒的一生。」

「但這和在鬆餅上塗奶油有什麼關係呢？」我問。

「我已經擁有很棒的人生，從現在開始發生的一切，都是多出來的紅利。所以，我要在鬆餅上塗奶油。」

比爾從來不會把活得好和活得久混為一談。我離開時想著，我無法判斷自己會活多久，我們都是短命的動物，隨時都可能生病或發生意外。四十歲、五十歲、六十歲、一百歲、甚至一百一十歲，在時間的漫漫長河中，都是很小的數目。

而且時間會加速。有一天，和比爾一起開車去學校的途中，我問他有沒有注意到，年紀愈大，時間過得愈快。

他問：「你是指什麼？」

我說：「我注意到每星期倒垃圾的日子，我是指要把家裡垃圾拿到外面，等人運走的日子，那一天似乎悄悄來得愈來愈快。」我又說：「我知道，倒垃圾的那天還是像從前一樣，中間過了七天，但我真的覺得比起十年前，現在的七天要短得多。」

比爾笑起來。「哈哈！等你活到我這把年紀，你會覺得每年的聖誕節來得好像倒垃圾日一樣快！」

所以，即使活了一百歲，人生依然很短，重點不在於設法活愈久愈好，而是如何擁有值得一直過下去的人生，無論何時蒙主寵召，都依然感覺良好。

重點不在於鬆餅上的奶油……尤其如果你不喜歡在鬆餅上

塗奶油的話。重點在於，你能不能自得其樂，享受人生，懂得熱愛你做的事，能不能弔詭地一方面假定自己還有幾十年壽命可活，但另一方面接受生命可能明天就結束。但願我更能擁抱比爾教我的事。

2004 年 12 月 23 日，比爾小睡了一會兒，醒來後，他走過房間，隨即因鬱血性心衰竭而倒地死去。桃樂西後來告訴我，比爾臉上掛著微笑，彷彿他過世時對自己的一生感到很滿意。比爾過世幾小時後，有人打電話通知我這個消息，我掛斷電話，轉頭對瓊安說：「比爾死了。」我父親過世時，我為了從來不曾擁有過的東西而哭泣，然而當比爾過世時，我為我失去的一切而哭泣。

他們在史丹佛大學寬敞的紀念教堂為比爾舉行告別式，有一千多人參加，其中絕大多數都曾受到他言教和身教的啟發。我坐在那裡，想像在場的人彷彿是穿越時空的向量，他們每個人的人生軌跡都改變了，因為比爾深深影響了他們的價值觀和選擇。如果美滿人生的指標之一是，你是否曾改變別人的生命 —— 某些人的人生是否因為你的存在而有所不同，因為你而變得更好 —— 那麼，很難有任何人的人生會比比爾更美滿了。

第 2 章

人才的重要

拿走我們公司二十個最優秀的人才，微軟就變成無足輕重的公司。

—— 比爾 · 蓋茲

2007 年，我接到賈伯斯的電話，討論創辦蘋果大學的想法。賈伯斯希望蘋果能成為一家恆久卓越的公司，持續展現非凡績效，在他過世多年後仍發揮獨特影響力，而創辦蘋果大學也是目標的一部分。許多成功公司等到活得比創辦人還老時，都不免走上衰敗，變成另一家可有可無的大公司。賈伯斯希望蘋果公司能繼續飛躍成長，超越這令人沮喪的命運。

討論到一半，我禁不住好奇心的驅使，問起賈伯斯 1997 年回蘋果力挽狂瀾的那段黑暗的日子。別忘了，當時沒幾個人認為蘋果公司還能獨立經營，存活下去，更遑論重返卓越了。那時候還沒有 iPod，也沒有 iPhone、iPad、iTunes。即使這些改變世界的產品當時已微光乍現，仍是剛萌芽的新點子，實際產品要多年後才問世。（蘋果在賈伯斯回歸近十年後才推出 iPhone）。當時在爭奪個人電腦標準的大戰中，微軟的 Windows 早已贏得大半江山，蘋果雖曾是史上最偉大的新創公司，到了 1997 年卻幾乎淪為無足輕重。因此我問他：「你最初靠什麼讓公司走出黑暗谷底？從哪裡找到希望？」

和我通電話的人可能是當代對產品最有獨到眼光的偉大夢想家，我期待他會談起目標導向的營運制度、麥金塔電腦尚待發揮的潛能、或其他「了不起」的新產品。然而我錯了，他給我的答案完全不是如此。

他反而談起人的問題。賈伯斯告訴我，他先找到對的人，可以和他一起扭轉頹勢的人才 — 他們對蘋果早年改變世界的願景仍滿懷熱情；依然認同賈伯斯盡心盡力打造精緻產品的態度，對於做出能擴展人類想像力的「心智腳踏車」，仍大感振奮。賈伯斯談起這些人時，彷彿他們是散居各地的絕地武士餘黨，努力避開帝國的雷達偵測，準備伺機奮起。蘋果的價值觀深藏在他們內心，雖暫時沉潛、蟄伏、萎縮，卻沒有熄滅。所以，賈伯斯重建蘋果的第一步是先找對人，找出蘋果價值的熱情信徒。

我們把賈伯斯反敗為勝的驚人成績歸功於 iPod 和 iPhone。他從來不曾對打造對的產品失去熱情，但他現在明白，要打造恆久卓越的公司，做出卓越的產品，唯一的辦法是找到對的人，讓他們在對的文化中工作。深具遠見的創業家賈伯斯早年採取的是「眾星拱月式」領導風格，如今念念不忘的卻是如何將蘋果公司建設成即使沒有賈伯斯、依然高瞻遠矚的卓越公司。賈伯斯回歸多年後，蘋果成為美國第一家市值超越一兆美元的公司。那麼，蘋果一兆美元的市值中，有多少是在賈伯斯晚年退位後創造出來的？超過六千億美金。

當我坐下來將《BE》升級為這本書時，我自問：「比爾和我在初版中有沒有遺漏什麼重要東西，這次應該另闢完整篇幅來討論？」沒錯，我們應該另闢一章探討人的決策，而且應該放在開頭第一章。過去二十五年，我們針對卓越公司為何成功，做了嚴謹的研究，我早已將「先找對人」視為企業不容出錯的首要原則。企業的首要任務是找對人上車。我和研究團隊在《從 A 到 A+》中提出「先找對人」的原則（先找對人上車，再決定車子要往哪裡開）。在全新的章節中，我不會重複《從 A 到 A+》談過的東西，而會進一步擴充原本的概念，分享自《從 A 到 A+》出版後，我對於「先找對人上車」領悟到的一些心得，尤其是和這本書讀者相關的內容。

你必須先找對人，找對人的重要性勝過找到對的商業構想，因為任何點子都可能失敗。如果你找的人只適合你在腦子裡構思的某個點子或商業策略，萬一這個想法失敗，你需要嘗試別的構想，或之後的其他構想，該怎麼辦呢？另一方面，如果第一個點子成功了，接下來你要實現更大、更好的構想呢（如同蘋果公司從個人電腦轉攻 iPod、iPhone）？如果你只為某個策略用人，那麼打從一開始就大大提高了失敗的機率。即使你目光獨具、見識卓著，甚至是下一個賈伯斯，打造卓越公司最重要的技巧，仍是絕佳的用人決策。沒有找對人，就無法打造出卓越的公司，就是這樣。

皮克斯動畫公司（Pixar Animation Studios）共同創辦人艾德．卡特莫爾（Ed Catmull）曾是賈伯斯的親密戰友，他深信只要找對人，即使壞點子都可能帶來很棒的成果。卡特莫爾在《創意電力公司》（*Creativity, Inc.*）中寫道（我誠摯推薦此書）：「起初，我們每部電影都很糟糕，」他補充：「我們現在覺得很出色的每一部電影，都曾一度慘不忍睹。」皮克斯團隊有時甚至必須完全拋棄原始的故事概念。舉例來說，《怪獸電力公司》（Monsters, Inc.）原本的故事是描述有個人必須一直跟怪獸周旋，因為怪獸不斷出現，跟著他四處跑，每個怪獸都代表一種未解的恐懼，但這個故事就是行不通。於是，導演和他的團隊一而再、再而三，反覆改寫故事，直到找到正確配方。

卡特莫爾打造皮克斯時認為，最先問的問題不是：「有哪些很棒的故事值得我們押寶？」而應該先問：「有哪些傑出人才值得我們押寶？」卡特莫爾深知，如果用錯人，再有創意的點子都會變成糟糕的電影，但如果找對了優秀人才，即使原本的故事不對，他們也有辦法改寫故事，製作出很棒的電影。儘管每一部皮克斯動畫幾乎都曾遭逢危機，但卡特莫爾的「先找對人」策略仍連續創造出十四部絕佳的動畫電影。

「歷史是在研究意想不到的驚奇。」史學教授奧唐納（Edward T. O'Donnell）的這句話精妙刻畫出我們生活的世界。我們都是活生生的歷史，生命中充滿一個又一個驚奇。每當我們以為已經歷過最大的驚奇時，又出現另一個意想不到的驚奇。如果問 21 世紀的最初二十年教了我們什麼，可以說，我學到的教訓是，不確定是長期狀態，不穩定會永久存在，破壞乃司空見慣。我們既無法預測、也無從控制會發生什麼事。**沒有「新常態」，只有一連串持續的「非正常」事件**，發生前，多數人既無從預測，也無法預見。換句話說，我們更需加把勁實踐「先找對人」的原則。**要攀登無人攀登過的可怕高山，面對難以預料的險阻，最佳避險之道是確定綁在繩子另一端的登山夥伴是對的人**，無論你在山上碰到什麼狀況，他都有辦法應付。即使最有遠見的人都沒辦法每次成功預測哪個點子能奏效。沒有人能準確預測我們將面對什麼樣的未來，甚至接下來會發生什麼事。

必須追蹤的首要指標

你和經營團隊每週、每月或每季開會時，優先檢視的首要量化指標是什麼？是銷售額？獲利率？現金流量？還是和產品或服務水準相關的數字？或其他指標？無論你的答案是什麼，有一個必須密切追蹤的重要指標，超越其他所有指標，是整個企業能否卓越的關鍵。諷刺的是，大多數公司鮮少先討論這個指標（如果他們真會討論的話）。不過，如果要建立真正恆久卓越的公司，就必須把它列為第一優先。

那麼，這個指標究竟是什麼呢？

巴士上的關鍵位子，有多大比例坐的是對的人？

停下來想一想：你們公司有多少關鍵職位是由對的人擔綱？如果答案是少於九成，那麼你現在知道貴公司首要任務為何了。要建立真正卓越的公司，必須努力找到對的人來填滿九成的關鍵位子。

為什麼不是百分之百的關鍵職位都由對的人擔綱？因為無論在任何時刻，某些關鍵職位都很可能暫時空了下來；又或許你最近剛把某人調到關鍵職位上，還不知道他在新位子上表現如何；或在某些情況下，某個關鍵職位的要求愈來愈高，原本擔綱者的能力開始跟不上。

那麼，什麼算是關鍵職位呢？只要符合以下任一條件，都是關鍵職位：

1. 坐在位子上的人有權做重要的用人決策。
2. 萬一他失敗了，會讓整個企業暴露在高風險中，甚至可能釀成災難。
3. 如果他成功了，會對公司的成功帶來巨大影響。

當你無法輕易叫人下車時（可能因為家族關係、準終身職的員工、內部政治因素，或純粹為了保全曾在公司草創時期立下汗馬功勞的人），把誰放在關鍵位子上，變成非常重要的問題。但無論受到什麼限制或有什麼理由，你的任務依然是把對的人放在關鍵位子上。

何時該育才，何時該換人

想像下面的情境：你把某個人放在關鍵位子上，他的表現雖不錯，但稱不上卓越。你很喜歡這個人，真的希望他能成功，所以花了很多時間和心力來培養他，然而事實擺在眼前，他始終沒有交出在這職位上所需的 A 級成績單。面對這樣的處境，你會傾向怎麼處理 —— 投注更多心力來培植他，還是斷然做出換人的決策？（請注意：換人不見得是趕他下車，也許可以把他調到其他職位上。）

正確答案不是只有一個。檢視我們研究過的一流領導人，可以看到傾向育才和傾向換人的企業主管各占一半。舉例來說，以下列出十位史上最傑出的企業領導人，當關鍵位子上的部屬無法交出卓越績效時，其中五位領導人傾向繼續育才，五位則傾向換人。

傾向育才

全錄（Xerox）的安・穆凱伊（Ann Mulcahy）
惠普（HP）的威廉・惠烈特（Bill Hewlett）
西南航空（Southwest Airlines）的賀比・凱勒赫（Herb Kelleher）
萬豪酒店（Marriott）的 J. W. 麥瑞特（J. W. Marriott）
3M 的威廉・麥克奈特（William McKnight）

傾向換人

《華盛頓郵報》（*Washington Post*）的凱薩琳・葛蘭姆（Katharine Graham）

英特爾（Intel）的安迪・葛洛夫（Andy Grove）

紐可鋼鐵（Nucor）的肯恩・艾佛森（Ken Iverson）

前進保險（Progressive Insurance）的彼得・路易斯（Peter Lewis）

安進（Amgen）的喬治・拉斯曼（George Rathmann）

但即使傾向育才策略的人也有一條分界線，當他們面對殘酷的現實 —— 關鍵位子需要換人時。我曾在企業主管的集會上問過許多人這個問題：「以下兩種錯誤，你最常犯的是哪一種？第一種錯誤：回頭來看，你太晚採取行動，沒能及早換掉關鍵位子上的員工。第二種錯誤：回頭來看，你太快採取行動，應該對他再多點耐心。想想看：你比較常犯哪一種錯誤？」多數人都舉手投給第一種錯誤，拖延太久而沒有及早果斷行動。

平心而論，我們比較容易知道自己犯了第一種錯誤，較難察覺自己犯了第二種錯誤，尤其當第二種錯誤的當事人已離職時。不過事實依然不變，每個組織在關鍵職位上都面臨育才或換人的緊張拉鋸，沒有哪個領導人可以每次都做對。有時候，他們花太長時間培養某人，有時候，他們又太快決定換人。面臨育才或換人的決策時，沒有可用的演算法、可依循的流程圖，或可計算的方程式，能幫助我們達到完美打擊率。由於傑出領導人都很關心員工，因此他們往往等太久才採取行動，不過他們的判斷力會隨著時間而逐步改善。

所以，接下來要問的關鍵問題是：你怎麼知道何時已跨越分界線，在關鍵職位的考量上，應該從「育才」轉為「換人」？我認為最好的方法是問幾個經過深思熟慮的問題，讓這些問題引導你找到答案。我把多年的思考濃縮成七個問題，希望在各位面對「育才或換人」的難題時，能刺激你們的思考。先說清楚，這些問題不是處方，你或許只考量其中一點，就決定換人，也可能考量六個問題後，決定繼續育才。

1. 如果你讓這個人繼續待在原本的位子上，會不會流失其他的員工？

頂尖人才自然希望和頂尖人才共事，如果他們得忍受占據重要位子的同事長期表現平庸，可能就會開始用腳投票。更糟的是，假如員工的行為違背公司核心價值，你卻因為他績效高而處處容忍，那麼篤信公司價值的員工會心灰意冷，不信任公司，有的人乾脆離開。要摧毀卓越的企業文化，最好的辦法莫過於讓績效不佳或恣意踐踏公司價值的人繼續留在關鍵位子上。

2. 你面對的是價值、意志力，還是能力的問題？

假如有人高居重要職位，卻總是公然違背公司核心價值，一流領導人會把他換掉。假如有人樂於採納公司核心價值，也展現堅定意志，願意在位子上全力以赴，那麼在決定換人之前，不妨多一點耐性。最難的是碰到意志力的問題。這個人是否缺乏（或失去）充分的意志力，不願追求自我發展、達到職位要求？如是如此，你能激發他的意志力嗎？卓越領導人從來不會低估員工成長的潛能，但他們也明白，員工能否成長，端視他們是否有謙虛的個性，加上不斷求進步的堅強意志。（以上價值－意志力－能力的架構要感謝休伊特公司〔Hewitt Associates〕已故執行長戴爾・吉佛德〔Dale Gifford〕，這是他教會我的。）

3. 這個人與窗子和鏡子的關係如何？

適合擔綱重要職位的人在窗子與鏡子的問題上，往往能展現成熟度。一切順利時，對的人會把手指向窗外，歸功於他人。他們不肯居功，把光芒讓給其他對成功有所貢獻的人。事情不順時，他們不會怪罪環境或指責別人，而是指著鏡子說：「我應該負責。」他們總是對鏡子自問：「我有哪些地方還可以表現得更好？有哪些地方疏忽了？」因此能不斷成長茁壯。如果每次都將手指向窗外，設法為自己脫罪或歸咎他人，成長自然受阻。

4. 這個人視工作為職務，還是責任？

適合放在關鍵位子的人明白自己並非單純擁有一份「職業」或「職務」，而是承擔了一份「責任」。他們很清楚任務清單和真正的責任之間有何差別。傑出的醫生不僅履行份內的「職務」，執行醫療程序，也會善盡照顧病人健康的責任。傑出的教練不僅履行份內「職務」，為球員擬定體能訓練計畫，也會善盡責任，培養出更好的球員。傑出的教師不僅履行每天早上八點到下午五點待在教室教學的職務要求，也善盡教導每個孩子的責任。關鍵位子上的每個人都有超越工作清單的廣泛責任，對的人從來不會把「我把工作做完了」，當作沒有善盡責任的藉口。

5. 過去一年中，你對這個人的信心是上升，還是下降了？

投資人對公司成長幅度與績效高低的信心升降，會影響股價起落，同樣的，屬下的成長幅度或績效表現也會影響你對他的信心。你對他的長期信心趨勢是升，還是降，則是關鍵變數。當某人說「我懂了」，你是否愈來愈不擔心，還是益發覺得需要後續追蹤？

6. 是車子的問題，還是位子的問題？

有時候，你可能找對人上車，卻讓他坐在錯誤的位子上。他的位子可能不符合他的能力或脾氣，或是性情，或這個職位的要求可能漸漸超出他的能力，以至於無法勝任，高速成長的公司常常出現這種情況。

7. 假如他辭職的話，你會有什麼感覺？

如果你暗自鬆了一口氣，那麼可能你早有定論：他不是對的人。如果你憂心如焚，那麼很可能在你心目中，他仍然是對的人。

當你來到分界點，決定換掉坐在關鍵位子的人，切記有個重要的分別：要嚴格，而非無情。嚴格的意思是，對自己誠實，坦然面對必須換人的現實。但決策時態度嚴謹，並不意味著要無情推動改變。要做到嚴格而非無情，必須融合果敢和同情心。果敢意味著直截了當，不要遮遮掩掩的，躲在一堆捏造的理由後面，也不要把苦差事交給別人去做。如果你沒膽子承擔做決定和發布消息的責任，就無權擔任領導人。同情心則展現在你說話的語氣和對人的尊重上。以這樣的方式處理人事變動後，你覺得自己在明年，甚至未來數年，還能不能坦然自在地打電話祝賀對方生日快樂？而對方會不會語帶溫暖，歡迎你打電話來？

要員工成長，必須先自我成長

安・巴卡（Ann Bakar）從沒料到自己會成為泰勒凱公司（Telecare Corporation）的執行長，當然更沒料到二十九歲就坐上這個位子。她的父親創辦了一家提供精神診療服務的小公司，當父親因醫療不良反應而過世時，巴卡被迫扛起責任，要釐清公司的未來出路。第一次和巴卡見面時，比爾和我即將完成《BE》初稿。巴卡說：「我深愛家父，希望榮耀他一手創建的公司，讓泰勒凱公司成為永續經營的卓越公司。」我們給了她一份書稿，於是巴卡召集二十四位經營團隊成員，大家一起在柏克萊的克雷蒙旅館，為打造泰勒凱公司為卓越公司奠定基石。巴卡和她的團隊根據原版《BE》中的願景架構（本書也完整呈現原版願景章節的內容），找出公司核心價值，擬定能永續的公司目標：幫助精障人士充分實現潛能。

對一家由年輕執行長領導的小公司而言，想在健康照護和精神疾病醫療的浩瀚世界中實現這樣的理想，可說是巨大的雄心壯志。巴卡的父親深信精神疾患可以大幅度康復，巴卡深受父親啟發，對公司目的滿懷熱忱。由於她曾在蒙哥馬利證券公司（Montgomery Securities）工作過，需要對企業作深入分析後進行投資，因此她有充分的膽識，能根據實證，大膽押注經過審慎選擇的標的。

然而，要將泰勒凱公司打造為卓越公司，巴卡本身必須先成為卓越的領導人，隨著公司成長壯大，不斷增強擴大自己的能力。1.0 版的巴卡足智多謀，充滿年輕人的熱忱與衝勁，憑著恰到好處的領導直覺，推動公司走上正確方向。但這樣還不夠，她必須成長為 2.0 版的巴卡，再進一步成為 3.0 版的巴卡。

於是，她學會網羅傑出人才，讓他們融合成團結一致的團隊。她了解到企業文化並不是只用來支持公司策略，文化就是策略。她學會根據價值觀和性格來用人，而非只重聰明才智和實務經驗。她學會何時應該授權和如何授權，何時又不該授權。她學會讓單位主管擔當起在第一線活絡企業文化的責任。她學會為了追求長遠卓越，而降低短期利潤。她學會在公司出差錯時保持冷靜，避免因一時衝動，自己跳下去掌控一切。她學會向外尋求能在智識和情緒管理上學習請益的良師，幫助她面對生存威脅。她後來回想：「面臨組織危機時，我會盡可能向外部專家（而非內部同事）尋求最佳建議，向愈多專家請益愈好。雖然面對不確定或混亂局勢時，本能反應可能是縮減開支，但我刻意反其道而行，這對於我的成長和學習非常重要。」她沒有停止成長。在我寫下這段文字時，巴卡正努力邁向 3.0 版的巴卡，以後還會出現 4.0 版的巴卡。巴卡最大的長處在於她一步一步努力成為泰勒凱公司需要的領導人。

泰勒凱公司在2015年慶祝創立五十周年，公司在巴卡領導下成長茁壯，如今在美國八個州提供八十五個照護計畫，服務數萬人。一路走來，泰勒凱公司員工認股權的價值增長幅度已打敗標普500指數的成長幅度。2017年，巴卡登上舊金山灣區企業名人堂，這是罕見的肯定，因為過去只有思科（Cisco）、Salesforce、英特爾、蘋果、惠普、嘉信理財（Charles Schwab）等大公司的董事長、執行長、或創辦人，才能得到這樣的殊榮。

大多數卓越領導人剛開始都不是那麼卓越。當然，少數天賦異稟的奇才似乎生來就適合當領導人，就像來自異國的古怪蟲子，看起來很有趣，卻和我們不相干，因為你完全無法掌控自己是否是這樣的怪才。最重要的是，大多數的非凡領導人都是漸漸培養出自己的能力。不是因為他們一心想當卓越領導人，而是因為他們設法不辜負自己領導的員工。如果你希望與你共事的夥伴能提升工作績效，你應該先改進自己的績效。如果你希望別人提升能力，就應該先增強自己的能力。

1936年初，艾森豪（Dwight Eisenhower）在做什麼？他當時是沒人注意的美軍少校，在菲律賓擔任麥克阿瑟將軍（Douglas MacArthur）的助理。八年後，艾森豪成為盟軍最高統帥。艾森豪就讀西點軍校時沒有展現過人的潛能。當時沒有人說：「看哪！那就是日後功業彪炳的艾森豪將軍，總有一天，他們會為以艾森豪的名字設立一座紀念館。」艾森豪並非從一開始就是今天眾所周知的艾森豪，他是漸漸變成艾森豪的。當然，還要歸功於美國陸軍參謀長馬歇爾將軍（George C. Marshall）慧眼識英雄，他賞識艾森豪的才華，幫助他快速竄升，肩負重任。你打造和領導自己的組織時，可能也要問：「我身邊有誰是尚待發掘的艾森豪？」

二十來歲的賈伯斯不可能像 21 世紀初的賈伯斯那樣，領導蘋果公司東山再起。年輕時代的賈伯斯因為脾氣暴躁、喜歡辱罵員工而臭名遠播，在眾人眼中是個不成熟的天才。任何人如果無法有效推動他的願景，他都受不了。不過，賈伯斯沒有一直當個不成熟的創業家而不思改變。史蘭德（Brent Schlender）和特茲利（Rick Tetzeli）合著的《成為賈伯斯》（*Becoming Steve Jobs*）刻畫了賈伯斯邁向成熟的歷程，年輕領導人讀了應該能心領神會。千萬不要把賈伯斯二十來歲的言行拿來和他五十來歲的領導效能混為一談；也不要用他過去嚴厲的眾星拱月領導風格，來看後來奮發、深思熟慮、努力打造出比他活得更久的卓越公司的領導人；更不要拿 1.0 版的賈伯斯來和 2.0 版的賈伯斯相提並論。要真正了解賈伯斯的人生中隱藏的寓意，必須視之為成長故事，而不是成功故事。

有一個為害最大的迷思是：創業家或小公司領導人在經營管理上終究都會達到能力極限，屆時必須由「真正的」執行長取而代之。1.0 版的賈伯斯聽信了這個說法，結果幾乎摧毀蘋果公司，後來靠 2.0 版的賈伯斯才力挽狂瀾。如果有人想用這樣的迷思說服你，可以回問他：「假如真是如此，那麼你要怎麼解釋一個實際驗證過、不可否認的事實：歷史上許多卓越公司都是由原本創立公司的創業家打造出來的？」

下面列出的短名單（我可以列出更長的名單）是一群極富創業精神的企業創辦人，他們後來都成長為卓越公司所需的領導人，包括：為美國而教（Teach for America）的柯普

（Wendy Kopp）、英特爾的摩爾（Gordon Moore）與諾宜斯（Robert Noyce）、安進的拉斯曼、微軟的蓋茲、亞馬遜的貝佐斯、迪士尼的華特·迪士尼（Walt Disney）、惠普的惠烈特和普克、嬌生（Johnson & Johnson）的強生（Robert W. Johnson）、萬豪酒店的麥瑞特、西南航空的凱勒赫、沃爾瑪（Walmart）的沃頓（Sam Walton）、皮克斯的凱特莫爾、聯邦快遞（Federal Express）的史密斯（Fred Smith）、耐吉（Nike）的奈特（Phil Knight）。如果你是企業創辦人，絕對不要隨便聽信別人的錯誤觀念，以為創立公司的人無法持續成長為建設公司的人。我們的研究顯示，恆久卓越公司的設計師與締造者很多都在位三十年之久，超過僅僅三年就下台鞠躬的比例。

同樣邏輯也適用於和泰勒凱公司的巴卡一樣、因家族變故而接班的企業家。純粹從統計機率來看，也許大多數的家族企業第二代、第三代接班人都不符期望。傳統智慧總認為企業創辦人的兒孫多半成不了氣候，但仍有一些例子大大顛覆了傳統看法。彼得·路易斯三十二歲就接管家族企業前進保險公司，將原本的區域型小企業打造為美國首屈一指的汽車保險公司。小麥瑞特在父親的小型連鎖餐廳 Hot Shoppe 工作一段時間以後，推動家族企業演變為舉世聞名的指標性旅館與度假村。

凱薩琳·葛蘭姆在丈夫驟逝後，意外承接家族企業的領導大任。當《財星雜誌》（*Fortune*）的封面專題「史上最偉大的十位執行長」邀我執筆時，我挑選葛蘭姆為其中一位執行長，我是這樣描繪她的：

除了震驚和悲傷，葛蘭姆還面對另外一個重擔。原本父親已將《華盛頓郵報》交到她丈夫的手上，以為他日後會交棒給他們的子女。現在要怎麼辦？葛蘭姆立刻消除大家的疑慮：她通知董事會，她不會賣掉公司。她會接下管理重任。

不過，單單「管理」二字還不足以形容葛蘭姆面對新責任的態度。當時《華盛頓郵報》還是不知名的地區性報紙，葛蘭姆的目標是要讓《華盛頓郵報》可以和《紐約時報》相提並論。1971 年，葛蘭姆面臨如何處理五角大廈文件的關鍵時刻 —— 當時美國國防部有一份報告外洩，透露美國政府對越戰問題撒了謊。《紐約時報》因為刊出報告部分節錄內容而接到法院禁制令，如果《華盛頓郵報》刊登這份文件，美國政府可能會根據間諜法起訴報社，因此危及公司的股票上市計畫和賺錢的電視執照。葛蘭姆後來在回憶錄《個人歷史》（*Personal History*）中表示：「這個決定會將整個公司置於風險之中。」然而她的結論是，以出賣靈魂為代價，來確保公司生存，還不如根本不要活下去。

最高法院的判決最終還給他們公道，對一輩子都缺乏安全感、意外擔負重任的執行長而言，這是非常了不起的決定；在她的回憶錄中，像「我嚇壞了」、「我嚇得發抖」這樣的句子不時可見。《華盛頓郵報》記者伍華德（Bob Woodward）和伯恩斯坦（Carl Bernstein）堅持調查後來稱之為「水門事件」的案子時，葛蘭姆日益焦慮。今天我們把水門事件的結果視為理所當然，但在當時，《華盛頓郵報》卻是孤軍奮戰。在葛蘭姆決定刊登這篇報導的同時，也建構了一家偉大的報社，打造出一家卓越企業——名列過去二十五年來績效最佳的五十家首度公開募股（IPO）企業，連巴菲特（Warren Buffett）都投資他們的股票。葛蘭姆從不居功，她堅稱就水門事件的報導而言，「我從來不覺得我有太多選擇。」不過，她當然作了選擇。有人說，勇氣並非毫無畏懼，而是即使面對恐懼，仍能採取行動。就這個定義而言，凱薩琳．葛蘭姆也許是這份名單上最有膽識的執行長。

俗話說的「富不過三代」，也許在統計上正確，卻絕非注定如此。比爾和我都很喜歡在史丹佛大學的課堂上探討 L.L.Bean 的案例。在 L.L.Bean 案例中，創辦人的外孫高爾曼（Leon Gorman）很早就肩負領導公司的重任，我們上課時會要求學生思考高爾曼是不是正確的接班人選。當時他才三十出頭，大學讀的是文科，曾在海軍服役，沒有 MBA 學位。許多學生都說他不是適當人選，L.L.Bean 應該延攬「真正的」經管人才，擁有史丹佛或哈佛的企管碩士學位，實務經驗豐富，懂得如何打造品牌和推動公司成長。

高爾曼在回憶錄《打造美國企業標竿 L.L.Bean》（*L.L.Bean: the Making of an American Icon*）中，描述自己當上總裁之前，總是隨身攜帶黑色小本子，草草記下改善公司營運的想法，最後集結成四百多個構想。當上總裁後，他開始實踐這份改善清單。在高爾曼領導下，L.L.Bean 經通膨調整後的營收數字擴大了四十倍以上，如果這也算富不過三代，那他們的口袋還真深哪！

所以，不管你是什麼層級的領導人，我想問：你願意盡一切努力，成長為你的單位、組織、公司，或目標真正需要的領導人嗎？當貴公司的規模擴大為兩倍、五倍、十倍時，你能不能把自己的領導力也擴大兩倍、五倍、十倍？你的領導方式能否日益成熟，從 1.0 版進化為 2.0 版，再從 2.0 版進化到 3.0 版？你會安於當個優秀領導人，還是會以巴卡、艾森豪、賈伯斯、葛蘭姆和高爾曼為榜樣，不斷成長，終於成為卓越的領導人？領導是責任，不是權利；是決定，不是意外；是出於個人意志的行動，而非靠基因先天決定。你能否學會如何當個卓越領導人，最終仍是自己的選擇。

善用「碰對人的運氣」

我們經常想到的都是「關於事的運氣」，發生在我們身上的意外事件。比方說，買樂透時選到中獎號碼，突發的暴風雨阻礙了重要會議的行程，或罹患罕見疾病。但我愈來愈關注更重要的第二種運氣：「關於人的運氣」。

不妨想想自己人生中的「碰對人的運氣」。可能是幸運碰到改變人生的精神導師，可能是幸運找到很棒的朋友、理想的人生伴侶，或好到不可思議的上司或同事，也可能巧遇適合延攬的絕佳人才。

我們研究小組有一位很棒的研究員，是我在很偶然的情況下，因為常去光顧博德市一家漢堡店而發現的。內人瓊安和我去那裡吃漢堡時，好幾次都是一位非常親切、效率又高的服務生招呼我們。於是一天晚上，我開始問他問題。

「泰倫斯，你是本地人嗎？」

「不是，我是從新澤西州來的。」

「你為什麼來博德？」

「我在科羅拉多大學念書。」

「你是暫時休學嗎？因為每次我們來用餐時，你似乎都在這裡打工。」

「沒有，我工作量很大，因為我得半工半讀才能讀完大學。」

「你的工作量有多大？」

「每星期工作四十到五十小時。」

「一邊上學嗎？」

「是啊。」

「你讀哪個系？」

「我雙主修經濟和金融。」

「你的成績如何？」

「全部拿 A。」

我們在回家的路上不停談論這個了不起的年輕人。我們都很佩服他，所以幾天後，我們回這家餐廳進行招聘任務，我想讓這個小夥子加入研究小組。

泰倫斯朝著我們走過來時說：「你們真的很愛吃漢堡！」

「我們今天來不是為了吃漢堡，」我說，「是為了你來的，我們想鼓勵你提出申請，加入我的暑期研究小組。」

於是泰倫斯加入我的團隊，在大學畢業前和我密切合作了好幾年。他成為研究工作的一大助力，對《從 A 到 A+ 的社會》（*Good to Great and the Social Sector*）、《為什麼 A+ 巨人也會倒下》、《十倍勝，絕不單靠運氣》等書貢獻良多。以上每一本著作都因為泰倫斯的加入，而變得更好。

要實踐「先找對人」的原則，表示你隨時都在延攬人才，無論身在何處，都保持高度敏銳，預備隨時可能碰到出色的人才。你永遠不知道什麼時候會有「碰對人的運氣」，但你會一而再、再而三碰上這樣的運氣。如果你透過「碰對人的運氣」鏡片，觀察自己做的每一件事情 —— 如果將每個針對「事」的問題都改成關於「人」的問題來考量 —— 當「碰對人的運氣」來臨時，或許你就能充分察覺。

我的人生一直非常幸運，然而我最大的幸運是能認清自己「碰對人的運氣」，並沒有辜負我的好運。我很幸運在讀大學時就遇見瓊安，並在第一次約會四天後就訂婚。我很幸運能遇見比爾，而且他生平第一次在大學開創業課時，我就碰巧選了這門課。我很幸運傑瑞．薄樂斯（Jerry Porras）主動邀我一起在史丹佛從事開創性的研究計畫，後來成為我們的經典著作《基業長青》。回顧過去六十年，可以看到我的人生比較是由「人」，而非「事」所定義和塑造，主要受「碰對人的運氣」所影響 —— 幸運遇上改變人生軌道的良師、益友、同事、夥伴。如今每當遇見像泰倫斯這樣的年輕人時，我會希望，對某些人而言，我也能變成他們的「碰對人的運氣」。

我們活在喜歡論「事」的文化中。我們問政界候選人，你打算怎麼做（不管是教育、外交政策、預算或其他）？我們問滿懷抱負的創業家，你的偉大構想是什麼？我們問年輕人，你會選擇什麼職業？我們問精神導師，我應該選擇什麼工作？我們問，應該做哪些事情，才能解決眼前迫切的問題？並不是這些問題都不好，但是和關於「人」的問題相比，這些都是次要問題。讓對的人負責外交政策，就會有好的外交政策。選對人加入創業小組，比較可能產出好的構想，並付諸實現。碰到對的人生導師，你比較可能作出正確的職涯選擇。跟對老闆，你比較可能擁有很棒的工作經驗。找對人來解決問題，比較可能得到更好的解方，勝過獨自想辦法。

我們針對卓越公司為什麼成功研究過許多觀念，其中從「應該先做什麼事」，轉為「先找對人」的心態，對我的人生影響最大。成就本身沒有多大意義，也無法帶來持久的滿足感，但是和對的人並肩追求某種成就，可以得到莫大的滿足感。如果運氣好，能在自己喜歡且有意義的工作上表現卓越，那麼你是個幸運兒。如果能和所愛的人一起從事為你所熱愛、又有意義的工作，那麼你真是中樂透了。

關心你的員工，而不是你的職涯發展

我曾應邀主持美國西點軍校 1951 級校友設立的領導力研究計畫，在那兩年任期內，我最大的一個學習，是單位領導人的重要性。真正卓越組織的最小單位結構（cellular structure）是領導有方的單位，因為真正的重要工作都在這裡完成。如果基層單位缺乏傑出領導人，即使組織高層發揮卓越領導力，也起不了太大作用。如果想建立真正卓越的公司或社會企業，就必須培養一批優秀的單位領導人，他們能讓大家同心協力，追求膽大包天的目標。如果你想提升你們的文化，如果你想從卓越公司進一步成為恆久卓越的公司，就必須投注心力，培養出一批批理想的單位領導人。

理想的單位領導人會將肩負的責任擺在第一位，將自己領導的單位打造為公司內的卓越特區，而不是一心只想著職涯的下一步。每次有年輕人來找我，徵詢職涯發展方面的建議時，我有時會跟他們說：「發展職涯最好的辦法，就是別再滿腦子只想著自己的職涯發展了。」然後我會告訴他們穆凱伊和奧斯丁將軍（General Lloyd Austin III）的故事。

穆凱伊從來不曾爭取全錄執行長的位子，但是全錄在 21 世紀初發現公司搖搖欲墜，即將淪為無足輕重的公司，股價跌了 92%，公司債被評為垃圾債券，董事會很苦惱，不知該找誰來拯救公司。全錄原先試圖引進外援來「推動變革」，卻失敗了。

全錄的董事擁有美國企業界少見的睿智，他們後來決定不再引進外來的救世主，而在內部找尋領導力已通過驗證的領導人。全錄的員工願意跟隨誰的領導？他們相信什麼人，願意為他加倍努力？誰備受大家信任？誰有做出有目共睹的成績？誰在職涯的每一步，都能把自己的單位打造成耀眼的卓越特區？於是，有個名字跳了出來：安・穆凱伊。董事會懇請穆凱伊扛下領導全錄的重責大任，穆凱伊推動了現代史上最不可思議的企業大逆轉，拯救全錄免於潰敗，再創強勁獲利，整頓資產負債，讓全錄有機會東山再起，再度成為美國企業史上最為人傳頌的公司之一。

史上許多最卓越的企業執行長是如何坐上這個位子的，尤其是其中有些人素來不愛自我推銷？他們和穆凱伊一樣，承擔的每一份責任，職涯中踏出的每一步，都盡力領導自己的小單位展現非凡績效。他們交出的成績愈來愈出色，公司開始要求他們領導更大的單位，承擔更大的責任。無論事情大小，他們關注的是眼前該怎麼做才對，持續領導自己的單位成為耀眼的卓越特區。

穆凱伊一心一意只關心如何讓自己的單位交出成績，體現公司核心價值，並照顧部屬。員工相信她，因為她信任員工；員工願意追隨她，因為她的所作所為從來不是為了自己。當董事會挑選穆凱伊來領導全錄走出黑暗時，穆凱伊沒有改變領導風格，只不過是從帶領小巴士，變成承擔起整個大巴士的領導重任。

奧斯丁將軍 1975 年畢業於西點軍校，後來成為美國四星將官[2]。奧斯丁在耀眼的軍旅生涯中，曾擔任美國陸軍副參謀長及中央司令部指揮官，並在這段時期，負責美軍在中東從埃及到巴基斯坦的軍事行動，範圍涵蓋敘利亞、伊拉克、阿富汗等國。

從西點軍校畢業幾年後，奧斯丁有一度擔心自己在軍中升得不夠快。他告訴我：「我有一天醒來，決定不要再那麼關注自己的生涯發展了，我決定要好好照顧部屬。從那天開始，一切都變了。他們不會讓我失敗！」

有一次我去看奧斯丁將軍時，他正在主持一個小餐會，出席者皆是企業界、政界和軍方的領導人。達官顯要的餐會進行到一半時，奧斯丁將軍突然打斷大家的談話，他說：「我們得

2 奧斯丁將軍在 2021 年 1 月成為美國拜登政府首任國防部長。

暫停一下，做一件很重要的事。」接著三名服務人員從廚房裡走出來，餐點是由他們準備的，所以奧斯丁想讓大家認識他們。他簡單介紹了每個人的資歷和背景，然後讓大家有機會謝謝他們準備了如此精緻的餐點。奧斯丁將軍從不放過任何表彰部屬的機會，而且我從來不曾看過他提高嗓門講話。奧斯丁冷靜寡言，充分展現出融合謙遜和果決的領導風格。奧斯丁將軍領導時秉持的是服務的精神 —— 為國效勞，致力於完成任務，並為他有幸領導的部屬服務。

我們應該盡早學習穆凱伊和奧斯丁將軍的典範：照顧屬下，而非只關注自己的職涯發展。你承擔的每一份責任，你駕駛的每部迷你巴士，你領導的每個單位，無論是多小的單位，都讓它成為卓越特區。如果你都做到了，就比較可能因為擔當大任的機會太多消化不良，而不會因為機會太少而挨餓。

里曼的兩難

巴西的霍爾賀．保羅．里曼（Jorge Paulo Lemann）是全球最傑出的創業家和經營者之一，我有幸近身觀察他。里曼和兩位創業夥伴馬索．賀曼．泰爾斯（Marcel Herrmann Telles）及卡洛斯．艾伯托．希庫皮拉（Carlos Alberto Sicupira）從一家小仲介公司起家，建立起拉丁美洲最成功的投資銀行。除了精明能幹，擅於管理金錢之外，他們還有一種特殊天分，就是打造用人唯才的文化，讓饑渴而狂熱的年輕人有機會出人頭地。由於他們太擅長塑造文化了，後來乾脆考慮買下整家公司，再依照他們的文化來經營公司，讓公司不斷成長。他們告訴自己：「如果我們相信自己的文化，為什麼不勇敢下注？」

於是他們買下零售商 Lojas Americanas 和 Brahma 啤酒公司。他們的假設是對的：只要找對人，找到有正確文化 DNA 的人才，再把對的人派去管理買來的公司，就可以致勝。里曼和創業夥伴雇用和訓練愈來愈多積極進取、野心勃勃的年輕領導人，預備日後擔當大任，一心一意打造出「人才機器」。他們的終極「策略」是找到滿懷熱忱、衝勁十足的年輕人，讓他們在用人唯才的文化中，接受膽大包天的目標挑戰，並和他們分享成功的果實。里曼和創業夥伴以夢想－人才－文化來描述他們的做法，即使不知道會投入哪一種事業也無所謂，重要的是，碰到大好機會時，手邊掌握了充足的人才，而且他們都擁有正確的文化 DNA。機會將不斷湧入，而且機會愈來愈好、愈來愈大。里曼和夥伴後來將啤酒事業和比利時的 Interbrew 公司合併，成為英博公司（InBev）。

從兩千年初開始，他們的董事會到我在科羅拉多州博德市的實驗室，參加為期兩天的蘇格拉底式密集對談，討論一個大問題：下一步該怎麼做，才能打造出恆久卓越的公司？在一次會議中，董事會開始認真思考買下安海斯布希（Anheuser-Busch）釀酒公司、克萊斯代爾馬（Clydesdales）等等。

中間休息時，里曼問我：「這件事規模這麼大，感覺你好像有點緊張。」

「是啊，我知道你們因為勇於下注而成功，但這次的賭注非常大。我們必須確定董事會做的是有紀律的決定，而不是出於傲慢。」

「我明白，不過你不了解我的基本問題，」里曼說，還故意頓了一下，製造效果。「我培養太多很棒的年輕領導人，我必須給他們一些真正的大事去做，絕不要低估了維持動能的重要性。」

這時候，我才真正領悟到里曼、泰爾斯、希庫皮拉如何打造出這部動能十足的機器。從草創時期，還是小公司的時候，他們就執迷於找到很棒的人才、吸引很棒的人才、培植很棒的人才。他們聘用新人時，不是只想找到身懷絕技的人才、或填補出缺的職位、或達到特定目標、或追求市場商機。他們顛覆用人的方程式，冒險一搏：找到很多積極進取、充滿熱情的人才，就能點燃動能，帶動良性循環。首先，你必須先找對人，接著要想出可交給他們做的大事。如果你選擇的事業夠大，又會需要更多傑出的人才，結果你又得設法找到更大的事情來做，因此又需要更多人才，於是你又不得不開闢更大的事業。如此不斷循環，永遠不會停下來，不會放慢速度，不會打破動能。

你是否曾面臨里曼的兩難困境？找到太多出色的年輕人和優秀領導人，太多雄心勃勃、才幹出眾、衝勁十足的人才？如果你為公司創造了這樣的難題，只好努力追尋下一個更大的夢想；否則的話，頂尖人才就會另謀他就。

如果要靠金錢誘因，一定沒有找對人

我們在研究中發現，主管薪酬和企業能否從優秀邁向卓越，沒有系統性關聯。金錢誘因不會（也無法）推動公司邁向卓越，原因很簡單，你沒辦法用錢把錯的人變成對的人。如果要靠金錢誘因，才能讓一個人表現出色，那麼他一定缺乏做大事需要的強大動機和建設性的神經質。

我有幸研究過（或合作過）全球最成功的一些組織，除了企業，還包括菁英軍事單位、成功的中小學、冠軍運動隊伍、足為典範的醫療照護體系以及社會公益組織。整體而言，他們都展現優秀的領導力和卓越績效，然而他們使用的方法，往往看不到顯著的金錢誘因。

撰寫本章時，我和研究團隊正在進行一項關於中小學教育的研究，研究對象是表現非凡的教育單位領導人（或校長），他們都曾經在極艱困的環境下，提升教育成果。研究的假設是，只要找到對的單位領導人，就能塑造出激發卓越教學所需的績效文化。在我們的案例中，沒有一位學校領導人是靠金錢誘因當作達到成效的關鍵驅力。沒有一個人這樣做。

克里夫蘭診所（Cleveland Clinic）因為吸引到許多頂尖醫生，成為全世界最受推崇的醫療機構之一，這些醫生都希望能和其他頂尖醫生一起合作，追求共同目標：為病人提供最好的醫療。全盛時期的克里夫蘭診所把「找對人」的執著，轉化為不斷累積動能的正向循環：先找到對的人，讓他們在重視合作的文化中工作，成功治療病人，因而吸引世界各地的病患前來求醫，醫院聲譽提高，也吸引更多資源投入頂尖的研究和醫療設施，於是吸引更多頂尖醫療人才加入。然而，克里夫蘭診所的輝煌成果其實只憑一個簡單的薪資結構，而沒有以病患數目或醫療程序為績效標準來訂定薪酬。

克里夫蘭診所的執行長曾邀我到現場觀察他們的獨特文化，我有機會目睹開心手術，那簡直是手術室的一場優雅的舞蹈表演。外科醫生只需伸出手，不必抬頭或說任何一個字，助手早已將正確工具備妥。醫生張開手，助手就把工具放在他手上，他闔上手掌，目光回到病患胸腔，只用一個動作，完美銜接，一氣呵成。負責操作人工心肺機器的體外循環師精準掌握時機，分秒不差地為肺充氣。每個人在自己的位置上，都與整個手術程序協調一致，同步進行，我覺得自己好像在觀賞一場編排完美的芭蕾舞，美妙的編舞概念，配上優雅細膩的執行。

單憑金錢誘因，絕不可能達到我當天在手術室見證的專業水準。那場手術後，我在參訪過程中問克里夫蘭診所的醫療專業人士，美國有這麼多醫院，他們為什麼選擇來俄亥俄州的克里夫蘭診所。他們的答案都一樣：因為他們想和醫療界頂尖人才一起做到最好。

我們也可以看看軍中的精英部隊。領導特種部隊進行危險而重要的機密任務，是何等的重責大任，對訓練、技能和判斷力的要求會有多高。然而這些領導人拿的只是中產階級的薪水，既無紅利可分享，也配不到公司股票。閱讀前海豹突擊隊員馬可斯・盧崔爾（Marcus Luttrell）寫的《唯一倖存者》（*Lone Survivor*），你不會看到「如果你願意參加這些辛苦的高風險任務，就可以拿到一大筆年終獎金」這種句子。並不是說海豹部隊的文化不重視誘因，而是他們的誘因大都不是金錢誘因。

對他們而言，贏得其他海豹隊員的尊敬比大筆金錢更具威力。狄克・考奇（Dick Couch）曾當過海豹部隊排長，他的許多著作在海豹隊員間享有盛名，考奇在《拉瑪迪的保安官》（*The Sherriff of Ramadi*）中歸納：「在隊員之間，名譽就是一切。從還在受訓到成為正式隊員，到進入實戰布署，海豹隊員的名譽會一路跟著他。這個圈子很小，大家都互相認識 — 即使你不認識，也會有好友認識他。」海豹隊員往往不惜犧牲自己的性命，也絕不放棄同僚。他們這麼做不是為了金錢報酬，而是因為他們對彼此許下神聖的承諾。想想看在這樣的文化中，你會百分之百確定 — 不是90%，不是95%，不是99%，而是百分之百 — 無論發生什麼事，大家絕不會棄你於不顧。即使你給海豹隊員一百萬美金，要他們放棄某個弟兄，他們的反應可能是茫然不解，接著是徹底厭惡。你那天應該會很不好過。

在美國軍隊裡，即使最高階的星級將官，賺的錢都遠遠比不上許多企業執行長，可能只有他們的五分之一、十分之一，甚至二十分之一。每當我聽到企業董事表示：「我們得付幾千萬美元的薪酬，才請得到真正頂尖的領導人才。」我就忍不住想到這群高級將官，他們為了達成艱鉅的國家目標，需要為數千個生命負起責任，管理巨大的戰略風險。如果真的只是為了錢，我們要怎麼解釋世界上有些一流領導人才，偏偏要從軍呢？或進學校服務？或到頂尖的醫學中心工作？或參與由數千名滿懷理想的熱血青年推動的社會運動？

我並不是說金錢誘因毫無效果。的確，經濟學提供的諸多證據顯示，一般人確實會對誘因有反應（儘管對一流人才而言，金錢報酬並非最主要的誘因）。完全忽略誘因的影響力，不啻忽視人類本性。因此我的主要論點是：**錯誤的誘因並非無害，而是非常危險**。如果想建立堅守核心價值的卓越企業，誘因絕不能強化違反核心價值的行為，或更糟的是，鼓勵錯誤的行為，反而趕走了對的人才。的確，錯誤的誘因制度可能鼓勵員工做錯事，甚至讓公司深陷危機。

不妨想想富國銀行（Wells Fargo）的遭遇。迪可・庫利（Dick Cooley）和卡爾・瑞查德（Carl Reichardt）在1980和1990年代帶領富國銀行跨越轉折點，從優秀邁向卓越。巴菲特的波克夏海瑟威公司（Berkshire Hathaway）也曾押寶瑞查德領導下的富國銀行。巴菲特1991年寫道：「富國銀行擁有業界最優秀的經理人。」他欣然看著富國銀行的投資價值不斷攀升，激勵他買下更多富國銀行的股份。

不過，富國銀行的品牌在2017年嚴重受損，有些人懷疑富國銀行是否已放棄最初推動公司從優秀邁向卓越的理念。當時，富國銀行違背庫利與瑞查德奉行的領導信念，以及數十年來建立顧客信任的做法，（根據富國銀行董事長的說法）「為一些零售金融業務的顧客開立他們沒有要求、甚至根本不知道的帳戶，背棄了顧客的信任。」醜聞發生後接任執行長的提摩西・史隆（Timothy J. Sloan）在給股東的信中寫道：「我們針對將近十三萬個帳戶，退還了超過320萬美金的費用，因為我們無法排除這些帳戶乃未經顧客授權就開戶的可能性。」

十三萬個帳戶是很驚人的數字。怎麼會發生這種情況，尤其是在庫利和瑞查德時代曾經如此卓越的公司？部分原因是，富國銀行後來推動野心勃勃的銷售文化，加上誘因制度推波助瀾，迫使員工採取違背公司核心價值的做事方式。富國銀行的獨立董事在報告中提出好幾個影響因素，認為根本原因在於「社區銀行扭曲的銷售文化和績效管理制度，加上野心太大的銷售管理，讓員工在壓力下，拚命推銷顧客不需要或不想要的產品，在某些情況下，甚至未經授權就為顧客開戶。」為了因應這個問題，富國銀行撤換領導人，並改革獎勵及薪酬制度。

無論原本多麼卓越，沒有一家公司能完全避免誘因制度失調及把錯的人放在關鍵位子上的負面循環。這樣的負面循環始於把錯的人找上車，他們的行為牴觸了公司核心價值，並對公司造成危害。有些人後來權力愈來愈大，開始建立違反公司核心價值的誘因制度，因此錯的人做的錯事受到鼓勵，趕走了對的人。在這樣的文化中，不適當的人取得主宰，對的人則愈來愈格格不入。於是對的人紛紛下車，錯的人比例升高，形成關鍵多數。你一朝醒來才恍然大悟：你悉心營造的文化已被摧毀殆盡。

並不是說，企業不應該建立金錢獎勵制度。事實上，我們研究的大多數卓越公司在傳統薪資之外，都另有福利和獎金。但這些薪酬福利制度都必須符合公司價值，有助於達成制度的基本功能。那麼什麼是薪酬福利制度的基本功能呢？為了建立真正卓越的組織，薪酬制度無論採取何種結構，主要目的都是確保公司能吸引並留住對的人才 —— 能自我激勵、自我管理，並且認同公司核心價值的人才，千萬不要「激勵」錯的人。一切都要回到「先找對人」的原則：找對人上車，讓錯的人下車，然後把對的人放在關鍵位子上。

當然，對的人應該有好的待遇，薪酬制度必須讓人才感到公平。如果你曾經想過，是不是要和打造出卓越公司的功臣分享公司創造的財富，那麼你應該把惠烈特的教誨牢記在心：「絕不要扼殺慷慨的衝動。」

建立人人相互依存的文化

威廉・曼徹斯特（William Manchester）是二十世紀最偉大的傳記史學家之一，知名著作包括他為甘迺迪、麥克阿瑟寫的傳記，以及他備受喜愛的傳記作品 — 關於邱吉爾的《最後的雄獅》（*Last Lion*）系列。曼徹斯特為《最後的雄獅》第二卷寫的導言，是我讀過的傳記作品中的上乘之作。我很愛讀曼徹斯特的傳記和歷史著作，但最感人的是他的回憶錄《告別黑暗》（*Goodbye, Darkness*）。

在《告別黑暗》中，曼徹斯特把好文筆用在自己身上，試圖解開他人生中揮之不去的謎團。第二次世界大戰期間，曼徹斯特是美國海軍陸戰隊隊員，在太平洋服役。1945 年 6 月 2 日，他在作戰時受了「價值百萬美金的傷」，也就是嚴重到讓他獲頒紫心勳章、必須結束任務返鄉，但又輕微到康復後能回歸正常生活。當他躺在病床上休養、等著搭船回家時，他決定違抗軍令，離開野戰醫院，回到當時仍在沖繩深入敵後作戰的部隊。幾天後，他的部隊被迫擊砲彈直接命中，曼徹斯特受了重傷，原本大家以為他已喪命，直到後來軍醫發現他尚有一絲氣息，才救回一命。這一回，他不得不被送回家鄉了。

數十年後，曼徹斯特經常作噩夢，夢到自己還是個年輕士官，在山頂上對抗中年的自己，「與自己的青春歲月起內訌」。由於噩夢始終揮之不去，他決定寫一本書，將三個故事交織成一個故事：太平洋戰爭的故事、參戰的年輕海軍陸戰隊員曼徹斯特的故事，以及中年的自己再訪太平洋戰爭諸多島嶼的故事。三個故事在沖繩島糖糕丘（Sugar Loaf Hill）合而為一，當年糖糕丘的那場戰役在十天內造成七千名美國海軍陸戰隊傷亡。

但故事背後的故事，是曼徹斯特很想解開的謎團：他當時明明可以榮歸故里，重返安全舒適的正常生活，為何要違抗軍令，擅離職守，不惜冒生命危險回去部隊？根據曼徹斯特的說法（我強烈建議各位閱讀原書），答案是他要以行動展現對海軍陸戰隊同袍的愛：「他們從來沒有讓我失望，我也不能讓他們失望。我必須和他們生死與共，而不是看著他們喪命，自己獨活，明明知道原本我或許救得了他們。」

我的意思不是說企業或組織的生命好比戰爭，不管是製造電腦、開發生技藥物、打造連鎖商店、經營航空公司、打造社會公益事業，把打造企業拿來和糖糕丘的戰役相提並論，是一種褻瀆。我想強調的是塑造文化的重要，在這樣的文化中，每個人都知道戰友仰賴他們共度難關，絕不能讓戰友失望。

美國海軍陸戰隊指揮官曾邀請我向近百名高階將領發表演說。在演說前的午餐會，我問他：「新兵訓練營的目的是什麼？你們為什麼一直保留這種有點殘酷的做法？」他告訴我，大家一直誤以為新兵訓練是為了找到體能最強的人。他繼續說明，**其實新兵訓練真正的目的不是篩選出最強壯的士兵，而是淘汰掉在面臨威脅時只顧自己，不去幫助周遭同袍的人。**

佛瑞德·史密斯（Fred Smith）當初構思如何建立可靠的隔夜送件快遞服務，並把構想寫成耶魯大學企管課的報告，教授只給他 C，覺得他的構想行不通。史密斯畢業後，在 1966 年入伍成為美國海軍陸戰隊隊員，對耶魯畢業生而言，他的選擇非常反潮流。史密斯因戰時的英勇事蹟獲頒一個銀星勳章及兩個紫心勳章，他在作戰中得到的核心洞見，成為日後推動聯邦快遞從構想變成有望成功的生意，又從一門生意變成卓越公司的重要力量。史密斯和曼徹斯特一樣領悟到，為了挺過艱險，一個人可能做出不理性的決定 —— 不是為了偉大的構想、獎勵、上司、位階或肯定，而是為了彼此。

越戰經驗強化了史密斯的信念：只要你先對別人有基本的尊重，交付他們艱難的挑戰，並且告訴他們許多人都仰賴著他們時，他們就會竭盡心力設法完成任務。所以當貨車和貨機之間必須完美協調，當貨物無法及時趕到轉運點，就會引發一連串骨牌效應、危及「絕對隔夜送到」的品牌承諾時，你想要成功，需要的絕不只是更多的資金、系統、貨機和卡車而已。

聯邦快遞早已深植於我們的生活，甚至變成一個動詞（「能不能 FedEx 這個東西？」）。然而早期聯邦快遞曾瀕臨倒閉，據說史密斯有一度在絕望中去拉斯維加斯賭博，贏了二萬七千美金，馬上拿去替飛機加油，讓整個系統繼續運轉。這個故事或許是杜撰的，不過這樣的故事一直存在於公司神話中，可見今天的大企業也曾經如小新創公司般掙扎求生。不過，草創時期的聯邦快遞之所以能克服萬難、奮力求生，不是因為史密斯在拉斯維加斯的賭桌上押對寶，真正的致勝關鍵是史密斯在公司營造了信任、尊重與愛的文化 —— 人與人相互依存的文化。拿雅克（P. Ranganath Nayak）與凱林漢（John M. Ketteringham）在《創意成真》（*Breakthrough!*）書中把這個故事說得特別精彩（以突破逆境的創新者為案例的書中，這本書是最出色的作品之一），他們將史密斯建立的相互承諾的文化描繪為真正的突破性創新。

比爾也曾為了我，和史丹佛企管研究所所長據理力爭，為我開啟了教書的契機，讓我踏上研究卓越公司的三十年旅程。他激勵我全力以赴，因為我不想辜負他的期望。是的，崇高的使命加上大膽的目標，能激勵我們努力。但最後，當其他人仰賴我們熬過困境，當我們不能辜負他們的期望時，我們會竭盡所能，全力以赴。

今天我們生活的世界富於成功，卻貧於意義。人生若只是努力不懈地工作，卻不知意義何在，是何其悲慘。我們大多數人在日常工作中永遠不會擁有曼徹斯特與同袍之間那種深刻的愛，但我們可以藉由塑造人人相互依存的文化，離那個境界更近一步。如此一來，你給予員工的將是無法估量的寶貴價值：有意義的工作。這才是真正的卓越。

第 3 章

領導者

領導人發揮影響力的關鍵在於真誠。在他熱情鼓舞別人之前，必須自己先感動。讓別人熱淚盈眶之前，必須自己先落淚。在說服別人之前，必須自己先相信。

—— 邱吉爾

我們稱之為M症候群。我們曾研究一位特別缺乏效能的執行長，M是他英文名字的縮寫，M也是「malaise」（委靡不振）一字的首字母。

M的智商超過150。M擁有博士和企管碩士學位。M有二十年產業經驗。M和同業高層熟識，可以直呼其名。M每星期工作八十小時。M身處的市場每年成長30%。

然而，M的公司雖然初期頗為成功，後來卻一再失敗，陷入可怕的惡性循環，變成一家欲振乏力、沒有前景的平庸企業。何以致此？原因是M的領導風格太咄咄逼人、缺乏效能，有如陰冷刺骨的霧氣，籠罩整個組織，令員工灰心，失去自信，漸漸吸掉員工的能量和靈感，一天又一天、一週又一週，慢慢扼殺整個公司。

M有哪些地方做錯了？

- M鼓吹「尊重員工」的觀念（因為他曾讀過惠普公司的信念），然而他從來不信任員工。他反覆宣揚團隊的重要，但他眼中的團隊運作就是盲目服從。
- M非常猶豫不決。他面對重大決策時會反覆分析，遲遲不採取行動，因此公司常錯失重要機會，小問題也釀成大危機。
- M沒有設定清楚的優先順序。他經常丟出一、二十項工作，告訴部屬：「這些全部是第一優先。」
- M大部分的時間都關在辦公室，大門緊閉，很少四處走動，停下來看看員工在做什麼。
- M經常批評員工，從來不給正面獎勵。員工只要犯一次錯，陰影就永遠揮之不去，因為M絕不會給他機會證明自己已從錯中學到教訓。

- M從來無法有效溝通公司願景。因此員工覺得公司沒有願景，公司就像受暴風雨猛烈襲擊的船隻，在茫茫大海中迷失方向。
- M使用枯燥的技術語言來溝通，非但不能鼓舞人心，反而令員工厭煩困惑。
- 公司達到成功的高原後（營業額一千五百萬美元，雇用七十五名員工），M不願向前推進，他拒絕嘗試任何大膽或冒險的新計畫，導致公司發展停滯，有企圖心的員工紛紛求去。

正如M的情況，許多公司邁向卓越的主要障礙，都是領導人缺乏效能。再先進的科技、再深思熟慮的策略、再厲害的戰術執行，如果碰到糟糕的領導，全都黯然失色。對所有公司都是如此，但中小企業特別嚴重，因為中小企業最高領導人對公司日常營運有莫大的影響，他們必須是打造卓越企業的主要建築師。

簡言之，如果你的領導風格會帶來不良影響，就不可能打造出卓越的企業。

乘數效應

身為企業最高領導人，你的領導風格將為整個組織定調。你定的調無論好壞，都將影響公司上上下下的行為模式，發揮乘數效應。假如有效，你的風格會成為打造卓越企業的有力因素。假如無效或帶來負面效應，你的風格會像一條又濕又重的毛毯，罩住公司，最終把公司壓垮。

不同的風格

每個人都應該有相同的領導風格嗎？當然不是。你的領導風格是你發揮個人獨特人格特質的結果。

的確，有效的領導風格有很多種。有的高效能領導人沉默寡言、害羞拘謹；有的開朗外向，喜歡交際。有的領導人活潑好動，行事衝動；有的做事井井有條。有的年長睿智，經驗老到；有的年輕自負，喜歡冒險。有的喜歡發表演說，有的面對群眾時緊張不安。有的魅力四射，有的毫無魅力。（不要將領導力和魅力混為一談。魅力不等於領導力，有些高效能領導人毫無魅力可言。）

如果檢視世界領導人的光譜，你會注意到他們各有領導風格：甘地（身體孱弱、輕聲細語）、林肯（憂鬱沉思）、邱吉爾（不屈不撓的勇猛鬥士）、柴契爾夫人（嚴厲固執的鐵娘子）、金恩博士（悲天憫人、口若懸河）。但儘管他們的領導風格天差地遠，卻都是高效領導人。

你應該培養自己的領導風格：不要試圖模仿別人的風格，或採取不適合你的領導風格。你能想像邱吉爾模仿甘地，纏著腰布，輕聲細語，幾乎聽不見他在說什麼嗎？反之，你可以想像甘地嘴裡咬著粗雪茄大聲咆哮：「我們的政策是開戰，在海陸空作戰，盡我們所有的力量，以及上帝賦予我們的一切力量……」畫面會非常荒謬。但如果你試圖模仿別人的領導風格，就會如此荒謬。

有效的領導風格是從你的內在衍生出來，完全屬於你的風格。除了你自己，應該沒有人會有完全相同的風格。

高效能領導力：功能加上風格

高效能的企業領導力包含兩個部分：領導功能及領導風格。

領導功能是領導人的首要責任，也就是為公司描繪清楚的共同願景，讓員工願意全力以赴，熱情追求願景。這是對領導力的普遍要求，無論你的領導風格為何，都必須發揮這樣的功能。（下一章將說明願景的概念及如何設定願景）。

反之，領導風格則因人而異，領導人可以運用不同的風格來實現領導功能。這裡就出現一個麻煩的弔詭：一方面，我們肯定你應該有自己獨特的風格，而且各種領導風格可能都很有效。另一方面，又有可怕的 M 症候群，而 M 型領導風格正是公司邁向卓越的主要障礙。我們如何解決這種矛盾？這是否表示儘管每個領導人都有自己的風格，但有些風格比其他風格更有效？

為了解決這個弔詭，我們歸納出高效能領導人的領導風格要素。雖然每一位領導人都有獨特的個人風格，各種風格的高效能領導之間仍有一些共同要素。請見圖 3-1。

我們可以借用一個比喻來說明如何解決這個弔詭。讓我們想想幾位出色的作家。每個作家都有自己的寫作風格。福克納

圖 3-1　高效能的企業領導

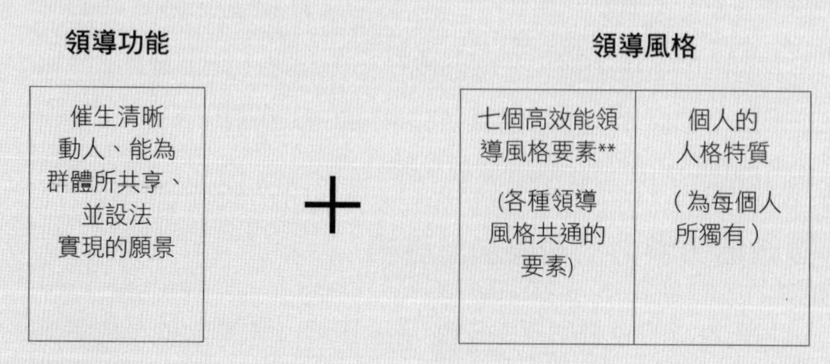

** 真誠、果決、專注、親力親為、軟硬兼施、溝通、不斷向前

（William Faulkner）的風格和海明威（Ernest Hemingway）截然不同。塔奇曼（Barbara Tuchman）的風格也有別於曼徹斯特（William Manchester）。雖然對每個作家而言，風格是個人特色，但所有傑出作家的寫作仍具有一些共同要素：他們的作品從一開始就吸引讀者的興趣，以生動的細節抓住讀者的想像，文字技巧高超，有很好的開頭和結尾等等。

新觀點

「領導力」究竟是什麼？

我很榮幸在 2012 年和 2013 年被任命為西點軍校 1951 級校友領導力研究計畫主持人，在我對領導力的長期探索中，這個經驗可以說最具特殊意義。西點軍校是全球最傑出的領導力發展研究機構，致力於培養男性和女性成為品格領導人。我多次飛到西點軍校，和師生一起思考領導力的本質，探討如何培養領導人，以及優秀領導人如何成為卓越的領導人。

我的目標之一是更深入剖析一個看似簡單的問題：**什麼是領導力？**我們總是在談領導力，但究竟什麼是領導力？

先把話說清楚：沒有「領導者人格特質」這回事。我們活在明星當道、人格崇拜的年代，但把人格和領導力混為一談十分危險。

不妨看看近數十年來最有影響力的創業型領導人、我心目中的英雄 —— 為美國而教的創辦人溫蒂・柯普。我在西點軍校主持的專題討論會，有一次邀請柯普擔任特別來賓，和一小群學生一起討論。學生首先注意到的是，柯普成為眾人矚目的焦點時，顯得害羞矜持，有些不自在。我們在只能容納三十人的小會議室，但她說話太輕柔，不巧附近在施工，遠處傳來機器嗡嗡作響的聲音，要聽清楚她在說什麼，十分吃力。

她談起自己大四時，因為還不清楚未來想做什麼而十分焦慮。在這樣的存在恐慌中，她正好要寫大四論文，所以她決定找與教育相關的題目，當時她剛開始對教育產生興趣。她提出的兩個基本前提是：第一，無論出身什麼樣的家庭或社區，每個孩子都應該有機會接受扎實的教育。第二，可以鼓勵名校畢業的年輕人至少花兩年時間，到美國資源最匱乏的社區（從密西西比河三角洲到紐約市哈林區或布朗克斯區）當老師。於是，她找到自己的人生志向，創立「為美國而教」計畫。

自從「為美國而教」創立以來，已經激勵五十萬名年輕人加入這個計畫，六萬多名年輕人實際進入教室，站上講台。

2009年，《Inc.》雜誌編輯為雜誌的三十周年特輯採訪我，討論史上最傑出的創業家。我在那次討論中就挑出柯普為我心目中的傑出創業家。

柯普的領導才能包括她天生懂得把對的人湊在一起，讓他們充滿崇高的使命感，想為孩子謀福祉。剛創辦「為美國而教」時，柯普把焦點放在吸引有才幹的人加入，讓他們盡情發揮才華，成為優秀的老師和成功的教育領袖。無論在「為美國而教」或今天的「為所有人而教」（世界各國類似組織形成的網絡），柯普都不斷前進，採取一種集體願景的領導方式，系統中各階層的人 —— 無論你是學生、家長、老師、校長、學區行政官員、政策制定者、商人、醫療衛生人員 —— 都同心協力，追求共同目標。柯普有辦法吸引成千上萬組織內外的人，一起追夢，希望世界每個角落的每個孩子，都有機會接受最好的教育。

那天在西點軍校的小會議室中，柯普體現了關於領導力的基本事實，讓軍校生學到深奧的一課：你不需要魅力十足，擁有強大的人格特質，才能鼓舞大家開創偉大的事業。你也不需要擁有正式的權力。柯普沒有體制賦予的權威、階級帶來的權力，也沒有憑著顯赫的頭銜、具表決權的股份、或受政府委任而擁有權力，而且「為美國而教」的多數成員憑自己的才幹從事其他工作反倒可以賺更多錢，所以柯普無法提供他們金錢誘因。正如伯恩斯（James MacGregor Burns）在他的經典教科書《領導力》（*Leadership*）中所言，我們絕不該將權力和領導混為一談。

唯有當人們擁有不追隨領導人的自由，仍選擇追隨時，領導

力才真的存在。許多企業領導人自以為在領導，實際上只是在施展權力，他們可能驚恐地發現，一旦失去權力，就沒有人會追隨他們。如果你主要靠階級、頭銜、地位、金錢、誘因或名氣，或其他任何權力形式，才能推動事情，那麼很簡單，你已經放棄領導了。如果你只因為有權力發號施令，就任意下令，這和真正的領導完全背道而馳。柯林．鮑威爾將軍（Colin Powell）曾說：「在我三十五年的軍旅生涯中，我不記得曾對任何人說過：『這是命令。』」鮑威爾明白，「以更細膩的手法來行使命令」，效果往往好得多。我非常推薦他的著作《這招對我管用》（*It Worked for Me*）。

如果領導力無關乎人格特質、權力、階級、地位、或頭銜，究竟什麼是領導力？在西點軍校時，受到艾森豪將軍的談話和想法所影響，我歸納出關於領導力的簡短定義，這個定義最符合我曾研究和觀察到的現象：領導力是一門藝術，好的領導會讓人們想去做他們必須做的事情。

請注意，這個定義包含了三件事。第一，身為領導人，你有責任弄清楚哪些是必須做的事情。你可能憑自己的洞察力或本能來判斷，或和對的人討論爭辯後，釐清必須做的事情。無論怎麼做，都需要把它弄清楚。第二，領導不只是設法讓員工完成必須完成的工作，重點是讓他們**想去做這些事情**。第三，領導不是科學，而是藝術。

我很喜歡「藝術」這個詞（我是直接引用艾森豪的說法），「藝術」二字抓住了比爾和我最初在起草有關領導的章節時正在摸索探尋的東西：你必須找出自己的領導風格要素，養成自己獨特的領導藝術，有效促使對的人才滿懷熱情和你一起努力，完成必須做的事情。

也許你和柯普一樣，天生懂得如何用最少的語言，表達出清晰動人的願景。也許你和柯普一樣，懂得如何讓大家相信一個看似不可能的夢想，灌輸他們：別人眼中不可能的夢想（為每個地方的所有孩子而教！）是唯一目標。也許你和柯普一樣，懂得聚集各方人才，靜靜營造出合作的氛圍，創造能聽到真話的環境，並讓最好的構想有發揮的空間。也許你和柯普一樣，懂得如何發掘聰明而務實的人才，他們滿懷熱忱，能將崇高理想轉化為可不斷擴展的系統。

或你有完全不同的天分。也許你和全錄的穆凱伊一樣，天生懂得用感人的演說掌控全場。也許你和西南航空的凱勒赫一樣，擅長讓工作變得開心有趣，讓員工感到受尊重和關愛。也許你和葛蘭姆一樣，生性不屈不撓，擁有堅忍果決的個性，能影響周遭的人，給予他們信心。也許你和蓋茲一樣，天生擅於化繁為簡，讓充滿幹勁的微軟員工能滿懷自信，很清楚該在何處投注心力。

關鍵在於弄清楚你的領導天分為何，然後不斷精進，就如同畫家、作曲家、演員或建築師一般，投入數十年時間專心琢磨技藝，不斷自我提升，柯普就一直這樣做。

回顧當年比爾和我為《BE》設計的簡單架構（區分領導功能和領導風格），我深感震撼的是，當時我們寫下的內容，已經很清楚地表達了領導力的本質。在那之後許多年，我對人格崇拜的質疑日益加深。我後來針對卓越公司為何成功所做的研究找到令人信服的證據，說明為何某些史上最偉大的企業領導人明顯缺乏魅力。而我們之後的研究更顯示，有些最糟糕的企業衰敗案例，正是在活躍的魅力型領導人掌舵期間發生的（請參見《為什麼 A+ 巨人也會倒下》）。寧可當個缺乏魅力的領導人，懂得找對人上車，坦然面對殘酷的現實，也不要憑著個人魅力，領導一群乖乖聽話的追隨者，邁向災難。如果你深具魅力，仍然可以打造出恆久卓越的公司。但永遠不要忘記：假如缺乏你的個人魅力鼓舞，公司就無法追求卓越，那麼這就不是一家真正卓越的公司。

領導風格的七個要素

本章將提出高效能領導人普遍擁有的領導風格要素：

1. 真誠
2. 果決
3. 專注
4. 親力親為
5. 軟硬兼施
6. 溝通
7. 不斷向前

領導風格要素 1：真誠

領導效能最重要的要素，是真確實踐公司願景。公司的價值與抱負並非全靠領導人說的話來傳達，而是經由他的行為潛移默化。

在健全的公司裡，大家說的話和內心真正的信念完全一致，價值來自於領導人內心真誠的信念，並透過日常活動銘印於組織上上下下。可以把它想成揉麵團，經常把公司價值揉進組織之中，成為組織的根本特質。

的確，高效能的領導人深知價值會帶來實質的好處，但即使沒有這些好處，他們的所作所為仍會與價值觀一致，這正是為什麼他們可以如此成功，發揮領導成效。

惠烈特和普克創辦惠普公司時，並沒有坐下來問：「什麼是最具實效的企業價值？」他們深信應該尊重員工，而且所作所為完全實踐這樣的信念，好像呼吸一般自然。

熱情傳達信念

我們觀察到，高效能的企業領導人都對他們的價值、信念和想望，懷抱強烈熱情。他們不怕展現對價值的熱情，有時候還頗為激動。

大家都知道，吉洛體育用品設計公司（Giro Sport Design）創辦人吉姆・甘提斯（Jim Genetes）每次談到吉洛的產品如何挽救生命或幫助運動員實現夢想時，都真情畢露，令人動容。

耐吉執行長奈特本性害羞，完全不是那種活潑好動的啦啦隊型領導人。但是他在 1990 年員工大會中，談到他多麼以所有員工為傲時，明顯流露內心情感。身為當代最成功公司之一的創辦人，一向受到績效、競爭、好勝心驅策，然而他說這段話時卻熱淚盈眶，幾乎沒辦法說完。耐吉員工都深受感動，因為這是真實的情感。

當最好的榜樣

單單說話真誠還不夠，你的行動也必須真誠。每個決策和行動都應該與公司理念吻合，決策和行動本身就等於在闡述你們的核心價值。

你的所作所為會深深影響員工。身為公司領導人，你就像他們的父親或老師，員工會學習你的榜樣。

不要低估了你的一言一行對員工的影響。你的說話方式、決策風格、行為模式等都有很大的感染力。舉例來說，甘迺迪總統上任不到幾個星期，白宮幕僚說話時都開始出現甘迺迪式斷斷續續的句子，也會像甘迺迪一樣揮舞手指。

人們對權威的自然反應就是如此。無可避免地，他們會開始模仿你，即使組織不重視階級，他們仍然會視你為權威，也待你如權威。

因此，**你希望塑造什麼樣的公司文化，自己就必須先以身作則，當個好榜樣**。

沃爾瑪商場最重要的領導人沃爾頓從創辦第一家沃爾瑪商店，到後來擴大為成功的平價連鎖商場，他在過程中領悟到扮演完美榜樣是多麼重要。崔姆博（Vance Trimble）在著作《山姆・沃爾頓》（*Sam Walton*）指出，沃爾頓深信沃爾瑪的文化應該以節儉為本，他認為極端的精簡和高效率能為沃爾瑪創造出所向無敵的優勢。

為了以身作則，沃爾頓出差時一定不會租比小型車還貴的汽車，搭機時選擇經濟艙，開董事會訂的餐點是冷三明治和洋芋片，董事還得自備零錢買可樂。沃爾頓和其他員工一樣，在大廳自動販賣機買咖啡。他開老舊的開放式輕型貨車，甚至連接待英國顯要時都不例外（令對方十分懊惱）。

沃爾頓家鄉的銀行員史黛西（Burton Stacy）表示：「從來沒見過沃爾頓享受比員工更好的待遇……沃爾頓不會住更好的旅館……不會去更好的餐廳吃飯，也不會開更好的車子。」沃爾瑪前董事史帝文斯（Jack Stephens）說：「山姆·沃爾頓——他活在效率裡，連呼吸都是效率。」

沃爾頓和其他高效能企業領導人一樣，百分之百真誠——毫不做作，絕無虛假。

電腦公司 Fortune Systems 則是反例，Fortune Systems 剛進入市場時資金非常充裕，卻在 1980 年代失敗了。一位高階主管表示：「我們是一個團隊，本質上人人平等，努力追求相同目標。我們相信應該專注於工作，而不是地位象徵。」

然而有些高階經理人卻公然違反這個原則，他們各自擁有「主管專屬辦公室」，執行長甚至有私人車位。看到這種言行不一的情況，我們知道這家公司頂多只能達到平庸水準，而它最終甚至連平庸都達不到。

和沃爾頓一樣，你口中的公司理念必須真實反映出你內心的價值觀和信念。你的價值必須深植於你的內心，成為你的核心精神，碰到任何情況，你不加思索的本能反應必定與你口中傳達的理念一致。因此，當其他人採取的行動違背這些價值時，你應該會心煩意亂，深感不安。

很重要的是，公司制定重大的策略性決策時，也應該秉持同樣的真誠。正如同你在日常言行中應該以身作則，體現價值和信念；同樣的，公司也應該把重大決策當作實踐公司理念的絕佳範例。

案例

伊旺．修伊納與失箭公司

失箭公司（Lost Arrow Corporation，帕塔哥尼亞的母公司）的修伊納（Yvon Chounard）對於公司在自然環境保育方面應該扮演的角色，抱持堅定信念。為了支持環保，他每年都捐出公司10%的稅前純益，並採購以環保方式生產的織品，即使這樣做會增加成本也在所不惜。

更令人佩服的是，長期以來，他管理失箭公司的方式都符合這樣的信念。在1970年代初期（比環境意識在企業界蔚為風潮還早了幾十年），修伊納領導的失箭公司徹底改變了攀岩者攀爬岩壁時的自我保護方式。他希望攀岩者使用的工具不會讓岩石留下疤痕，因此推出「岩楔」，一種不會損害岩石的保護裝置。

當時許多人認為這是不智之舉。沒有幾個攀岩者想要放棄岩釘（打進岩石中的金屬釘，會永遠損壞岩石）而改用岩楔，多數人認為修伊納打的是一場逆流而上的硬仗。但修伊納不屈不撓，照樣推出新工具，並努力促使攀岩界改變。

結果他成功了。到1975年，幾乎不再有人使用岩釘，為未來世世代代保住大半岩壁。修伊納領導的行動吸引了許多努力而忠誠的員工。他們知道，修伊納說到做到，他是認真的，和只是嘴上說說「關心環境」卻口惠而不實的公司大不相同。員工都深受鼓舞。

說到做到

我們毫不同情沒辦法說到做到的經理人。每個人都不完美，大家都沒辦法百分之百實踐理想，但有的企業領導人甚至連實踐25%的理想都做不到，只會打高空。他們的不真誠令人作嘔，這樣的人不配當領導人。而他們當然也不可能打造出卓越的公司。

要說到做到，不要只是空談，採取行動！

新觀點

你的志業是什麼？

在主持西點軍校領導力專案期間，我訝異地發現，很多軍校生似乎比我在史丹佛大學教過的MBA學生快樂得多。我相信很重要的原因是他們的奉獻精神——全心奉獻於比小我更重要的志業——西點全校都瀰漫著這樣的精神。無私奉獻，軍校生都知道自己甚至可能為此獻出生命。

穆凱伊、摩爾、柯普、馬歇爾將軍有哪些共同點？他們領導時都秉持著超越小我，奉獻大我的精神。對穆凱伊而言，她的志業是挽救深愛的全錄公司，為全錄員工開創非凡的未來。對摩爾而言，他的志業是將英特爾打造為一股催化的力量，透過不斷擴增微電子的威力，改變文明運行的方式。對柯普而言，她的志業是讓世界各地的孩子都能接受最好的教育。對馬歇爾而言，他的志業是為國服務，擊敗侵略他國、迫害自由人民的獨裁政權。這幾位領導人會壓抑個人的野心和自我，全心奉獻於志業。

以馬歇爾將軍為例。他在二次大戰時擔任陸軍參謀長，是盟軍勝利的大功臣。1944 年，馬歇爾是軍階最高的盟軍將領之一，原本可以極力爭取擔任諾曼地登陸的指揮官，領導盟軍反攻歐陸，在有生之年確立自己的英雄地位，建立不朽名聲。然而軍事史家及馬歇爾傳記作者史托勒（Mark Stoler）在「懷疑者的美國史指南」這門課上指出，馬歇爾當時跟羅斯福總統明白表示，怎麼做對國家和戰事最有利，他就照辦。羅斯福說，如果馬歇爾人不在華盛頓，不待在他身邊，他晚上都睡不安穩。所以，馬歇爾繼續在幕後運籌帷幄，艾森豪則在戰場上扮演要角。馬歇爾能獲得史上最偉大軍事將領的名聲，正是因為他堅持為更重要的目標奉獻，不惜放棄個人榮耀。

我們為《從 A 到 A+》做研究時（《從 A 到 A+》在比爾和我合著《BE》十年後出版），我和研究小組發現從優秀到卓越的 X 因子，也就是第五級領導的原則。第五級領導是最高層次的領導力，其他四個能力層次為：從第一級（個人才幹）到第二級（團隊運作技巧），到第三級（管理能力），再到第四級（領導能力）。第五級領導人為了追求超越小我的宏大志業，會運用從第一級到第四級領導的所有能力，並融合謙沖為懷的個性和專業堅持的意志力兩種矛盾的特質。第五級領導人雄心勃勃，他們非常狂熱、執著、不屈不撓，為他們工作辛苦備至，然而他們一切雄心壯志都是為了志業，為了公司，為了目的，為了工作，而不是為了自己。

穆凱伊、摩爾、柯普、馬歇爾都是第五級領導的典範，本書提到的許多領導人，從巴卡、奧斯丁將軍、史密斯，到葛蘭姆，也都是第五級領導人。賈伯斯也是第五級領導人，他在人生下半場從 1.0 版的賈伯斯蛻變為 2.0 版賈伯斯，並發揮創造力，讓蘋果公司成為在賈伯斯身後依然長青的卓越企業。

許多人都問我，是否有可能逐漸成為第五級領導人，怎麼樣才辦得到？是的，的確有可能，而要激發自己的第五級領導魂，最好的辦法是思考一個很難回答的簡單問題：**你的志業是什麼？**你為了推動志業必須做的一些決定，可能為自己和別人帶來痛苦時，你願意為什麼目標犧牲奉獻？什麼目標或志業能讓你的人生充滿意義？可能是備受矚目的宏圖大業，也可能是比較不顯眼、不公開的目標；重要的是，你的領導是為了推動志業，成就大我，而不是純粹為了自己。

領導風格要素 2：果決

馬歇爾指出，領導人最重要的天分是做決定的能力。許多主管都深為優柔寡斷所苦，由此看來，或許馬歇爾所言甚是。

打造卓越企業的領導人通常不會優柔寡斷。做決定的能力是高效能團隊及領導人的重要特質，即使在缺乏完整資訊的情況下（而資訊永遠不完整），還是有辦法做出決定。

不要讓分析阻礙決策

分析容許我們說「也許」，人生則不然（尤其在中小企業更是如此）。

能明智運用分析是好事，但千萬不要淪為「分析癱瘓」的受害者。我們做決定時很少能掌握到消除所有可能風險的充分事實或數據，或能完全根據事實來做決定。更何況，所有的商業分析都深受假設所影響。兩個人即使看到完全相同的事實，往往會得出截然不同的結論。為什麼呢？因為他們會根據不同的假設來看待這些事實。

舉例來說，你可以試試以下實驗。請一群員工評估某個新產品的可行性，並做出通過或不通過的決定。你提供他們一大堆詳實的資料，他們都是非常出色的員工，受過一致的訓練，然而其中約半數會說「可行」，另一半則認為「不可行」。何以如此？他們在分析之前必須先有假設，而不同的假設會促使他們得出不同的答案。

大多數企業的經營狀況皆是如此。你可以做無數的分析，但很少能據此得出決定性的結論。你仍然需要做出決定。

我們不是建議你應該不假思索，匆匆採取行動，盲目憑衝動行事。在決策過程中，事實、分析和機率都有其重要性。但要牢記在心的是，目標是做決定，而不是被分析資料壓垮。

你必須意識到，到什麼程度已經做了充分分析，蒐集到足夠的資料了，應該開始做決定。史丹佛大學創校校長大衛．史塔爾．喬丹（David Starr Jordan）的決策方式就充分掌握箇中精髓：「當所有的證據似乎都到手時，我喜歡冒險試試，立刻表示同意或不同意。」

相信直覺

喬丹的「立刻表示同不同意」的方式仍然留下一個問題：如何根據不完美的資訊，做出最後的決定？一部分答案在於：

你必須願意跟隨直覺。

老實說，有些人對於憑直覺做決定，感到很不自在。直覺似乎既不科學，又缺乏理性，沒有經驗的人更是不知道如何憑直覺做決定。然而，**高效能的決策者都很懂得結合直覺和理性分析**。

一手打造與發展瑞侃公司（Raychem）的創辦人保羅．庫克（Paul Cook）就是個好例子。他在一次演說中告訴聽眾：

> 很奇怪的是，我們曾經犯過的兩、三次嚴重錯誤，都是因為我沒有相信自己的直覺。我不會重蹈覆轍。我現在懂得相信自己的直覺，真的，而結果也大有改善。

庫克並非特例。摩托羅拉公司創辦人保羅．蓋爾文（Paul Galvin）、3M 創辦人麥克奈特、沃爾瑪創辦人沃爾頓、帕塔哥尼亞公司執行長克莉絲汀．麥狄維特（Kristine McDivitt），還有其他許多企業執行長都樂於聽從自己的直覺，而且在這方面經驗豐富。

沒有缺乏直覺這回事，每個人都有直覺，困難在於如何認清直覺，善用直覺。那麼我們如何有效運用直覺呢？以下是我們的建議：

- 直接切入問題或決策的核心。不要陷在一大堆數據、分析、選項、機率中動彈不得，遲遲無法決定。
- 去蕪存菁（清除所有利弊分析清單），直接切入核心問題。面對問題時，先自問：「問題的本質為何？先不管細節，什麼才是最重要的事情？」不要只顧著思考問題的屬性和複雜度，要化繁為簡，找出不可或缺的根本要素。

- 有個很有用的技巧是，把該做的決定濃縮為一個簡單的核心問題：「你的直覺是贊成，還是反對？」

經過一段時間，你對於直覺的感覺會更精準。對你而言，這種「感覺」的特性是——如果有什麼不對勁，你就是知道。培養這種「感覺」的一個有效方法是面對決定時，密切觀察自己的內心反應。

比方說，如果你發現自己陷入一連串複雜的利弊分析，不妨隨意挑選一個決定，看看自己有何反應。如果你覺得鬆了一口氣，那麼也許你做對了決定。另一方面，如果你忐忑不安，那可能做錯選擇了。你也可以試著做一個決定，然後放在心裡二十四小時，不告訴任何人，在公開你的決定之前，先觀察自己感覺如何。

要提防恐懼對直覺造成的影響，恐懼會使我們自我欺騙。有時候，你會把因恐懼而做的決定誤以為是憑直覺下的決定。所謂因恐懼而下的決定，是指你內心其實知道怎麼做才對，卻因為其中牽涉的風險而不敢真的那樣做。我們很容易把恐懼促成的決定和直覺性的決定搞混，因為撫平內心的恐懼後，你也會有一種虛假的解脫感。（不過這種虛假的解脫感很難持久，而直覺性的不安終究還是會復返。）

如果你發現自己說出：「我覺得這樣做才對，但我怕……」那麼你做的決定可能違背了你的直覺。想要有效運用直覺，你必須不顧風險，勇敢去做你認為對的事。

有個著名的例子發生在杜魯門（Harry Truman）身上。杜魯門在美國歷任總統中行事最為果決，他在1951年做出不討喜的決定——開除麥克阿瑟將軍，就是跟著直覺走。這個決定不管對杜魯門的政治聲望，或韓國快速升溫的軍事衝突，都是巨大的賭注。但杜魯門仍舊把麥克阿瑟開除了。多年後杜魯門回顧當年：「我從麥克阿瑟的整個事件學到的教訓是，當你直覺知道必須做某件事時，愈快把這件事了結，對大家愈好。」

做錯決定，仍比不做決定好

無論做決定的人有多聰明，都不可能有百分之百的安打率。必然有許多決定是次好的決定，人生就是如此。如果你非得等到百分之百確定，才願意做出選擇，就會陷入猶豫不決的泥沼中。

什麼都不做，可能感覺最安心，因為你不必冒任何立即的風險。但對於必須不斷前進的中小企業來說，什麼都不做通常會帶來災難。**面臨急迫的選擇時，做決定，然後繼續前進**。

不做決定往往比做錯決定還糟糕。及早解決問題，採取攻勢，而不要被逼到牆角，才不得不做決定。假如你做了糟糕的決定，就認了吧，你犯的錯很快會回頭打你的後腦勺，那時你就能動手矯正錯誤，解決問題。

不幸的是，多數人都太害怕犯錯，因此很難聽進這個忠告。許多人深恐被批評、奚落或嘲笑。換句話說，犯錯帶來的心理後果可能比實際後果更嚴重。我們不願做決定，可能是因為害怕犯錯。

你必須學會接受事實：你一定會犯錯，犯很多錯，而且你會從錯誤中學習。事實上，你還會從錯誤中獲得力量，犯錯有如透過體能訓練來增強肌力。想一想：運動員如何變強壯？他們會把自己往失敗的邊緣推進。比方說，你做了三個伏地挺身，第四個失敗了。但你的身體適應後，變得更強壯，所以下一回，你可以做四個伏地挺身，但第五個又失敗了。再下一回，你可以做五個伏地挺身，做到第六個才失敗。以此類推。

決策過程中，有時不免會「失敗」，而從失敗中學習就是「增強肌力」。如果從來不犯錯，你會永遠停在只能做三個伏地挺身，不會進步。

你應該為不時犯錯的自己感到自豪，這表示你不是因為害怕犯錯而一事無成的膽小鬼。正如摩托羅拉的創辦人蓋爾文所說：「不要害怕犯錯，智慧往往誕生於錯誤。」

果決，但不固執

果決並非不知變通或剛愎自用。沒錯，你必須做出決定，採取行動，但也需願意根據新的資訊或情勢而調整應變。如果你需要改變決定，就改變吧，總比固守錯誤決策，或始終不做決定好得多。長遠看來，寧可做正確的事，而不是堅持到底，錯了也不改。

集體決策

做決定時，應該讓其他人參與到什麼程度？貝德福（David Bradford）和科恩（Allan Cohen）在《追求卓越的管理》（*Managing for Excellence*）中指出，決策風格就像連續的光譜。光譜的一端是「授權型決策風格」，領導人把決策權授予其他人，說：「你來做決定。」

第二種是「純粹的共識決」，在領導人推動的群體討論中產生決策。純粹的共識決採取集體決策方式。領導人不會強推自己的解決方案，而會尋求群體普遍贊同的選項。領導人必須有技巧地問問題、觀察、提供意見和促進決策。高效能的共識型領導人會引導群體在適當時機結束討論，取得共識 —— 不會過早中止討論，也不會放任大家拖拖拉拉，反覆斟酌卻得不到結論。

共識不等於毫無異議！許多經理人以為共識意味著全數通過。其實達成共識不代表每個人都贊同最後的決策，只需大家普遍贊同即可。普遍贊同絕對比過半數多，但通常還不到百分之百全體同意的程度。有沒有共識，比較是一種感覺，而非量化的數字。一旦達成共識，討論過程中持不同意見者都必須贊同最後的決定，或是選擇退出。

接下來是參與式決策，領導人請大家提出構想、建議、對各種選項的評估，以及解決方案。和純粹的共識決不同的是，參與式決策最終仍由領導人（而非群體）做最後的決定。《驚爆十三日》（*Thirteen Days*）書中，羅伯．甘迺迪（Robert F. Kennedy）描述的古巴飛彈危機是絕佳的參與式決策案例。

參與式決策的好處是可以聽到各種不同觀點及激發熱烈討論，仍可以快速決策。領導人可在激烈爭辯後，斷然表示：「因此，我們會這樣做。」

光譜的最極端則是獨斷獨行的決策方式。採取這種風格的領導人只接受別人提供的資訊（而非他們提出的建議或解決方案），不讓其他人參與決策過程，也不會邀請大家辯論各種選擇的利弊。整個決策過程都由領導人一手掌控。

哪一種決策風格最能促進組織的長期健康和成功呢？沒有明確答案，但我們可以提出幾個觀察。

一般而言，效能最高的領導人通常廣泛使用參與式決策。讓其他人有某種程度的參與，往往能促成最佳決策。再聰明、再有經驗的領導人都不可能知道所有答案，沒有人辦得到。

美普思電腦公司（MIPS Computer）的執行長鮑勃·米勒（Bob Miller）是高效能領導人，他解釋：

> 最佳決策來自於激勵一群傑出人才提出構想和建議。如果能延攬最優秀的人才，讓他們參與決策，那麼通常你做出的正確決定會多於錯誤決定。

參與決策的程度有很大部分取決於決策的重要性。如果每個決策都尋求廣泛參與，即使很小的決定也不例外，那麼員工會把所有時間都花在開會上。不過，當決策愈來愈重要時，邀請更多人參與，通常是明智之舉。

比起上面交辦的事情，一般人會對自己參與形成的決策更盡心盡力。的確，集體決策（不管參與式決策或共識型決策）也許花的時間比較長，但形成決策後可能更快落實，貫徹執行。說到底，真正重要的是決策後的行動，而不是決策本身。請記得，形成決策後才說服別人接受，可能需要花更多時間，還不如從一開始就讓他們參與決策過程。

集體決策的過程會不會導致成員之間意見分歧，引發令人不安、難以解決的歧見？的確如此，但這是好事。

再重複一遍：決策過程出現歧見是好事。討論重要決策時，最好能激發建設性的爭辯和不同的觀點。歧見能釐清問題，催生更周全的解決方案。如果缺乏不同的意見，你可能無法完全了解問題。

羅伯．甘迺迪引用古巴飛彈危機的例子，說明尋求最佳決策時，不同意見是多麼重要：

> 能夠討論、爭辯、反對，然後再進一步辯論，在我們選擇最後方向時非常重要……透過衝突和爭辯，我們才能對意見，甚至事實本身，作出最佳評斷。當大家觀點完全一致時，反而失去一個決策的重要元素。

卓越公司的領導人也喜歡廣泛運用授權式決策。要打造卓越公司（各階層都有卓越領導人的公司），你必須退出許多決策的過程，讓部屬自行做決定。你必須參與的決策有很多，但也有許多決策，你的角色不是那麼重要。最擅長創新的公司往往把決策權盡量下放，讓各層員工都有機會快速行動，發揮創造力和才能，承擔責任。

下放決策權不等於置身事外，也不表示整艘船快撞上礁岩時，你仍坐視不管，你只是授權員工自行決定和自身領域相關的事情。讓他們有機會接受考驗，鍛鍊自己的「決策肌力」。

沒有一種決策風格放諸四海皆準，最好能嫻熟運用多種決策方式。以下是集體決策的大致原則：

1. 在適當的時機盡量授權；讓員工有機會建立自己的決

策力。說明清楚你授權他們決定哪些事情，並要求他們為這些決策承擔責任。

2. 當某些重要決策需要員工普遍投入才能成功落實，應該採取集體決策模式，無論是參與式決策或共識決都好。先說明你的觀點，但抱著開放的態度，願意讓別人影響你的觀點。先說明清楚是採共識決，還是由你做最後的決定。
3. 在過程中鼓勵不同的意見。
4. 碰到特殊情況，再採取獨斷獨行的決策模式，例如：沒時間邀請員工參與（例如船已經快撞上礁岩了）、不重要的決定、你想傳達某些能強化價值的象徵性訊息，以及你深信應該自己完全掌控的少數決策。
5. 無論採取什麼決策方式，最好都直接說清楚。假裝採取參與式決策或共識決，骨子裡其實想讓員工接受你早就做好的決定，反而會釀成嚴重後果。以這種方式欺騙員工，大家都會看在眼裡，不但不為所動，還會覺得被操弄。這會導致員工從此懷疑公司，無法真誠投入。假如你想要獨斷獨行，就老實說清楚。

承擔責任，但分享功勞

你必須願意為壞決策扛起所有責任，反之，做出好決定時應該分享功勞。如果你反其道而行 — 好的決定都歸功自己，犯錯就怪罪他人 — 你很快就會失去員工的尊敬。

事情出錯時要能說出：「我該為此負責」，這需要很大的勇氣。但你就該這麼說，想得到員工長期的尊敬和忠誠，就必須如此。有的主管做錯決定時，只想推託了事，他們會說：「原本的想法很好，不過執行時被他們搞砸了。」也許實情真是如此，但高效能領導人會一肩扛起所有的指責。

一切順利時，應該把榮耀和功勞歸於團隊。優秀的領導人毋須站在舞台中央，和團隊爭功。你的貢獻已經很明顯了，不妨看開點吧！正如老子二千五百年前所言：「悠兮，其貴言。功成事遂，百姓皆謂『我自然』。」

新觀點

好的決定，對的時間表

英特爾從新創公司躍升為卓越公司的過程中，推動了所謂「建設性衝突」的決策機制。身為英特爾團隊的一份子，你有責任爭吵、辯論、反對，以協助公司解決迫切的問題。無論你是新進工程師或現場營銷人員都沒關係，只要你對解決方案的邏輯和事實，有不同的看法，甚至不贊同公司執行長的看法，就應該據理力爭。

英特爾這種建設性衝突的文化（有時候被稱為「勇於表達歧見，認真執行決策」）正是我們研究的第五級領導人鼓勵的決策模式。他們會激發對話、辯論和歧見，視之為制定最佳決策不可或缺的要素。他們也努力營造一種風氣，重視證據、邏輯和事實甚於個性、權力和政治。身為第五級團隊的一員，你不但有機會、也有責任參與對話。如果你不能提出自己的論點，如果你無法對會議室中權力最大的人表達不同意見，如果你在辯論中提不出扎實的邏輯和證據，如果你一味抨擊別人，而非針對問題來辯論，那麼你就沒有善盡自己的責任。

培養爭辯、對話和表達異議的風氣都需要時間，因此會拖慢決策流程，不像直接發號施令那麼快。但這樣做，做對選擇的機率也大得多。當然，你沒辦法把全部時間都花在爭論上，也不是每個決策都值得鉅細靡遺的辯論，不過在做重大決策時，尤其當牽涉到巨大賭注，或一旦出錯將付出重大代價時，絕不能讓大家安於快樂的共識，必須以「制定好的決策，又能出色執行決策」為目標。

彼得．杜拉克（Peter Drucker）提出的決策首要準則為：除非聽到不同的意見，否則不做決定。《杜拉克談高效能的五個習慣》（*The Effective Executive*）一書中提到通用汽車（General Motors）執行長艾佛瑞．史隆（Alfred P. Sloan）如何制定重要決策。據說史隆曾在開會時說：「我想大家都完全同意這個決定。」每個人都點頭。「那麼我建議，下次會議再繼續討論這個問題，這樣一來，我們就有時間思考不同的意見，或許會對決策牽涉到的層面有更多了解。」

卓越的領導人都會做明確的決定，卻不一定是快速的決定。華盛頓（George Washington）是極少數能在軍事和政治領導兩方面都具崇高歷史地位的人物。羅恩．徹諾（Ron Chernow）經過精心研究的傑作《華盛頓傳》（*Washington: A Life*）中，形容華盛頓做決定很慢但態度堅定，而且很少事後質疑。華盛頓的左右手漢彌爾頓（Alexander Hamilton）曾說華盛頓「問得多，想得多；決定很慢，但辦法穩當。」傑佛遜

（Thomas Jefferson）形容華盛頓：「謹慎或許是他最強烈的性格特質，在所有情況及每個考量因素都權衡清楚之前，絕不輕易行動；有疑慮時不會貿然行動，但做出決定後必定克服萬難，貫徹執行。」華盛頓營造坦誠對話的文化，自己則非常自律，保持沉默，鼓勵不同的論點相互爭鋒，自己只聆聽和追問，直到打定主意為止。

好決策有一個關鍵要素，就是清楚的時間表。好決策有時可能需要花數月的時間，有時則不需要這麼長的時間。1962年古巴飛彈危機時，甘迺迪總統必須做出重大決定，假如他的決定不明智，可能會引發核戰。而他的決策時間只有幾天、甚至幾小時。即使在這麼大的壓力下，甘迺迪仍設法透過幕僚的討論爭辯，並提出尖銳問題，釐清及了解情況。

梅伊（Ernest R. May）和翟利寇（Philip D. Zelikow）曾出版甘迺迪總統及決策團隊在古巴飛彈危機期間密集討論的文字紀錄《甘迺迪錄音帶：透視古巴危機中的白宮》（*The Kennedy Tapes: Inside the White House during the Cuban Missile Crisis*）。我很想了解他們當時的辯論方式和決策模式，所以請研究小組成員有系統地分析這些文字紀錄。分析時，他計算了甘迺迪總統在飛彈危機的十三天期間，談話中問句和陳述句的比例。結果發現，在危機發生的第一天，問句對陳述句的比例最高，隨著時間一天天過去，比例逐漸下滑。一開始問句對陳述句的高比例顯示，甘迺迪希望激發對話和辯論，找到最佳解方，而不是立即以領導人身分發號施令。

羅伯·甘迺迪在經典著作《驚爆十三日》中形容，進行這類辯論時，甘迺迪總統有時會故意置身事外，以免團隊過於受他影響。當全世界處於危急存亡的關頭時，優先要務就是找出最明智的可行方案，成功化解危機。而甘迺迪提供了充足的空間，讓最好的主張可以冒出頭。在整個危機中，隨著甘迺迪逐漸釐清下一步該怎麼走時，他會採取行動，而團隊也會團結一致支持他的決定（無論之前意見多麼分歧）。反覆對話、辯論、反對的模式（都以事實為基礎）幫助甘迺迪一再做出拯救世界免於核浩劫的關鍵決策。

當然，你可能發現自己面臨的處境需要快速做決定，沒辦法進行大規模辯論。假如你是美國聯邦航空總署（FAA）的全國營運經理班恩．史利尼（Ben Sliney），在 2001 年 9 月 11 日早上，你可沒有幾個月、幾天、甚至幾小時來做重大決定，你只有幾分鐘。九一一當天，就在八點半之前，史利尼接到一個訊息：從波士頓起飛的美國航空公司 11 號班機遭到劫持。8:30 過後不久，一位主管打斷史利尼的晨會，轉告他有一位機艙服務員遭刺傷。8:46，一架飛機撞上世界貿易中心北塔。史利尼和指揮中心的團隊試圖理解聽到的訊息：一架小飛機撞上北塔。當 CNN 的畫面顯示黑煙從北塔的巨大破口大量湧出，他們很快明白，「那不是一架小飛機。」9:03，聯合航空 175 號班機撞入世貿中心南塔並爆炸。史利尼在那一刻恍然大悟，美國正遭到規模不明的協同攻擊，做決定的時間有限，而且已經開始計時。

「我當時在和這裡一樣的航管設施中，四十個 A 型人格的同事圍著我，催我趕緊想辦法，」史利尼後來回想。「我們頻繁地開會和互通消息，大家都有一種急迫感……要做些有用的事……那天我身邊有一群很棒的幕僚，還有很多人願意主動提供建議。」史利尼也設法徵求總部的意見，但還沒收到任何回覆，就必須開始做重大決定。9:25，史利尼決定讓全美國所有飛機都停止起飛。

然後，在 9:37，美國航空公司的噴射客機撞進五角大廈，史利尼認清應該做的事：他必須關掉美國整個空域，這是美國航空史上前所未見的舉動。9:42，在聯航 175 號班機撞上南塔 39 分鐘後，美國聯邦航空總署發布史利尼的命令，要求所有飛機無論原本目的地為何，一律降落在離自己最近的機場。大家都一致支持這個決策，並確實執行，將 4,556 架飛機降落在美國各地大大小小的機場。

韓森和我在《十倍勝，絕不單靠運氣》中針對企業主管的決策步調進行系統化分析，我們聚焦於能在高度動盪的環境中打造卓越公司的創業領導人。結果發現，有些最佳決策制定得很快，有的很慢。我們了解到，在任何情況下都需要問一個關鍵問題：**「在風險改變之前，還有多少時間？」**在有些情況下，你花更多時間來做決定，並不會增加多少風險（不管是發生災難或錯失大好機會的風險）。但在有些情況下，如果遲遲不做決定，風險將大幅提升。關鍵在於，你必須清楚自己面對的是哪一種情況，不要執著於「一定要快速決策」或「總是慢慢做決定」，你必須能快也能慢。在錯誤的時間框架中做決定，即使是對的決定，仍是糟糕的決定。

以下是我們在研究中發現的主管決策基本架構：

1. 釐清你有多少時間來做決定，是幾分鐘、幾小時、幾天、幾個月，或好幾年。

2. 激發基於事實和證據的對話和辯論，來決定哪些是最佳選項。
3. 一旦弄清楚必須做什麼事，以及（或）決策時間已經用盡時，必須堅定明確地做出決定，不要等待大家得到共識。
4. 團結一致支持最後決定，並以絕佳紀律貫徹執行。

我們研究的卓越公司領導人都明白，決策之後，執行的承諾與力道和決策本身同等重要。在第五級領導的文化中，團隊成員將公司的成功與目標看得比個人利益更重要，一旦形成決策，就會一致支持。說一些類似「這是執行長的決定，不過我不認為那是好的決定」的話來破壞決策，是一種罪過。我們針對卓越公司的所有研究發現，幾乎所有重大決策在制定過程中都會聽到反對的聲音。但接下來，大家會致力於成功落實決策，即使原本曾為不同方案激烈爭辯也一樣。

沒有反對的聲音，你可能無法看到問題的全貌。但如果沒有一致的承諾，幾乎必然無法貫徹執行決策。真正的卓越有賴於完美落實一連串好決策，經過長時間，一一累積成效。

當然，以上種種都必須仰賴對的人。你需要有人和你爭辯，他們滿懷熱情，致力於追求公司成功，他們爭辯不是為了自己，而是為了制訂對組織和組織目標有益的最佳決策。你需要有人希望團隊贏了，自己辯輸了，而不願意自己爭贏了，團隊卻輸了。你需要有人在對話時能引用事實和證據，而不只是發表意見。你需要有人即使不同意某個決策，仍能善盡職責，盡力確保決策成功執行，萬一實在無法忍受最後的決定，也會負責任地自行求去。簡而言之，如果你真的想讓公司蛻變為恆久卓越的企業，你需要的是能在第五級文化中帶領第五級團隊的第五級領導人。

領導風格要素3：專注

> 先做最重要的事——完全放掉次要的事，否則會一事無成。
>
> ——彼得．杜拉克

高效能領導人保持專注，將需要優先處理的事項減到最少，並決心專注在這些事情上。你沒辦法什麼都做，追求卓越的公司亦然。

一次只做一件事

列出最重要的事情，而且這張清單必須很短才行。有些領導人認為，任何時候的優先要務最好只有一項，因此他們可以專注在那件事上，直到問題解決為止。

如果你必須優先考慮的事情不止一項，那麼最多不要超過三項。優先要務超過三項時，等於沒有任何優先順序可言。

鮑伯．布萊特（Bob Bright）就是個好例子，布萊特在主辦芝加哥馬拉松賽事的體育活動公司擔任執行董事。布萊特任職期間，芝加哥馬拉松賽從地區性的二級賽事成為一級國際賽事，是選手締造世界紀錄的盛會。有人問布萊特，他的成功祕訣是什麼，布萊特的回答很簡單：「千萬不要把你的步槍設定為自動連發。」

我們請他解釋這句話。他告訴我們，越戰時期，他是美國海軍陸戰隊隊員，在越南待了八年，參與多場戰役，還曾帶一組人闖入敵營誘敵。他在戰場上學到人生最重要的教訓：

> 當你手下只有幾個人，周遭全是敵人時，最好的辦法是跟他們說：「你負責這裡到這裡，你負責這裡到這裡，開火時千萬不要設為自動連發。一次射一槍就好，不要慌張。」
>
> 企業經營也一樣，這點非常重要。一次只專心做一件事，否則會惹來一堆麻煩。

並不是說企業經營等同於領軍打仗，不過基本概念仍適用於經營新創事業的混亂局面 —— **保持專注，一次做一件事，不要慌張**。這表示你的待辦事項清單上只能列出一件事嗎？是，也不是。領導一家公司顯然不可能只有一件事要做。但你應該把大量時間花在最重要的事情上，集中心力處理這件優先要務，直到完成。

管理時間，而不是管理工作

你的時間是公司最有限的資源。其他資源或多或少都可以設法取得或製造出來，但你不可能為自己取得或製造出更多時間，每天只有二十四小時。

根據阿奇提國際娛樂公司（Atchity Entertainment International）總裁肯尼斯・阿奇提（Kenneth Atchity）的觀

察，管理時間和管理工作之間有個重要差別：**工作是無窮的，時間卻很有限**。不管你分配多少時間來工作，工作都會把它填滿。因此，要提升生產力，你必須管理你的時間，而非管理你的工作。最重要的不是自問：「接下來要做什麼？」而是問：「我要怎麼樣花我的時間？」

聽起來有點奇怪，但仔細想想就會覺得很有道理。你必須完成的工作量（尤其如果你是組織領導人的話）可能會無限擴張，根本不可能做完所有事。阿奇提在著作《作家的時間》（*A Writer's Time*）中一針見血地探討這個問題：

> 假如你在工作上很成功，就會產生更多工作；因此，所謂「完成工作」顯然是個危險而矛盾的觀念，可能造成精神崩潰——因為它對你的心靈和習慣加諸了錯誤的壓力。

你是不是經常覺得沒有足夠的時間來完成每一項工作？可能經常如此，我們也感同身受。大家都沒有足夠的時間把每件事都做完（也許永遠不會有足夠的時間）。每天晚上就寢時，都留下一些未完成的工作。如果我們過著充實的人生，直到過世那一天，一定還有工作沒做完。

不過很重要的是，仍然有很多時間沒有被我們好好利用。如果你能聰明管理時間，就可能在人生中「挖掘」出許多未曾用過的時間泉源。

第一步，先檢視你把時間都用在哪裡。定期追蹤你的時間，分析自己把時間花在什麼地方。你的時間都用在處理最重要的事情嗎？還是分散到許多不重要的活動上？

你的時間是否主要都花在能強化公司願景，或有助於策略推動的活動上？假如不是，那麼你還不夠專注。

要強迫自己專注，一個肯定有效的辦法就是減少工作。萬豪酒店創辦人麥瑞特從一家餐館起家，逐步把公司打造為大企業，他奉行的有用哲學是：「努力工作，工作時的每分每秒都很重要，但應該減少工作時數，有些人根本一半的工作時間都是浪費掉的。」

邱吉爾堪稱史上最多產的人之一，他花時間畫畫、砌磚、照料動物，還參加社交活動。他只把工作時間花在最重要的事情上（而他通常晚上十一點後才開始工作）。

困難的選擇——再談談果決

設定優先順序時，必須做出困難選擇，決定哪件事最重要。許多人難以專注的一個原因是他們無法做決定：他們會猶豫不決，不知該刪除哪些優先要務，你必須願意拿掉一些項目。

與我們共事過的一位企業執行長簡直快把他的團隊逼瘋了，因為他沒辦法選擇優先要務。他每件事都想做，結果幾乎一事無成。他會交代部屬二十件需優先處理的事情，當然這是不可能實現的願望清單。難怪有位主管忍不住抱怨：

> 他期望我們「專注」於二十件事情上。這根本不可能。但如果我去問執行長：「你要我們做的這些事情，到底哪一件最重要，因為我只能完成其中一部份？」他會頓時呆住，因為他就是沒辦法做出困難的選擇。

這位執行長沒辦法在優先事項清單中刪除一些項目，因為如此一來，他勢必需要有所取捨。難怪在接受我們採訪之後不久，這家公司就陷入嚴重困境。

領導風格要素 4：親力親為

打造卓越公司的領導人會「親力親為」，讓企業添上領導人的個人色彩。企業領導人沒有任何藉口可以漠不關心，和員工保持距離，或是不參與。

建立關係

卓越公司都能建立卓越的關係：無論是和顧客的關係、和供應商的關係、和投資人的關係、和員工的關係，或是和一般大眾的關係。他們會把重心放在培養具建設性的長期關係。

（請注意：這和虛情假意地關注「員工關係」或「顧客關係」截然不同。對太多數的企業而言，注重「員工關係」的目標是安撫員工，而非和員工建立良好關係。我們在此探討的是很不同的事情。）

在卓越公司裡，員工和公司的關係遠遠超越傳統「以工作換取酬勞」的心態。即使已離職的員工都覺得他們和公司仍保持關係。你有沒有注意到，有些公司的員工即使已經離職，提到前公司時仍會說「我們」？

卓越公司的顧客也和公司保持更緊密的連結，不僅僅是「我付錢買你的產品」的傳統交易關係。他們覺得和公司之間有一種私人關係。《週六晚郵報》（*Saturday Evening Post*）曾經描述比恩在 L.L.Bean 公司的做法：「……每個顧客似乎都有相同的錯覺，認為 L.L.Bean 是他們個人的發現，很可能也是他們的私人朋友。」

L.L.Bean 之所以能和顧客建立這麼密切的關係，是因為公司領導人投入私人時間，協助經營這樣的關係。

運動員瓊安．恩斯特（Joanne Ernst）曾和耐吉簽約合作長達七年。在這七年間，耐吉領導人努力經營和恩斯特的長期關係，恩斯特甚至會收到董事長奈特親筆寫的短箋和聖誕卡。

奈特個人對這段關係的投入，帶來恩斯特的高度忠誠和承諾。恩斯特盡心盡力為耐吉代言，經常格外費心把事情做得恰到好處，遠超出合約上規定的義務。她解釋：

> 我們的關係從來不是純粹的商業交易。我一直認同耐吉的精神 —— 強調競爭精神和運動的魔力，但不止如此。假如我做得不好，我會覺得我讓朋友失望了。我真的有這種感覺。即使從運動場上退休，結束我和耐吉公司的正式關係，我仍然覺得自己是耐吉家庭的一份子，我會一直這麼覺得。

每一次互動，都把它看成建立關係或進一步發展長期關係的機會，但唯有親力親為才辦得到。你無法透過陳腐落伍的正式備忘錄，和員工建立關係，必須親自與員工互動。

走出辦公室，和員工談話。到處走動。親自到公司餐廳，和各階層員工一起用餐。盡可能記得員工的姓名（有的領導人，例如帕塔哥尼亞公司的麥狄維特，甚至記得每個員工的名字），和員工打招呼時，直接叫出他們的名字。

下面是不該做的負面範例。有一家電腦公司的總經理深信他應該「有一些這類親力親為的表現」。他讀了有關走動式管理的文章，決定在辦公室和員工開會，並吩咐祕書安排。他希望不用真的走出辦公室，四處走動，也能推動走動式管理！

你也許好奇這是真實案例嗎？真的發生過，雖然是極端的案例，卻絕非特例。這種行為完全是錯的。領導人沒有理由不走出辦公室，親自和員工不拘形式地互動。

賴瑞·安辛（Larry Ansin）從父親手中接下瓊恩紡織公司（Joan Fabrics Corporation）後，領導公司重獲新生，他告訴我們：

> 你必須從辦公桌後面走出來，親自看看發生什麼事。走出去和員工談話，聆聽他們的意見，讓大家看到你，不要用一大堆備忘錄，把自己和員工隔開來。

比起在私人辦公室裡「安排」走動式管理的總經理，安辛更能成功打造卓越公司。

運用非正式的溝通

要增添個人色彩，還有一個有效方式，就是運用非正式溝通。一個特別有效的方法是隨身帶著一疊個人便條紙，親手寫下給員工的簡短訊息，你會訝異竟然會造成這麼大的差別。寫便條幾乎不花時間，有時只需一分鐘，就可以寫完一張便條。和效應比起來，六十秒是很短的時間，卻能讓其他人知道，你知道他們在做什麼，也很關心他們。

比爾談到這種做法深深影響了他和史丹佛大學的關係：

那個學期，我在教學上特別辛苦，簡直筋疲力竭，還因為手邊的研究計畫都進行得不順利，感到沮喪。我心灰意冷來到辦公室，翻著辦公桌上的信件。我打開一封其他部門的來函，令我又驚又喜的是，那是系主任親筆寫的短箋，感謝我在教學上的付出。他寫那封短箋，可能只花了三十秒，卻大大加深我對史丹佛的感情，也鼓舞我的士氣。

容易親近

拘泥形式毫無益處。應該營造容易親近的氛圍，以名字稱呼大家，把「地位屏障」降到最低，不要有私人停車位、豪華辦公室，也應該盡量淡化或停止各種明目張膽的「主管特權」。主管地位的種種象徵會拉開你和員工的距離。

設法讓自己變得可親可近。如果員工覺得你的辦公室周遭有一條護城河（無禮的祕書就是護城河裡的鱷魚），你鐵定會逐漸失去容易親近的形象。應該讓各階層員工都覺得自己能和公司高層直接溝通。

即使公司變大之後，也是如此嗎？一旦公司茁壯到某個規模，容易親近、直接溝通和親力親為仍有意義嗎？

沒錯，看 IBM 就知道了。即使小華生（Thomas J. Watson, Jr）已從父親手中接掌大權（當時 IBM 已是營業額超過十億美金的企業），仍繼續堅持著名的「開門政策」。

> 開門政策是老爸的做法，可以回溯到 1920 年代初期。不滿的員工應該先跟自己的主管抱怨，如果得不到滿意的答案，他們有權直接來找我……。至少有一次，員工的抗議導致我們實際改革了做生意的模式。

隨著公司成長壯大，華生的辦公室每年要處理兩、三百個案子。為了處理這些案子，他找 IBM 最有潛力的年輕經理人來當他的助理。即使 IBM 員工人數已高達十萬，華生仍親自處理某些員工的抱怨。「……於是，公司內部就傳開來了，想找老闆的話，還是可以。」

即使 IBM 成長壯大，華生父子仍願意親近員工，而且親力親為，那麼用「我們公司太大了，不可能這樣做」當藉口，就太差勁了。

了解實際狀況

一般普遍認為，隨著公司成長壯大，你應該脫離第一線運作，千萬不要這麼想。沒錯，你需要懂得授權。沒錯，你應該按捺住衝動，不要親自做所有的決定。沒錯，你的時間緊繃，而且愈來愈被「高層」會議所填滿。

但你仍然應該撥出時間，親自接觸公司的活動，感受公司的節奏。要做到這點，唯一的方法是用自己的眼睛觀察，用自己的耳朵聆聽。自己觀察哪裡出了問題，哪裡進行順利，員工感覺如何。

舉例來說，沃爾頓經常親自感受公司的脈動。他會無預警突然造訪各地的沃爾瑪商場，有時候一天去十家沃爾瑪商場。

有一次，沃爾頓半夜兩點半醒來，買了一盒甜甜圈帶去倉庫卸貨區和工人分享，問他們有什麼改善建議。還有一次，他突然跳上沃爾瑪半掛式卡車的駕駛座，駕著卡車跑了一百英里，親自體驗沃爾瑪的運輸系統。

沃爾頓的行為在高效能企業領導人之間可算稀鬆平常。雖然走出去親自了解狀況很花時間，尤其在公司規模成長後更是如此，但不是不可能。傑出領導人會挪出時間來做這件事。他們知道無論在工廠、銷售現場或在實驗室，第一線員工的意見和主管的看法一樣重要。

以象徵性細節強化公司價值

建立卓越公司的人，都有一個顯而易見的矛盾。一方面，他們專注於高遠的願景與策略，但另一方面，他們也參與看似不重要的小細節。要接受這樣的矛盾，就要理解到，細節絕非不重要。細節很重要。最高效能的領導人都同時執著於願景與細節。他們對於把細節做對，異常地固執。

案例

夠好，從來就還不夠好

菲爾斯太太餅乾（Mrs. Fields Cookies）的創辦人黛比·菲爾斯（Debbie Fields）在著作《一片聰明餅乾》（*One Smart Cookie*）中提到，她曾經沒有事前知會，就走進自家分店，並注意到店裡「……把一堆無精打采的餅乾擺在顧客面前。」

這些餅乾都太扁，烤得過焦。完美的菲爾斯太太餅乾必須有半吋厚，但這些餅乾只有四分之一吋厚。完美的菲爾斯太太餅乾直徑為三吋，這些餅乾直徑看來有三又四分之一吋，而且餅乾顏色也比標準更偏金棕色。

不管從哪個角度來看，餅乾都只少了四分之一吋，才四分之一吋而已！但她處理事情的方式，說明了細節的重要，並強化了菲爾斯太太餅乾的理念。

菲爾斯大可當場開除這家分店的經理，但她沒有那麼做。她大可以公司名義發通知，重申餅乾的正確尺寸和顏色，但她也沒有那樣做。她採取了更有力、也更具象徵意義的行動。

我轉過頭去，對著站在我身邊的年輕人說：「可不可以告訴我，你覺得這些餅乾怎麼樣？」

「喔，」他說：「我覺得夠好了。」

我點點頭。我心中自有答案。於是我一盤接著一盤，把托盤上總價值五、六百美元的餅乾緩緩倒進垃圾桶。我對他說：「你知道，夠好，從來都還不夠好。」

我們可以把強化公司價值觀比擬為揉麵包，你親身參與某些細節，是揉麵包過程的一部分。就像黛比．菲爾斯把值六百美元的餅乾丟進垃圾桶，你親自強調看似單調的細節，會產生莫大效應，深植人心，成為公司理念的鮮活象徵。

我們和惠普公司關係密切。透過這層關係，我們聽到很多惠普傳奇，被稱之為「比爾和大衛的故事」（兩位創辦人分別名為比爾．惠烈特與大衛．普克）。每個故事都生動刻畫了惠烈特和普克如何在公司發展過程中，處理某些特殊情況。

根據惠普傳奇，有一次惠烈特經過某個部門時，注意到一個小細節：倉庫的門用掛鎖和鎖鍊鎖了起來。惠烈特生氣地拿起一把大鐵鉗剪斷鎖鏈，然後把鎖鏈放在部門經理的辦公桌上，旁邊留了一張字條：「這可不是我們的做事方式。我們信任員工。比爾．惠烈特」。

有人問惠烈特這個故事是真的嗎？惠烈特只回答：「有可能。」他後來解釋，因為早期他做過很多類似剪斷鎖鍊這樣的事，例子實在太多了，所以不是每件都記得。

親力親為 vs. 微觀管理

不要把親力親為和微觀管理混為一談：兩者大不相同。微觀管理是極具破壞力的管理方式，下面這位企業執行長的管理風格正是微觀管理的具體呈現。

> 我們執行長每個小細節都想管。在他底下做事我不但不覺得能勝任、被信任，反而感到處處受監督。他事事都雞蛋裡挑骨頭，快把我們逼瘋了。有些優秀同事因為太挫折，早已另謀出路。有句老話說，見樹不見林對吧？這傢伙不只見到樹而已，他還試圖控制每片針葉的方向和大小。

這位執行長的管理風格顯然給人壓迫感，但這和親力親為有何不同？我們會不會前後矛盾？前面勸你們「了解實際狀況」，「用細節來強化公司價值」，然後又告誡你們不要「微觀管理」。這些做法應如何整合？

箇中差異就在於：採取微觀管理的人不信任員工，希望控制每個細節和每個決定；他認為最終只有他能做出正確選擇。另一方面，親力親為的領導人很信任員工，相信員工會做出還不錯的選擇，他尊重他們的能力。

微觀管理者不尊重部屬的能力，讓員工感覺快窒息了。當父母的連二十歲的兒子幾點上床睡覺都要管，兒子會有什麼感覺？曾經吃過微觀管理苦頭的人都可以作證，這種管理方式非常打擊士氣。

微觀管理也會限制個人發展。強勢的微觀管理者不會以身作則或扮演嚮導，而是試圖控制別人，最後他們身邊只剩下發育不良的侏儒，嘴裡說著：「我何必學會為自己思考呢？反正他都會為我們決定一切。」

沒錯，你應該瘋狂執著於把細節做對。沒錯，為了塑造團體價值觀，你應該針對某些細節採取象徵性的動作，但不是對每個細節都吹毛求疵。象徵性動作的用意是引領方向——引導、示範、樹立榜樣，讓員工留下深刻印象，因此無須嚴密控制，員工就會自動自發，遵從公司核心理念。

你可以親力親為，而不會讓員工感到窒息；你可以掌握組織的脈動，而不讓員工綁手綁腳。的確，親力親為而不設法操控，產生的效應和微觀管理截然不同，不但不會打擊員工士氣，反而會鼓舞員工達到原本覺得不可能的目標，這就是下面要討論領導風格要素。

新觀點

不要把授權和抽離混為一談

我一直忘不了第一次看到霍爾賀・保羅・里曼工作的情景。當時是 1990 年代初，高階主管辦公室通常會根據主管的重要性，提供相對的隱私和空間。所以我第一次造訪里曼在聖保羅市的辦公室時，我預期會被帶去高階主管私人辦公室。然而根本沒有那樣的辦公室，我看到一個很大的房間，裡面亂七八糟擺著幾張桌子，到處嘈雜忙亂，裡面的人都誇張揮舞著手臂，全神貫注在工作上，沒人在意我的存在。而里曼置身於這片混亂中，坐在一張簡單的普通辦公桌旁。他冷靜沉著的面容就像在紐約時代廣場上打坐的禪僧，在四方湧來的海量騷動中，平靜地冥想。里曼每天大部分時間都在這裡觀察、聆聽、討論，大家很容易就能找到他。

和我認識和研究過的所有偉大文化塑造者一樣，里曼從來不會把充分授權和抽離混為一談。他深信，好的領導是不要干預最優秀的人才發揮。雖然他不會微觀管理，他也不會採取過度抽離、事不關己的傲慢態度。

許多曾一度卓越的公司後來瀕臨衰敗時，似乎都曾出現這種傲慢疏離的徵兆。高階主管似乎認為自己應該開始有主管的樣子。於是，他們不再問問題，而是直接下令。他們不親自去看看到底發生什麼事，而是要求部屬報告。他們不再聽直接參與作業的人簡報，只看中階主管層層過濾後的資訊。他們不去問：「我應該掌握哪些重要細節？」而強調：「我要專心思考大局。」他們不是忙著記下第一線人員的建議，而是發布各種指示給第一線人員閱讀。

邱吉爾總是盡可能直接了解現場細節。他甚至設立一個部門，脫離原本的指揮系統，專門提供他殘酷的事實，以便獲取未經掩飾的真相。二次大戰時，邱吉爾和英國國王之間的少數歧見和不快，有一次就發生在諾曼第登陸前夕，當時邱吉爾認為由於職責所在，他應該在發動攻擊時親赴現場，在戰艦上看著作戰行動。喬治國王只要想到首相可能命喪英吉利海峽，就嚇壞了，他懇求邱吉爾不要去。兩人通了好幾封信，邱吉爾主張親赴現場，國王懇求他不要去。最後，邱吉爾默然同意：「我必須遵從陛下的心願，其實就是命令。」

即使如此，在登陸作戰日幾天後，邱吉爾依然橫渡英吉利海峽，親睹戰況。他後來描述自己來到前一晚剛被轟炸過的城堡：「周遭還有很多彈坑。」邱吉爾問蒙哥馬利將軍：「要怎麼防止德軍來犯，打斷我們的午餐？」蒙哥馬利回答，他不認為德軍會來。就歷史發展而言，幸運的是，德軍沒有來。

如果是真正的策略性要務，你就必須親自關注。就定義而言，任何不值得你親自參與的事務，都不算真正的策略性要務。

1987 年 7 月，拉斯曼醒來後聽到一個可怕又令人震驚的消息，他新創的年輕公司安進正面臨威脅。競爭對手遺傳學研究中心（Genetics Institute）獲得一項專利，這項專利規避了安進在製造紅血球生成素 EPO（erythropoietin）方面的專利技術（EPO 是腎臟分泌的荷爾蒙，能刺激紅血球生成）。遺傳學研究中心取得的專利是針對人類尿液中產生的所謂天然EPO。這種「天然」EPO缺乏商業可行性，因為需要近六百萬加侖的人類尿液，才能製造出供一位病患使用一年的EPO。安進的技術突破為生產EPO的最終目標提供了唯一可行的途徑。然而由於遺傳學研究中心的專利，安進的技術突破取得充裕資金的能力將飽受威脅。《自然》（*Nature*）的文章總結：「〔安進的〕基因工程細胞對EPO的量產至關重要，這正是引發爭端的完美情況：遺傳學研究中心聲稱對最終目的擁有專利，而安進則對到達目的的唯一途徑擁有專利。」

許多企業執行長涉入複雜的法律訴訟戰時，會授權律師解決爭端，也許安排交互授權的協議，雙方分享獲利。拉斯曼卻一肩扛起責任，擔任現場指揮官，親自統合法律行動。被激怒的拉斯曼全程領導安進打法律戰。最後，安進在法庭上大獲全勝，繼續朝向全球第一家真正卓越的生技公司邁進。

拉斯曼是效法安進2000年到2012年的執行長凱文·夏瑞爾（Kevin Sharer）的領導風格，即使在公司規模變大後依然如此。據夏瑞爾形容，**這種領導才能就是能在不同海拔間持續轉換的能力**。他在接受《哈佛商業評論》（*Harvard Business Review*）採訪時提到，尋常的一天，他早上可能先和領導團隊討論對安進海外營運具策略性意義的一億美元投資決策。稍後，他花時間評估高階主管的績效，並思考接班問題。然後再花一些時間評估董事會新會議桌的實體模型，思考新桌子對開會時的群體互動可能有什麼影響。最初海拔高達三萬英尺，然後高度只有三千英尺，最後降到三十英尺。

那麼，組織在生命的哪個階段，創辦人應該學會「放手」，不要再苦於不斷操心如何糾正錯誤的細節？創業家何時應該從親力親為的風格轉變為不干預的風格？什麼時候公司創辦人應該轉移焦點，開始完全專注於公司的願景和策略，放手讓屬下負責戰術和執行面的問題？

這些都是錯誤的問題。

你該選擇的不是插手或放手。根據我們的研究，領導公司從草創時期躍升為卓越企業的許多創業家，都兼具親力親為和勇於授權兩種風格。無論後來公司變得多大，他們仍和員工關係緊密，清楚基層的實際情況，直接參與策略性要務。如果你失去原本渴望了解戰術細節的好奇心，如果你對別人不再懷抱熱情，不想了解他們的感覺，如果你躲在舒適的主管防護罩裡，與外界隔絕，你很可能有一天醒來發現，公司已經走進衰敗與自我毀滅的命運環路。

即使如此，根據我們的研究，頂尖創業家不會放任自己從親力親為的風格轉變為令人受不了的微觀管理或眾星拱月式領導。我們在「從 A 到 A+」的研究觀察到，有些不那麼成功的對照組執行長會採取眾星拱月的領導模式。在這種模式中，才華洋溢的天才型領導人把助手／僕從放在關鍵位子上，執行他的偉大想法。只要天才型領導人完全投入（而且只要他仍然是天才），那麼眾星拱月式的領導模式短期內會成效卓著，但長期卻很難通過考驗，常保卓越。畢竟如果公司上上下下只仰賴一個位居高位的天才來做大大小小所有決定，那麼等到創辦人下台後，公司很可能開始懈怠，漫無目標，淪為平庸。

當然，目標不僅是在親力親為和授權式領導之間取得平衡，目標是要塑造文化和培養人才，讓公司能常保卓越數十年，在領導人過世後依然長青。當你發現有人和你一樣狂熱執著於重要細節，當你已教導這些人如何打造和領導具有卓越戰術執行力的組織體系，而他們也努力超越你任期內達到的成就，那麼你就真正為恆久卓越的公司奠定了堅實的根基。

領導風格要素5：軟硬兼施

打造卓越公司的領導人都很懂得軟硬兼施。他們一方面要求員工追求超高的績效標準（硬），同時又不遺餘力鼓舞他們，讓他們對自己感覺良好，對自己的能力有信心（軟）。

回饋很重要

如果要在高效能領導的方法中選出一個最被忽視的要素，非「回饋」莫屬，尤其是正面回饋。

自我形象正面的人，通常都會表現得比較好，這是人性。心理學家透過各種實驗發現，回饋會影響（經過客觀衡量的）個人績效上升或下滑。正面回饋往往能提升績效，負面回饋則會降低績效。

不過，員工直接從公司領導人得到的回饋通常少之又少，無論是正面或負面回饋。缺乏回饋傳達的訊息是：我們對你毫不在意。當員工覺得你不在乎他們時，他們也不會盡最大的努力，何必那麼賣力呢？

擅於激勵運動員登峰造極的傑出教練都很清楚，給運動員回饋意見、展現對運動員的關心，都非常重要。

湯米．拉索達（Tommy Lasorda）是美國職棒洛杉磯道奇隊的總教練，曾拿過四次國家聯盟冠軍和兩次世界大賽冠軍。

他在《財星雜誌》的採訪中表示：

> 一個人開心時會表現得比較好。我希望我的球員知道，我很感激他們為我做的一切。我會擁抱我的球員，拍拍他們的背，我相信這很重要。有人說：「天哪，你是說，這個人年薪高達一百五十萬美元，你還得想法子激勵他？」我說，一點也沒錯。每個人都需要激勵，從美國總統到在球員休息室工作的人，都很需要。

約翰．伍登（John Wooden）是美國史上最傑出的大學籃球教練，曾帶領加州大學洛杉磯分校球隊在十二年內贏了十次NCAA冠軍，伍登相信隨時都要想辦法鼓舞球員，不斷挑戰他們追求進步。他的理念很簡單：「每個人都需要榜樣，而不是批評。」他提出的忠告是：「讓練習有個快樂的結尾。我總是設法用一點點讚美來彌補練球時的任何批評。」

另外一位傑出教練是比爾．沃許（Bill Walsh），他執教於舊金山49人隊期間，曾三度帶領球隊贏得超級盃冠軍。沃許很重視親自給球員正面的鼓勵。他在每場球賽開始前，會和每個球員握手，說一句鼓勵的話。他也要求助理教練要關注每個球員，握住他們的手，給予支持。

這些教練是企業執行長的好榜樣。他們顯然必須堅守難以置信的高標準，也必須冷靜客觀地評估球員的表現，但他們仍使用正向鼓勵的技巧。

當然，這是假設你真心關懷組織裡的同仁，能夠將心比心、同理並且尊重他們。這的確是高效能企業領導人必須做到的事。如果組織領導人不關心或不尊重為他們工作的員工，組織絕不可能達到恆久卓越的境地。

我們將伍登不可思議的成就歸因於他真誠關懷每個球員。他曾寫道：「我始終留在教練位子上，拒絕其他更賺錢的工作，因為我喜歡和年輕人相處。」

至於負面回饋或批評呢？經營企業時，你沒辦法只給員工正面回饋。有些時候，你顯然必須給他們一些批判性的意見。當然，只能給員工誠實的回饋。為了讓對方感覺良好而隨意編造一些正面意見，會失去公信力。當某人績效遠低於預期時，也需要嚴格評估他的工作成果。

沃許在著作《打造冠軍》（*Building a Champion*）中寫道：

> 扮演格調優雅、作風隨和、和藹可親的「球員教練」可以幫助你完成八成的工作。最後的兩成，就得看你能不能做出困難的決定，要求他們達到高標準，符合預期目標，而且注意細節，在必要時還得「抓住他們，狠狠把他們搖醒」。

儘管如此，我們觀察到拙劣的領導人犯的錯誤是，他們往往批評太多，鼓勵太少。很多公司的員工唯有做錯事時才會得到回饋，而非每次做對事情都得到鼓勵。

傑出領導人總是設法把員工擺在他們能表現優異的位子上——員工自然會交出值得正面獎勵的漂亮成績單。他們會想各種方法為員工打氣，而不是打擊他們。

的確，如果你發現員工表現不佳，也許應該先問：「我們有沒有把他放在對的位子上？」你往往會發現，在某個職位上飽受煎熬的員工，換了工作後卻揮灑自如。比方說，出色的工程師和銷售人員坐上主管位子後，常常變得不知所措。

最後切記，事情進展不順時，不見得是大肆批判的好時機。的確，員工自己可能已察覺情況不妙，這時候嚴厲訓斥他只會有反效果。逆境中，往往更需要一點點鼓勵和支持。

案例

員工需要打氣，不是打擊

羅盛諮詢公司（Russel Reynolds Associates）的創辦人雷諾茲（Russell S. Reynolds）造訪表現不佳的部門時，他的應對方式很有趣。整個辦公室都對雷諾茲即將到訪而無比恐慌，擔心被嚴厲批評，甚至會有人被開除。每個人都如坐針氈，部分是因為主任曾說過：「如果你沒辦法交出成績，我想雷諾茲一定會讓你走路，另外找個能幹的人。」

預定時間來臨時，員工聚集在大會議室，都做了最壞的打算。雷諾茲一開始只和大家閒聊。過了半小時左右，辦公室主任試圖針對手邊的問題進行嚴肅討論。但雷諾茲又把話題拉回，用比較輕鬆正面的態度和大家談話。最後，主任忿忿不平地問：「你不想進入正題，開始討論我們的問題嗎？」

「不想。」雷諾茲回答。「我看得出來，你們已經盡力了。我敢說，只要你們繼續努力，一定會有所突破，情況會開始有些起色。你們都是好人，我對你們很有信心，繼續努力。」

太厲害了。雷諾茲知道這時候員工需要的是打氣，而不是打擊。於是，部門員工的反應是：「嘿，這傢伙相信我們，我們不能讓他失望。」雷諾茲對他們的信心有了回報，那個部門後來反敗為勝，成為非常成功的單位。

是領導人，也是老師

提出批評時，較有建設性的做法是依循「領導人扮演的角色是老師」的概念。需要糾正員工行為或提出負面回饋時，不要把自己視為批評者或上司，而是扮演指導者和良師益友的角色。批評應該是教育的過程，有助於員工進步與成長。

案例

不批評人，而是了解發生什麼事

大陸有線電視公司（Continental Cablevision）的創辦人兼總裁葛羅斯貝克（H. Irving Grousbeck）想出一個很有效的軟硬兼施辦法。他接受我們訪談時，說明他的理念和風格：

> 我一貫奉行的模式是主管應該扮演老師的角色，對於如何運用錯誤來提升員工的能力，我一直很感興趣。
>
> 首先，很重要的是，不是批評對方，而是檢視發生了什麼事。就好比好的教養方式是，處理衣櫥太亂的問題，而不是批評孩子很邋遢。
>
> 管理也一樣。我總是聽聽對方有什麼說法。請他描

述一下究竟發生什麼狀況，讓事情變成這個樣子。然後，我會請他提出他考慮過的解決辦法，我也提出其他選項，問他會不會考慮這些選項。我用問問題的方式，丟出我的建議。

整個過程是一種教育和成長的經驗。我清楚表明，我和他們站在同一邊，我對他個人毫無成見，他和我之間也沒有任何問題。我強調每個人都會犯錯，有時還用我曾犯過的錯來說明這點。

但我也會說清楚，讓對方了解怎樣做可以處理得更好，希望未來會有所改善。如此一來，他會不斷增強自己的能力，整個公司也因此獲益。

葛羅斯貝克用軟性風格來提供回饋，糾正錯誤。不過，無論對自己或對別人，他仍然十分堅持卓越的高標準，而且員工通常都能達到標準。

高標準的必要

千萬別誤以為，加強員工的能力、幫助他們從錯誤中學習很重要，你就應該容忍無能、糟糕、不負責任的表現。**正面鼓勵應該和高標準攜手並進**。

和正面鼓勵一樣，挑戰與高期望也可以改善員工績效。優秀的老師都很清楚，學生通常想接受挑戰，而且會以優異表現來回應別人的高期望。回想一下你曾碰過的好老師，他們可能是為全班同學訂定嚴格標準的老師。相同的原則也適用於高效能企業領導人。

優秀領導人和好老師一樣，相信員工無論出身背景如何，都可以有高水準的表現，而且他們內心也渴望有高水準的表現。優秀領導人不是一味「要求」高績效（「要求」隱含的意思是員工很懶惰，不肯盡最大的努力，你必須像拔牙一般費力，才能得到好表現）。

相反地，好的領導人會讓員工有機會自我考驗，成長茁壯，拿出最佳表現。

大多數人都願意做自己能引以為豪的工作，這樣的人從來不缺，真正缺乏的是優秀的領導人，他們能以艱難挑戰和高標準刺激員工，而且始終堅持一個信念：看似平凡的人也能達到非比尋常的成就。

把員工放在必須自我提升、達到高標準的位子上，同時讓他們知道，你相信他們會達到高標準。牢記川莫・克羅（Trammell Crow）的做法：在員工身上下注，對他們保持信心。在羅伯・索貝爾（Robert Sobel）的著作《川莫・克羅》中，一名年輕地產商談到他和克羅相處的經驗：

> 我記得他帶著我和所有承包商及放款人開會，把我介紹給他們認識。他拚命誇我，把我說得比實際上還厲害，我想那證明他對我的能力有信心。我不敢相信他會讓（像我這樣）毫無經驗的年輕人擔當這樣的大任。

在激勵員工充分發揮才能時，這種推與拉、陰與陽、軟與硬、高標準與正向激勵的結合非常重要。無論員工的能力屬於哪個等級（任何一群人的能力都會分散在強弱高低不同等級），只要你能幫助員工發揮最大潛能，就可以激勵全公司跨越極高的障礙。

領導風格要素 6：溝通

強調溝通的重要，聽起來好似陳腔濫調，的確，我們也希望只是陳腔濫調。不幸的是，許多企業領導人都拙於溝通。倒不是說他們無法溝通，而是他們根本不溝通。

卓越公司是因溝通而壯大。高效能領導人會激發持續的溝通：無論是往上或往下溝通、橫向溝通、群體溝通、個別溝通、全公司的溝通，採用書寫、口頭、正式或非正式的溝通。他們努力在整個組織中推動持續的溝通。

溝通願景與策略

我們會在下一章闡述發展清楚的公司願景與策略是多麼重要。不過單發展願景與策略還不夠，你必須溝通願景與策略。

你不需要口才極佳或是大文豪，才能有效溝通。不必擔心該如何說明公司要往哪裡走，只要說出來就好了，而且要多說。把它說出來，寫下來，畫出來，反覆說明。絕對不要讓願景消失不見，時時刻刻都要把它擺在員工面前，經常提醒。

舉例來說，吉姆・柏克（Jim Burke）擔任嬌生公司執行長時，他估計自己有四成的時間都花在溝通嬌生公司的信條（公司的核心價值和信念）。

跟著個人電腦輔助設計系統公司（Personal CAD Systems）執行長道格・史東（Doug Stone）在公司裡走來走去時，我們觀察到他在各個辦公室和會議室的掛圖上都畫了公司的策略圖。幾乎每次開會時，他都會走過去畫個策略圖，他把這些小小的策略圖留在公司各處：可能畫在紙上、在員工記事本上、在掛圖上、在白板上、在公告欄上、在餐巾上。我們問他這件事時，他說：

> 我故意四處留下這些策略圖。讓整個組織都了解公司的方向，這真的很困難，所以你必須不斷努力傳達這些訊息。我到處都留下策略圖，所以員工會不停撞見這些圖，也許還會在會議中提到這些策略。我猜有點像一種隱性的提醒。

善用比喻和圖像

用生動的畫面來傳達公司想做的事情，用具體的例子說明公司如何朝願景邁進，用故事詮釋組織的價值與精神。

用圖像說故事，或描繪寓言或比喻，是威力十足的溝通形式，要善加利用。

1940 年，羅斯福總統需要有效說明「租借法案」的概念和必要性（二次大戰初期，美國希望透過這個計畫為受困的英國提供物資）。他原本大可從複雜的財務面說明租借法案，但如此就完全無法喚起美國大眾的想像。於是羅斯福訴諸比喻：

> 假設鄰居的房子著火了，而我有一條水管。如果他把我花園裡的水管拿去接在消防栓上，或許就能把火撲滅。那麼，我現在該怎麼辦？我不會在開始澆水滅火前，先

跟他說：「鄰居，這條水管花了我十五塊美金，你得付我十五塊錢。」……我不想要十五塊美金，我想等他把火撲滅後，把水管還給我。

我最喜歡的例子是賈伯斯如何傳達蘋果公司願景的本質。1980年（麥金塔電腦尚未誕生），賈伯斯在史丹佛演講時說：

〔蘋果〕的基本原則是，一個人與一部電腦，和十個人與一部電腦，有根本上的差異。就好像一列載客火車的資本設備支出，可以用來買一千輛福斯汽車，沒錯，車子沒那麼舒適，速度也沒那麼快，但是這一千個人什麼時候想去哪裡，都可以自己開車去。我們這個產業就是這麼回事。

最好的比喻是……騎自行車的人的效率，是兀鷹的兩倍（兀鷹是最有效率的動物）。人類會製造工具來擴大自己與生俱有的能力。這些電腦就是這麼回事，電腦就是自行車。

擺脫文字，畫些圖，說說故事，使用不那麼精確的比喻，盡量生動一點。不要擔心這些比喻在邏輯上說不說得通，重點是有效溝通，而不是邏輯正確。

為正式溝通添加一點人情味

大多數的商業寫作都枯燥乏味，了無新意，沒有生命，激不起火花，缺乏個性。有些經理人為了凸顯冷靜務實、嚴肅權威的形象，不惜抹滅有效溝通的可能性。

你有沒有注意到，優秀作家會讓讀者覺得她好像在和你私下對話？或厲害的講者能吸引你的注意力，即使現場有數千聽眾，他仍然能在你和他之間營造出一種親密感？你應該努力創造出相同的效果。

以下是創造這種效果的兩個基本方式：

- 首先，你應該展現自我。不要害怕和別人分享你的親身經驗或觀察。談談自己，談你的經驗或你獨特的世界觀，都能營造親密感，即使和作者或講者可能沒有私下接觸過也無妨。
- 第二，採取直接、個人、毫不矯飾的風格。使用我們、你、我等，而不要用「一個人、任何人」等去除個性的字眼。使用類似朋友、同伴之類的溫暖詞彙。說話或寫作時，直接對聽者或讀者說話，彷彿他們就坐在你面前。把句子縮短，節奏明快有力，用語清晰，文字乾淨俐落。

不要說：「任何人都看得出來，處理勞資關係的方式引發了一些不滿。」而要說：「我看得出來，你們很生氣自己被這樣對待。」

不要說：「我們的政策是擴大麥酒產品的價值鏈和品質向量。」而要說：「我們生產很棒的啤酒。」

不要說：「眼前的問題是訴訟相關的經濟掠奪造成財務資源縮減。」而要說：「我們為法律訴訟花了很多錢。」

指鴨為鴨，不要試圖掩蓋

用糖衣包裝令人不快的消息，是很大的錯誤。規避責任，不願傳達不討喜的事實，是更大的錯誤。誠實坦率才是最好的策略。

比方說，請看以下這則備忘錄的內容：

To: 人資總監

Fr: 執行長

Re: 人事調整

由於業績下滑，必須削減開支，因此我們需要進行人事調整。隨信附上接下來60天內需終止聘用的人員名單，請和他們的主管討論。

請強調這並非裁員，告訴員工，這純粹是在淘汰績效不佳的人員。

這是本公司史上第一次進行人事調整，請務必謹慎處理。我期望你會將騷動降到最低。

想想看：上面的內容有什麼不對勁？這則備忘錄至少有四個問題：

1. 如果某個東西看起來像鴨子，像鴨子般呱呱叫，搖擺走路的樣子也跟鴨子一樣，那很可能就是鴨子。無論你用什麼說法，你所謂的人事調整就是裁員，只有笨蛋才聽不出來。

2. 執行長在掩蓋事實。他沒有負責宣布這個令人不快的消息，反而推給人資總監處理。
3. 由於公司沒有以坦率公開的方式處理裁員，多數員工會透過耳語謠傳來取得資訊，因此會放大恐懼，加重不安全感：「總共會裁多少人？我會不會是其中之一？裁員會持續多久？我應該開始找新工作嗎？」除此之外，他們也會覺得忿忿不平：「公司把我們當白癡嗎？執行長為什麼不告訴我們這件事？他對我們到底有沒有絲毫的尊敬？」
4. 結果可想而知：有些最優秀的人才，也就是公司最想留住的人才，會選擇離開。留下來的人會耗費無數小時惴惴不安，擔憂自己的處境，而不是把時間花在有成效的工作上。

員工不喜歡受到誤導，痛恨被別人當傻瓜看待。如果領導人無法開誠布公地對待員工，員工很快就不再尊敬領導人。

那麼，執行長應該怎麼做？他應該親自和員工溝通這個痛苦的決定。以下是高效能領導人可能採取的做法。

各位朋友和夥伴：

我一向相信，無論好壞，都要彼此溝通，對於影響我們公司的事情，也幾乎都開誠布公地和大家討論。基於這樣的理念，我必須談一談在公司發展史上，我做過的最困難的決定。

> 各位都知道，公司的業務正急遽下滑，以至於我們正面臨必須削減各領域開支，包括人事費用。因此我們決定裁掉百分之十的人力。
>
> 我知道大家聽了這個消息一定很震驚，我們過去從來不需要這麼做。我多希望我們永遠不需要再這麼做。不過公司如今正面臨生死關頭，為了確保公司能繼續生存下去，我們的結論是，必須踏出痛苦的一步。
>
> 我希望各位明白，我們決定執行的裁員只有一波。我向大家保證，我們完全預期只會有這一波裁員，沒有規畫另一波裁員。我們寧可一次大口喝下苦藥，也不想拖拖拉拉，在不確定中長時間飽受煎熬。

無論用什麼方式揭露，裁員的消息都會帶來痛苦，尤其是對丟掉飯碗的不幸員工而言更是如此。不過，相較於前一種方式，直接坦白的說明比較不會引發混亂，也能贏得更多敬意。

指鴨為鴨，不只是良好的溝通方式，也表達你對員工的尊重。要假定各階層員工都擁有不會出錯的鴨子偵測器，他們寧願領導人挺身而出，扛起責任，坦率誠實地溝通。

激勵其他人也樂於溝通

組織裡不應該只有從上而下的溝通，而是各層級、多方向的溝通。你必須明白，你的溝通風格可能會抑制其他人的溝通，反之，也可能激發絕佳的溝通。切記，你是定調的人。

在激發組織上上下下的溝通時，需要考量幾件事：

- 提出很多問題，也讓員工有時間回答問題。
- 請員工參加員工大會時（應該定期舉行這類會議）至少提出一個他們認為大家都該知道的重要觀點。
- 請員工參加大會時至少提出一個想問的問題。鼓勵他們提出任何想到的問題，回答問題時說：「問得好。我很高興你提出這個問題。」扼殺溝通最快的方式莫過於讓對方覺得自己問了笨問題。
- 在正式和非正式會議上都要求大家「說出心裡真正的想法」。
- 有人和大家的意見不一致時，一定要讓不同意見能公平地被聽到。
- 自發的溝通也很重要。鼓勵大家心血來潮時聚在一起解決問題。有時候，一時興起的非正式會議是最佳的溝通工具。
- 減少壓抑刻板的形式，讓大家感覺輕鬆自在。解開襯衫第一顆釦子，鬆開領帶，捲起袖子，脫掉皮鞋。
- 團體中出現不同派系，關係緊張時，千萬不要當「中間人」。讓不同派系聚在一起，自己把問題談清楚，不要透過你來溝通。公司裡的員工就像家裡的孩子一樣，他們會跑去找爸爸媽媽發牢騷，而不是自己直接面對問題。千萬不要鼓勵這種行為。
- 鼓勵員工表達想法，同時也鼓勵他們表達感覺。我們對事情都有強烈的感覺，如果感覺遭到壓抑，就不可能有真正的溝通。在企業界談感覺？是的，絕對需要。畢竟，生意也要靠人來做，而每個人都有感覺。

- 不要讓一、兩個人主導所有的討論，在團隊中挑幾個比較沉默寡言的人，問他們有什麼看法，讓他們暢所欲言。
- 有人提出重要問題時，要謝謝他們，即使這些問題令人難堪。

再次重申，談溝通看似老生常談，卻非常重要，而且許多企業領導人都太不擅溝通了。如果你一定會犯錯，寧可錯在溝通過多。在溝通上投入再多，都不為過。

領導風格要素 7：不斷向前

我們想強調最後一個高效能領導的要素：「不斷前進」的心態。卓越公司領導人自己總是不斷向前、不斷進步（追求個人成長），他們也將這種不斷向前的精神傳給公司員工。他們充滿幹勁，而且永不自滿。

努力工作

必須努力工作，這是無法逃避、天經地義的事情。

不過，努力工作和工作狂有很大的差別。**你為了完成某件事而努力工作，工作狂卻是受到某種恐懼驅使而工作**。工作狂不但不健康，而且有害。努力工作則是健康的行為，令人精神煥發，因此你可以努力工作直到生命終點，工作狂卻會令人過勞，造成職業倦怠。

有些我們認識的高效能領導人，每星期只工作四十到五十個小時，但他們工作非常努力，因為他們工作的強度和專注度都非常高。反之，我們也認識一些工作狂，他們每週工作九十個小時，但基本上沒什麼成效。更多，不見得一定更好。

天天改進

每天都努力成為更有效能的領導人，永遠不要停止。你總是可以變得更好。永遠有更高的標準，絕對不要停止學習或停止開發自己的能力。致力於持續追求更高的標準。每天都試圖比前一天更好。

注意你的弱點和短處。請別人不留情面地告訴你，你有哪些缺點，應該如何改進。請同事和部屬坦率批評你的領導風格，也請客觀的外部人士觀察你的領導方式，並加以評論。（我們曾為許多企業執行長做過同樣的事，他們認為非常有幫助，但也是痛苦的經驗。）邀請客觀坦誠的外部人士擔任貴公司董事。

沒有人喜歡被別人指出缺點，總是會受到傷害。因此，如果知道別人回饋的意見可能會暴露我們的缺點，我們會寧可避而不談。然而良藥苦口，你必須了解自己的缺點。如果你想成為非凡的領導人，就必須致力於持續自我改進。

保持活力

如果你變得了無生氣，你的組織也會如此。一旦你不再對工作興致高昂，充滿幹勁，你就不再是高效能領導人。能打造卓越公司的領導人在職期間，始終活力四射。他們從來不會「在職退休」，有些人甚至根本不會退休。他們無法想像自己變成死氣沉沉、毫無貢獻的退休人士，讓多年累積的智慧毫無用武之地。

不管在身體、情緒、心靈上都應該好好照顧自己。睡眠充足，保持健康，經常運動。從事消遣活動，閱讀，和有趣的人談話，接觸新的想法，花時間從事能讓你煥然一新的活動，為自己找一些新的挑戰。盡一切努力，讓自己保持朝氣蓬勃、興致盎然、不斷成長、充滿生命力。

你必須喜歡你做的事情。我們見過的高效能小公司領導人，沒有人不喜歡自己的工作。做你不愛做的事會讓你無精打采，疲憊不堪。

最後，要保持精力充沛，最好的辦法是不斷改變。嘗試新東西，參與新計畫，改變做事方式，盡一切努力保持新鮮感。有的人認為改變很耗費精力。畢竟保持原狀不是輕鬆多了嗎？但告訴你一個祕密：**沒錯，改變非常耗神，但改變為你增添的能量，會大過改變消耗的能量**。

你有沒有注意到，當你搬進新辦公室或新房子時，總是興奮不已，更有活力？你或許會抱怨搬家帶來的不便，但新環境會帶來新刺激，令你生氣勃勃。同樣原則也適用於工作上。

樂觀與堅持

心理學研究告訴我們，最有生產力、最快樂的人基本上對未來抱持樂觀看法。我們相信對公司而言也是如此。

當然，無論如何都不該低估可能遭遇的困難和挫折、必須忍受的煎熬，以及失敗的可能性。戴上玫瑰色眼鏡很危險。但你不該懷疑公司有能力開創更好的未來。你必須相信自己的公司和公司的未來。假如連你都不相信，誰會相信呢？

我們初次見到米勒時（米勒在1987年美普思電腦公司即將破產時接任執行長，並成功領導美普思走出黑暗時期），我們很訝異地發現他是個安靜的人。起初，你甚至會形容他作風低調或說話輕聲細語。我們很好奇，他究竟如何成功激勵美普思公司向前邁進？

幾分鐘後，我們開始明白。他一開口說話，就可以感覺到他堅定的信念，認為美普思絕對有潛能塑造產業面貌。他還有明確的決心，只要在位一天，就絕不放棄。米勒談到自己對於經營的看法時，彷彿那是他必須履行的使命，他絕對會不屈不撓，排除萬難，向前推進。

讓公司持續向前推進

摩托羅拉創辦人蓋爾文再三指出：「只要我們繼續運轉，向前邁進，所有事情最後都會好轉。」3M草創時期主要建構者麥克奈特強調，3M有許多成功產品出自偶然碰撞後產生的火花，然而「唯有不斷地動，才會有機會碰撞。」

就像蓋爾文和麥克奈特一樣，許多曾打造卓越公司的領導人，例如IBM的華生父子、L.L.Bean的高爾曼和外祖父比恩、沃爾瑪的沃爾頓、惠普的惠烈特、索尼的盛田昭夫、寶僑的威廉·寶洛科特（William Procter）、華特·迪士尼和亨利·福特，都相信公司必須持續向前推進。

卓越公司的一個特色是從不停止改變、改進、創新。卓越公司從來不曾抵達終點，從來不相信已經夠好了。

卓越不是終點，而是途徑—是持續發展和改進的一條漫長、曲折、艱辛的道路。卓越公司來到高原後，會繼續尋求新挑戰、新風險、新機遇、新標準。卓越公司會慶祝、品嚐和享受成功的滋味，但這只是在這趟永無止境的旅程中，暫時歇歇腳罷了。

不斷向前，一件事情失敗了，就嘗試別的事情。不斷修正、嘗試、執行、調整、行動。正如亨利・福特所說：「你必須不停地做，不停向前走。」

觸動人心

我們之前曾經提過，領導力的要素是催生大家願意共同實現的清晰願景。但還有一個額外要素：觸動人心。

每個人都有靈性。有些人的靈性埋藏在憤世嫉俗的冷酷外表之下，有的人更接近表面。無論如何，每個人都有可被觸動的靈性的一面。

我們所謂的靈性，不一定是指宗教信仰，而是每個人崇高的一面。換句話說，因為有這一面，我們看到弱者終於占上風時，會不禁哽咽；希望看到好人勝利；想讓孩子的世界變得更美好；在店員找太多錢時，會把多餘的零錢還給他。因為有這一面，我們在戰場上不想讓同袍失望；看到舞弊和不公時會感到憤怒；我們會熬夜完成艱難任務，純粹為了履行承諾；也會為了拯救溺水的人，不假思索就跳進冰冷的河水中。我們的這一面，讓我們成為英雄。

但這只是我們的其中一面，我們還有另外一面，也就是康拉德（Joseph Conrad）在《黑暗之心》（*Heart of Darkness*）中描述的那一面。這一面會讓我們違反承諾；令同伴失望；不把多找的零錢還給店員；欺負比我們不幸的人；採取權宜之計，而非追求卓越；對自己的弱點和言行不一視若無睹。每個人都有這兩面，不過領導人會訴諸人性的光明面，鼓勵員工選擇對的路。領導人會強調每個人都擁有的良善特質，激勵大家發揮善良的本性。到頭來，領導人會改變員工。

我們要再度回到領導人也是老師的比喻，請大家思考一下，哪位老師曾經改變你的一生。他們很可能曾經幫助你看到自己從來不知道的一面。他們開發你內在的潛能，讓你對自己產生新的看法、新的期望，將你懷抱的理想提升到新的層次。

好的領導人有如這樣的好老師，他們會把員工理想化，而且抱持堅定信心，認為員工一定可以躍升到理想境界。領導人會挖掘員工潛在的精神，喚醒他們的靈性。領導人會改變員工對自己的看法，讓員工用領導人看待他們的理想化角度，來看待自己。

領導人會傳達一個訊息：「我們可以達成膽大包天的目標，我知道我們一定辦得到，因為我相信你們。」

第4章

願景

根本問題是，什麼是你熱切嚮往的願景？

—— 亞伯拉罕．馬斯洛（Abraham Maslow）

領導的功能，也就是領導人的首要責任，是為公司催生清晰的共同願景，並促使員工致力於追求這個願景。前文提過，這是對領導人的普遍要求，無論你的領導風格為何，都必須展現這樣的功能。

願景為何如此重要？願景到底是什麼？如何設定願景？

本章的章名開宗明義就是要回答這個問題。我們希望激勵你將「催生共同願景」當成首要之務。接下來我們會說明「柯林斯－薄樂斯願景架構」，這是個實用的具體架構，可以消除圍繞這個主題的諸多模糊混淆，同時保留願景本質上具有的神奇魔力和火花。我們將針對催生共同願景的流程，提出具體提示，這些提示會貫穿本章各個部分。

在探討願景的好處之前，先簡單介紹本章及本書其餘部分採用的整體架構。

圖 4-1 說明基本流程：先從願景開始，然後是策略，再來才是戰術。這張圖也顯示，願景包含了三個基本部分：核心價值與信念、目的，及使命。

我們會在後面加以解釋，並列舉諸多案例。但我們先談談你為何應該接受這項深具挑戰性的任務：設定公司願景。

先有願景，才能邁向卓越

觀察任何能延續多年的卓越組織，我猜你會發現，他們之所以韌性十足，要歸功於信念的力量，以及信念對組織成員的吸引力……組織能達到多大的成就，和組織的基本理念、精神及驅力密切相關，影響更甚於資源、結構、創新和時機。

IBM 前執行長湯瑪斯．華生二世

圖 4-1　先有願景，才有策略與戰術

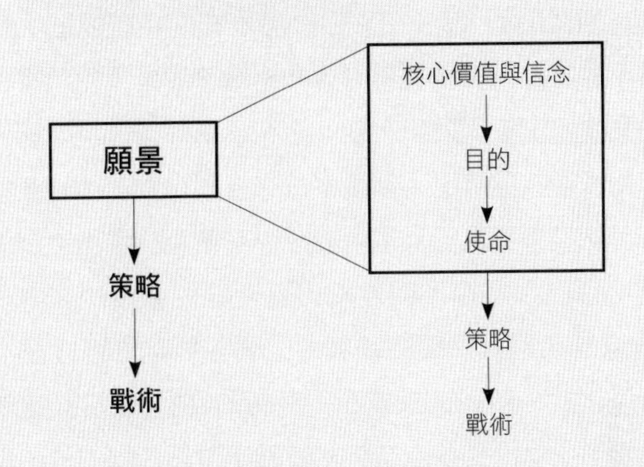

要將公司的長久願景慢慢灌輸到員工腦子裡，是深具挑戰的工作。一位經理人告訴我們：「這樣的要求是極高的標準。」的確如此，我們不否認，真的不容易。

然而要成為卓越公司，願景絕對不可或缺。請注意，在前面的引言中，小華生不是說：「任何能延續多年的組織……」；而是說：「任何能延續多年的卓越組織……」。

如果只想賺錢，願景就不是必需，你當然可以在沒有願景的情況下，開創有利可圖的事業。許多人沒有動人願景，仍然賺大錢。但如果你想要的不只是賺大錢，如果你想打造一家永續卓越的企業，就需要願景。

密切檢視卓越公司的演變過程，我指的是IBM、L.L.Bean、惠普、默克藥廠、赫門米勒（Herman Miller）、3M、麥肯錫、索尼、麥當勞、耐吉、沃爾瑪、迪士尼、萬豪酒店、寶僑、波音、嬌生、摩托羅拉、聯邦快遞、羅盛諮詢公司、奇異公司（General Electric）、百事可樂、先鋒育種公司（Pioneer Hi-Bred）等公司，你會發現在某些時間點，在公司規模還小的時候，重要領導人會向組織傳達動人的願景。

在某些情況下，公司在創立之初已有願景，例如聯邦快遞就是如此。在其他情況，創業家成立公司是為了滿足某種特定需求（可能是為了自己，也可能想將某個產品推出上市），他們在公司創立幾年後才明確提出更宏觀的願景。舉例來說，3M（全名為明尼蘇達礦業及製造公司）的創立純粹是為了在明尼蘇達州的小湖開採綠寶石。最初的嘗試失敗後，3M 公司摸索了幾年，執行長麥克奈特才發展出清晰宏觀的公司願景，奠下 3M 日後對世界的影響力。

不過，不管在草創時期或在公司成立數年後，卓越公司的重要領導人都會催生組織的共同願景，並清楚表達願景。

四個非凡案例

1. IBM

小華生在 1956 年到 1971 年間擔任 IBM 執行長，他認為 IBM 之所以能從 1914 年瀕臨破產的小公司，歷經危險的成長階段，成為史上最備受推崇、長期成功的公司之一，最重要的因素就是公司願景。

小華生對此感受深刻，甚至用整本書的篇幅來談這個主題，他在《解讀 IBM 的企業 DNA》（*A Business and Its Beliefs--The Ideas That Helped Build IBM*）書中寫道：

任何組織為了求生存和追求成功，都必須有一套完善的信念，作為所有政策和行動的前提。我相信企業成功最重要的因素是忠於自己的信念。最後，組織必須願意改變有關組織的一切，唯有信念除外。

小華生的父親老華生是 IBM 的主要建構者，他也強調願景的重要。1936 年，老華生在一封給兒子的信中寫道，領導人應該開發的資產中，最重要的就是「願景」。

（你慢慢會注意到，不同作者和不同經理人在使用使命、願景、目的、價值、目標、信念、文化、理念等名詞時，似乎有點鬆散，這幾個詞有時還可相互替換。有的人喜歡用願景這個詞，其他人則談目的、目標、整體目的或文化等。暫且不要受這些術語干擾，花一大堆時間去分辨願景是否有別於使命、價值等等。稍後等我們討論到柯林斯－薄樂斯願景架構時，會再一一釐清。）

2. 嬌生

羅伯．強生二世（Robert W. Johnson, Jr）從父親手中接下嬌生執行長的位子後，花很多時間思考如何為嬌生的信念起草一份清晰的宣言，也就是後來的「嬌生信條」，此後嬌生公司的一切規劃和決策，都以此為依歸。

3. 麥肯錫顧問公司

全世界最成功的管理顧問公司麥肯錫的主要創建者馬文．鮑爾（Marvin Bower）從公司草創時期就非常重視發展和溝通共同願景。

1937年，麥肯錫只有兩個據點，還是一家小公司（到了1990年，麥肯錫在全球已擁有48個辦公室），鮑爾就已投入大量時間釐清和傳達麥肯錫的願景。他在1953年的公司年度大會上公布「公司的主要性格特質圖」，成為此後多年「麥肯錫行事方式」的藍圖。鮑爾後來寫了一本關於麥肯錫的書，強調麥肯錫的願景。書中隨處可見「我們的理念」、「我們的行事方式」、「我們必須從願景的角度來思考」、「我們相信」、「我們的原則」等詞句。

4. 惠普

1950年代中期，惠普公司只有十五歲，規模也不大。惠烈特和普克率領經營團隊到加州索諾瑪的酒鄉舉辦異地會議，討論惠普公司的原則和永久目標。這一系列的會議後來被稱為「索諾瑪大會」，從此確立了惠普公司的潛在行事準則。

你也許認為：「但我們公司這麼小，我不確定這樣的願景討論適合我們的情況，我們不是惠普、IBM、嬌生或麥肯錫，我們只不過想讓公司成功罷了。」

說得好。但別忘了，上述公司都曾是辛苦掙扎的小公司，而且每一家公司的願景，都是在規模還小時就已確立。並非因為他們是大公司，才可以奢談願景；而是他們的願景幫助公司邁向卓越。先有願景，然後邁向卓越，而非反其道而行。

警告：我們並非在暗示，唯有當公司想要變大時，才需要願景。我們明白，你們可能只想維持小公司的型態。儘管如此，公司仍然需要願景。為什麼呢？因為好公司必定會碰到成長機會。想要保持小規模（如果你們真的希望如此），唯一辦法是對於公司想成為什麼樣子，勾勒出清晰的願景。

比方說，我們輔導過一位小公司老闆，她的公司因為缺乏清晰願景，面臨一連串危機。以下是她的故事：

> 我們耗盡心力開發的新產品終於快完成了，這產品有巨大的市場潛力。我們是一家十人小公司，新產品能讓公司規模至少擴大三、四倍。聽起來很棒，對不對？
>
> 結果卻成為我一生中最慘痛的經驗！產品快完成時，我們開始像無頭蒼蠅般瞎忙一通，準備迎接即將湧入的大量訂單。
>
> 我們不顧一切往前衝，殊不知新產品上市將永遠改變公司的性格。頭腦清醒的人都不會拒絕這樣的大好機會──成長、利潤、一炮而紅、備受讚譽──對吧？儘管如此，我的感覺卻愈來愈糟，直到再也受不了，心力交瘁。
>
> 這時我才發現：我們正在做的事情，完全和我對自己、對家庭、對公司的想法背道而馳。問題是，我從來不曾清楚表達我希望公司變成什麼樣子，我們也從來沒有討論過這個問題，每天只是忙著追逐一個又一個機會。社會上約定俗成的想法是，我們應該追求成長，設法一夕之間大獲成功，這也成為公司背後的驅動力。但這不是我們的願景，也不是我們對人生的期望。當壓力大到難以忍受的高點時，我們終於決定放棄新產品，結果大家

反而快樂多了。

倘若我們打從一開始就很清楚，我們的願景其實是保持小公司型態——成為一家能賺到錢又快樂的小公司，保持愉快的生活風格——當初就不會決定發展這個新產品，也絕不會讓自己陷入這團可怕的混亂之中。

願景的好處

現在來談談公司願景的四個主要好處：

1. 為人類的超凡努力奠定基礎。
2. 作為策略性和戰術性決策的依歸。
3. 提高凝聚力，促進團隊合作和社群意識。
4. 為公司打下地基，不再只依賴少數關鍵人物。

為人類的超凡努力奠定基礎

人類會響應價值、理想及夢想的號召，迎接振奮人心的挑戰，這是我們的天性。我們會不遺餘力，設法實踐組織、同儕團體或社會的理想，只要我們認同那些理想，認為值得為它付出。當管理者基於一套崇高的價值、良好的信念、動人的使命來建構組織時，也為人類的超凡努力奠定基礎。

大多數人工作不是只為了拿薪水回家，他們希望做自己認同、有意義的工作。儘管不見得每個人都如此，但最可能奉獻心力、打造卓越企業的一群人顯然會抱著這樣的心態。如果能善用這種追求工作意義的基本欲望，「如何激勵員工」的傳統管理問題大致就迎刃而解，因為員工從事自己認同的工作時，會自我激勵。

一個人工作動機的高低，有很大部分要看他如何在更宏大的整體目的中，定位自己的工作。甚至對例行工作也是如此。我們造訪吉洛體育用品公司時，一位生產線工人很驕傲地指著公布欄。上面張貼了許多信函，都是描述吉洛安全帽如何在嚴重單車事故中保護顧客，讓他們的腦部沒有受到嚴重傷害。有個人寫道：「很幸運，碎掉的是我的頭盔，而不是我的頭。謝謝你們。」

「這就是我們的工作。」這位生產線工人說：「我們不僅製造安全帽而已，我們讓大家的生活變得更好。」

甚至對國家而言也是如此。如果有個大家一致認同的清楚目標指引方向，可能會形成鼓舞人心的巨大力量。芭芭拉·塔克曼（Barbara Tuchman）1967 年撰文論及以色列時指出：

> 儘管面臨諸多問題，以色列仍有一項領先優勢：強烈的使命感。以色列人或許不富裕，或許看不到電視，缺水，也無法享受寧靜的生活，但財富反而會扼殺他們擁有的東西：動機。

身為領導人，創造這樣的動機是你的任務，而這項任務可以透過創造願景來達成，創造塔克曼所謂的「令人振奮的任務」，把大家凝聚在一起。

想想看二次大戰期間，英國人如何團結一致，擊敗希特勒。想想看 1960 年代末期，美國太空總署如何克服萬難，成功登月。想想看波音員工如何投身「不可能」的任務，將革命性的 747 巨無霸噴射客機推上商業市場。想想看蘋果公司的工程師如何每週工作八十小時，開發出改變世界的電腦。

作為策略性和戰術性決策的依歸

企業願景提供了背景脈絡，讓組織各階層員工可以依據做決定，其重要性再強調都不為過。

共同願景就好比你要前往遠方山區的目的地時，手中掌握的指南針。如果你發指南針給一群人，指定他們抵達某個目的地，然後放任他們在山區探索，自行設法抵達，他們或許能找到通往目的地的途徑。

他們可能一路上碰到種種阻礙，繞了遠路或轉錯岔路。不過，有了清楚的目標，又能靠指南針指引大略的方向，加上深信自己正朝著值得追求的目標邁進，或許終能抵達目的地。

反之，缺乏共同目標的公司沒有依歸可循，員工只能漫無目的在山谷中徘徊，繞來繞去，毫無進展。這樣的公司就好像過勞的救火隊，為不斷冒出的危機和商機疲於奔命，無法根據組織最終目的和一以貫之的理念，提前制定決策。

案例

鮑勃．米勒如何拯救美普思電腦公司

美普思創立於 1980 年代中期，希望從電腦科技的重大突破中獲益。美普思募到超過一千萬美元的創投資金，擁有尖端技術，市場對威力強大的電腦也有熱切需求，公司卻在創立四年後陷入混亂，瀕臨破產。為什麼呢？

美普思對於公司究竟想做什麼，缺乏清晰概念。對於自己想變成什麼樣的公司，也沒有想得很清楚。他們的銷售部門盲目追求每一個可以創造營收的機會，而沒有先自問：就我們想達到的目標而言，哪個商機是最合理的選擇？

結果，他們的做法促使研發部門耗費巨資，開發過多不相干的產品，而沒有自問：這些產品如何幫助我們達成公司願景？美普思的領導人拚命追求合資機會，嚴重限制了美普思行銷海外的機會，他們沒有自問：在我們的願景中，海外市場扮演什麼角色？

當然，他們沒辦法問這些問題，因為公司原本就沒有清晰的願景。由於員工的努力缺乏共同焦點，組織漸漸分崩離析。不同派系爭相責怪對方造成公司危機。員工士氣下滑，優秀人才紛紛求去，追求更好的發展機會。投資人和顧客失去信心，公司也出現赤字。

後來在新任執行長米勒領導下，才力挽狂瀾。米勒談到自己如何成功讓美普思脫離低潮，在精簡指令集（RISC）技術領域建立重要地位時評論：

> 最重要的問題是：五到十年後，你們想變成什麼樣子？美普思公司從來沒有問過、也不曾清楚回答這個問題。雖然我這樣說似乎過度簡化，但最基本的解方就是提出這個問題。唯有如此，我們才能做出好的策略性決策。

米勒的評論帶來非常重要的觀點：沒有先提出願景，根本不可能制定策略。

在經營管理的相關文獻中，談策略的文章占了幾千頁。策略管理在大多數企管研究所都是必修課程。大型顧問公司靠推銷「策略性解決方案」累積大量客戶。這一切都其來有自：完善的策略對於邁向卓越至關重要。

但暫且思考一下策略這個詞。策略究竟是什麼意思？策略指的是你打算用什麼方法，達到你希望的目標。策略是達到目的的手段。因此，除非你很清楚目的為何，根本不可能制定有效策略。策略是達成願景的途徑。如果你無法清楚說出「那裡」是哪裡，你就不可能知道應該如何抵達「那裡」。

大多數的公司（我們相信大多數組織的確缺乏清楚願景）都被危機、救火、戰術性決策推著走。我們稱之為「戰術驅動的策略」。願景應該推動策略，而策略應該推動戰術，不是反向而行。

道理似乎再明顯不過，你可能很疑惑，我們為何要反覆談論這個問題。我們同意，這個道理顯而易見，但付諸實施的例子卻少之又少。我們注意到，幾乎每個經歷重大組織問題的公司，根本的困難都在於缺乏清晰願景。的確，看到這個根本問題竟然可以把某些組織害得這麼慘，我們總是難以置信。

即使在涉及國家重要處境時，仍不時可見因為缺乏清晰整體目標，即使戰術成功，最後仍徹底失敗的情況。

案例

美國的越戰經驗

你知道，你們從沒在戰場上贏過我們。

一位美軍上校，1975 年河內

也許如此，但這完全無關緊要。

北越上校如此回答

根據哈利．桑默斯（Harry G. Summers）在《論策略》（*On Strategy*）書中所述，就戰術和後勤補給而言，美軍打了一場非常成功的越戰。美國每年運送百萬兵力往返越南，在戰場上維持兵力的情況勝過史上任何軍隊。美軍運用戰術作戰的成功率也極高，總能在一次又一次交戰中，擊潰敵軍。即使如此，這場戰爭最後卻是北越獲勝。美國怎麼會打了一場如此成功的戰爭，最後卻一敗塗地呢？

關於這個問題，許多作者都得出令人震驚的簡單結論：美國不太清楚自己想達到什麼目標，因此不可能擬訂有效的戰略。1974 年，一項研究調查訪問曾在越戰中指揮作戰的美軍將領，結果發現近七成將領不確定美國的目標為何。

桑默斯的結論是：「不清楚目標對（美軍）作戰能力帶來毀滅性的破壞。」

《出類拔萃的一群》（*The Best and the Brightest*）作者哈伯斯坦（David Halberstam）寫道：「回頭來看似乎難以置信，但情況就是如此，當時的領導人從來不曾釐清使命為何或投入多少軍隊，因此，也從來沒有清楚說明會採取什麼策略。」

或許哈伯斯坦想說的是，如果缺乏清楚的目標，根本從一開始就不可能發展出什麼策略。

千萬不要誤會，我們並不是認為卓越的戰術執行不重要（例如美軍在越戰中的表現）。戰術當然至關重要，但應該以清晰的整體願景為依歸，來擬定戰術。必須先有願景，再擬定策略，然後才是戰術。

凝聚力、團隊合作、社群感

加州大學洛杉磯分校籃球隊教練伍登指出，你必須培養每個球員成為最好的後衛、中鋒、前鋒，但更重要的是，培養他們對整個團隊和團隊目標的信心，並以團隊為傲。伍登這樣的教練能成功做到上述兩點，正是透過非常清楚的共同目標，以及球隊的根本原則和價值來凝聚團隊。

如果沒有共同願景，組織很容易分崩離析，大家各自為政，爭奪地盤，各據山頭，勾心鬥角。破壞性的內部鬥爭耗盡員工精力，而不是大家一起為共同目標努力，推動組織更加壯大。如此一來，更不可能維持強烈的社群意識。

公司創立之初，員工大都有清楚鮮明的目的感。然而隨著公司逐漸發展成熟，很容易出現派系之爭。各單位競相拉抬自己的地位和爭地盤，扼殺了早期的目的感所激發的火花和團隊精神。

我們曾經訪問某公司的十位高層主管：「你們公司究竟

為什麼存在？你們想變成什麼樣的公司？想努力達到什麼成就？」結果每個人的答案都不一樣。有一位主管解釋：「我們其實是十個不同的人組合起來，各有各的議程，彼此的方向截然不同，難怪會出問題。」

這家公司後來爆發可怕的內部鬥爭，公司要角拉幫結派，相互對抗，最後公司以低價賣給大企業，一位副總裁後來評論：

> 我們曾經有巨大的潛能，卻完全浪費掉了。我們一旦失去共同目的，就把創造力用在彼此鬥爭上，而不是用來贏取市場地位。真是悲哀。

反之，我們也曾見過瀕臨毀滅的公司，透過共同目標凝聚在一起，克服萬難，化不可能為可能。舉例來說，瑞泰克公司（Ramtek Corporation）原本已申請破產，新執行長吉姆·史旺生（Jim Swanson）接手後，讓公司起死回生，脫離破產命運。（大多數公司申請破產後都死在手術檯上。）

史旺生說：「我們的使命是擺脫破產。這個極具挑戰性的任務把大家團結在一起，以超凡的努力，克服困難。」

從破產重生後，史旺生召集團隊開異地會議，為公司設定新的使命。他說：「我們面臨很大的挑戰，也成功克服挑戰。現在我們需要新的挑戰，否則就會喪失原本的團隊精神。」

我們會在第八章強調去中心化和自主的重要。當然，問題在於如何一方面釋放個人創造力，同時又讓大家邁向一致的方向，而願景就是箇中連結。如果公司每個人都望著同樣的北極星（共同願景），即使各自分散在幾百艘小船上，仍然可以朝著一致的方向划行。

不再只依賴少數關鍵人物

在組織剛開始發展時，公司願景往往來自早期領導人，公司願景大都是他們的個人願景。不過，要成為卓越企業，公司必須向前邁進，擺脫對少數關鍵人物的過度依賴。因此，公司願景必須是組織上下如社群般共享的願景，共同願景是基於對組織的強烈認同，而不只是認同經營公司的少數關鍵人物。願景必須超越公司創辦人而長存。

我們想用一段重要的歷史、以美利堅合眾國的建國與發展為例，來說明我們的觀點。美國建國後，沒有一直仰仗還在世的少數開國元勳（華盛頓、傑佛遜、亞當斯等等）持續領導，而是擬出一套即使他們過世、仍可持續引導美國數百年的基本原則。

基本上，美國開國元勳早已將國家願景融入獨立宣言和憲法中，確保美國未來仍會秉持他們的信念治理國家，同樣重要的是，縱使他們不在，也不會改變。

1787 年參加費城會議的這群人十分睿智：他們制定美國憲法，提出國家長治久安的指導方針，因此美國即使外無共同敵人，內無「獨裁暴君」，整個國家仍能凝聚在一起。研讀歷史的學生都會同意，這在歷史上十分罕見。

〔請注意：我們明白美國憲法不是一份完美的文獻。我們的目的並非神化美國憲法，而是說明創造一套能長期延續的指導方針，比仰賴個別領導人更加重要。〕

有趣的是，小華生在1956年從父親手上接下IBM後，率領高階主管到異地開會，擬定「威廉斯堡計畫」（Williamsburg Plan），當時他心裡正是想著這套美國憲法。小華生在《父子情深》（*Father, Son & Company*）中寫道：

> 我選擇在（維吉尼亞州）威廉斯堡開會，因為這是個歷史性的城市，而我希望這場會議在某種程度上，會成為IBM的制憲會議。

反面例子則是鄧肯·塞姆（Duncan Syme）和維蒙特鑄造公司（Vermont Castings）的故事。塞姆的願景是做出全世界最好的燒柴爐。他對此深信不疑，因此親自到生產線監督，確定每個燒柴爐都符合嚴格標準。1970年代，維蒙特鑄造公司是燒柴爐產業中成長最快的公司，創造出二千九百萬美元的銷售額，獲利率高達60%。

塞姆在1980年代初期，不再插手日常營運，把公司交給專業經理人管理（塞姆承認，日常營運不是他的強項）。

但關鍵問題是：塞姆的願景也跟著他退休了。塞姆不在其位後，公司降低品質標準，打破以往聚焦燒柴爐的傳統，減少對顧客的服務，公司慢慢脫離最初的願景。銷售額和利潤的成長曲線漸趨平緩，公司喪失產品創新的能力，許多人都覺得維蒙特不再是一家卓越公司。

塞姆在1986年回歸維蒙特鑄造公司後，讓公司回到正軌，重新提倡他的願景，並讓公司重返頂尖燒柴爐製造商的地位。

不過，這一回他採取的做法截然不同。塞姆接受《Inc.》雜誌訪談時解釋，他不再是「維蒙特行事方式」的唯一捍衛者，他開始將公司願景制度化。他撰寫〈維蒙特鑄造公司願景和信條宣言〉，並長期推動，確保公司所有營運決策都會以願景為依歸。

對某些領導人而言，開創有願景的公司（而不是仰賴一位高瞻遠矚的領導人來做每個決定），並不容易。他們喜歡當獨具慧眼的英雄或偉大的領袖，深受部屬仰賴，事事都非他們不可。然而真正高瞻遠矚的管理者都懂得讓願景成為整個組織的資產，獲得員工強烈認同，因此即使領導人退出日常營運，願景依然完好無缺，發揮強大影響力。

願景架構

願景二字會引發各種想像。我們會想到傑出的成就，我們會想到凝聚社會大眾的深層價值和信念，我們會想到振奮人心的大膽目標，我們會想到某種永恆的事物，組織存在的深層原因，我們也會想到能觸動人心，挖掘出我們最大潛能的力量。

但有個問題。願景感覺起來很不錯，大家也都同意：在追求卓越的路上，願景乃不可或缺。但願景到底是什麼？

柯林斯－薄樂斯願景架構

許多企業執行長都曾跟我說，他們總是搞不清楚願景到底是什麼。他們聽過各種名詞，例如使命、目的、價值、策略意圖，但沒有人能給他們滿意的答案，告訴他們如何看待願景，如何跨越文字的泥沼，為公司設定一以貫之的願景。

我們發展出柯林斯－薄樂斯願景架構，就是為了因應這樣的挫折感。本章大部分素材都出自我們在史丹佛的廣泛研究，以及我們執筆的文章〈組織願景及高瞻遠矚的組織〉（Organizational Vision and Visionary Organization，刊登於《加州管理評論》1991 年秋季號）。我們毋須詳述這個架構背後的所有理論基礎和背景研究，架構的精髓在於，好的願景包含：

1. 核心價值與信念
2. 目的
3. 使命

我們發現，大家很快就明白核心價值與信念是什麼。然而目的和使命有何不同，卻經常引起混淆。

要快速掌握目的和使命的差別，不妨想像一下你在群山中跟著星光往前走。你們的目的是那指引方向的星星，雖然永遠達不到，但會一直引導你前行。另一方面，你們的使命則是你當時正在攀登的那座高山。設法攻頂時，你一心一意將所有力氣都花在向上攀登。不過一旦成功攻頂，你的目光會再度投注於指引方向的星星（你們的目的），尋找另一座想要攀登的高山（你們的使命）。當然，在整個探險過程中，你依然忠於自己的價值和信念。

有了上述架構之後，你可以參考以下範例來建立你們的公司願景。

圖 4-2　柯林斯－薄樂斯願景架構

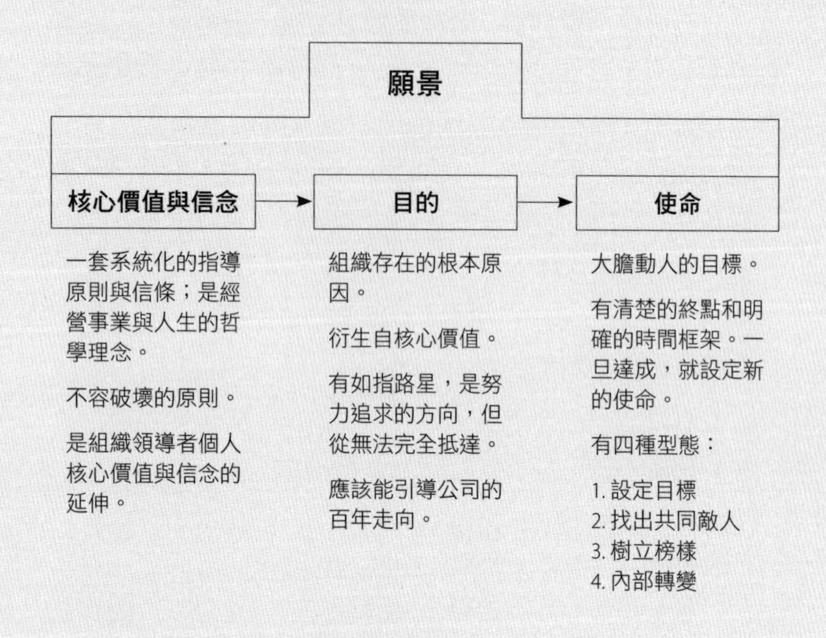

願景構成要素 1：核心價值與信念

願景從核心價值與信念發端。核心價值與信念有如瀰漫組織、貫穿組織所有演化階段的乙醚（組織的決策、政策和行動都受到影響）。有的公司稱之為「引導哲學」。

核心價值和信念會形成一套系統化的基本激勵原則和信條——說明在企業及人生中，哪些事情最重要，應該如何做生意，對人道主義的看法，公司在社會上扮演的角色，如何看待世界運作的方式，以及不可違背的規範等等。可以將它比擬為個人抱持的「人生哲學」。核心價值與信念有如生物的基因密碼——雖然隱身幕後，卻始終是一股重要影響力。

核心價值與信念必須發自內心。身為公司領導人，你必須透過日常行為，將你對人生和企業經營的價值與信念，烙印在組織行為中。

這正是核心價值與信念最重要的部分：必須絕對真誠地延伸自你內心秉持的價值和信念。你不會只「設定」願景。真正該問的問題不是：「我們應該有什麼願景和信念？」而是：「我們內心真正抱持的價值與信念為何？」

核心價值和信念終究要靠你的具體作為逐漸感染員工，而不是單憑你說的話來定調。

舉例來說，比恩當年以自己認同的核心價值與信念為基礎，創立 L.L.Bean 公司。他在 1911 年創辦 L.L.Bean 時秉持的個人理念，簡單來說就是：「以合理的價格銷售良好的商品，待顧客如朋友，生意自然滾滾而來。」

這是很好的情操，但 L.L.Bean 的優勢並非建立在情操之上，而是能以實際行動反映這樣的真誠情操。比恩推出不查問政策，保證顧客絕對滿意。（有一次，顧客拿了一件三十二年前購買的從沒穿過的襯衫來退貨，L.L.Bean 二話不說，照原價退錢，完全不打折扣。）他決定 L.L.Bean 永遠不打烊，電話訂購專線一年 365 天、每天 24 小時開放。他要求所有的產品必須達到嚴格的生產標準，以合理的價錢賣給顧客。

你也許會這麼想：「但這不是價值，只是好生意罷了。」我們同意這是好生意。

但 L.L.Bean 的神祕力量——全力以赴的員工和高度忠誠的顧客——就來自於他們行動背後，其實有一套真誠的價值。比恩真心相信必須待顧客如朋友，他不可能用其他方式對待顧客！

更多範例

以下是赫門米勒、泰勒凱公司、默克、惠普、嬌生等公司的核心價值和信念的範例。我們相信這些具體詳細的範例是說明核心價值和信念的最佳方式。有些例子來自於我們和公司主管的討論，有的則是審視文件或觀察他們的所作所為。我們並非建議各位採取這些公司的價值或信念，純粹舉例說明。

赫門米勒公司的核心價值與信念 *

我們是以研究為導向的產品公司，我們不是市場導向的公司。

我們希望透過我們的產品、服務，以及我們提供產品及服務的方式，對社會有所貢獻。

我們致力於追求品質；包括產品的品質、服務的品質、關係的品質、溝通的品質以及承諾的品質。

我們相信，我們公司對所有參與者而言，應該是實現潛能的地方。

我們不能脫離社會的需求而存在。

我們致力於實踐史坎隆計畫的概念（Scanlon idea），實施參與式管理，包括推動生產力改善和利潤分享制度。

利潤就像呼吸一樣不可或缺，雖然利潤並非我們生存的唯一目標，面對各種機會時，利潤必須是我們貢獻後得到的成果。

* 摘自赫門米勒公司前執行長帝普雷（Max De Pree）1989 年的著作《領導的藝術》（*Leadership is an Art*）

泰勒凱公司的核心價值與信念

我們相信必須把工作做得很出色，我們做任何事，都必須達到高品質。

我們相信必須對員工發展許下長期承諾。

我們相信，我們對社會有責任，我們的服務無論對個人、家庭或社區都至關重要。

我們相信，無論病人有何心理創傷，我們都應該協助他們達到最大程度的康復。

我們相信努力工作的價值，也樂在其中。

我們相信不管是個人或組織，長期都需要成長。

我們不是為了追求最大利潤而存在，儘管如此，我們的事業必須發揮高效率、高生產力，同時能獲利，否則就會限制了我們的服務能力。

嬌生公司的信條 *

我們相信，我們首先必須對顧客負責。

其次是對我們的員工負責。

第三是對我們的經營團隊負責。

第四是對我們生活的社區負責，我們必須當個好公民。

我們的第五個、也是最後一個責任，是對股東負責。企業經營必須獲得良好利潤。當我們秉持原則經營事業，股東理應獲得良好報酬。

我們決心在上帝的眷顧下盡最大努力，善盡以上責任。

* 改述自強生（R. W. Johnson）1943 年擬定的嬌生信條

惠普公司的核心價值與信念 *

套用普克的話：「惠普風範是：『你希望別人怎麼待你，你就怎麼對待別人。』真的就是如此。」

惠烈特則說：「基本上，惠普風範就是尊重個人。只要給他們機會，他們會做得比你想的多很多。所以你應該給他們自由。要尊重個人，不只尊重員工，也要尊重顧客和工作。」

* 根據對惠烈特及普克的訪談內容

默克藥廠的核心價值與信念 *

我們最重視為病患服務的能力。

我們恪遵最高的倫理規範和品德標準。

我們對顧客、員工，以及我們服務的社會有責任……我們和社會各部門互動時，無論對方是顧客、供應商、政府或一般大眾，都高度重視這些價值。

我們致力於能滿足人類需求的科學研究。

我們期待獲利，但利潤必須來自於造福人類的工作。

* 摘錄自默克 1989 年「公司目的宣言」

利潤扮演的角色

請注意，我們舉例的公司都視利潤為必要，而不是把利潤當成企業的最終目標。你要怎麼解釋這種情況？這樣的信念又如何與商學院的經典信條相調和，也就是企業經營的目的、經理人的首要責任，是為股東創造最大財富？

要成為卓越企業，務必拒絕商學院的經典教條。「為股東創造財富」是一種看待企業的單純觀點，但許多卓越企業的實際情況並不支持這個理論。大多數卓越企業創立是為了達成創辦人的目標，並表達他的價值觀，而創辦人的目標與價值觀不見得是為股東創造財富。對他們而言，**創造利潤純粹出於策略性的必要，而非至高無上的終極目標**。

我們知道，這樣的看法令人震驚。然而其他許多商管書作者也曾得到相同結論。多年前，杜拉克在經典套書鉅著《管理的價值》《經理人的實務》《經營者的責任》（*Management: Task, Responsibilities, Practices*）中也有相同結論。

> 我們不能從利潤的角度來定義和說明企業……追求最大利潤的概念事實上毫無意義……任何企業的第一個考驗，不是利潤最大化，而是能否獲得充足的利潤來支應經濟活動的風險。

我們不否認利潤不可或缺，我們研究的企業也不會否認這點。事實上，真正重要的不是利潤本身，而是利潤帶來的現金流量。沒有充足的現金流量，企業根本無法生存，企業必須獲利，才能自動產生源源而來的現金。

但獲利能力和現金流量無法代表工作的全部意義。追求最大利潤無法成為振奮人心的目標，讓公司從上到下都願意全力以赴，投注精神，設法達成目標。並不是說利潤不好。沒錯，企業絕對需要利潤，但利潤本身無法提供意義。

緬因州的湯姆（Tom's of Maine）是一家很賺錢的公司，創辦人湯姆．查佩爾（Tom Chappel）在接受《Inc.》雜誌訪問時，解釋追求數字為何只是無止境的原地踏步：

> 量化目標無法為缺乏目的的流程注入意義。如果只是不斷追求更多，將永遠得不到滿足。如果你在目前的工作中找不到意義或得不到喜悅，或你忘了其中蘊含的意義，那麼單單衡量進度，無法讓工作變得更有價值或更有趣。設法組織人們為某個目的團結在一起，才是最有力量的領導方式。

回頭來看 L.L.Bean，我們看到比恩的動機主要來自於他對戶外活動的喜愛，對產品的熱情，以及他希望以能反映自己價值觀的方式做生意。他讓公司慢慢成長，花了五十五年才達到 160 人的規模。1966 年的利潤對銷售額比率只有 2.2%，有很大的改善空間（但他的孫子接掌公司後，獲利率就出現戲劇性成長）。

沒錯，比恩原本可以擁有更大、更賺錢的公司，但這並非他創業的目的。比恩對自己的人生感到很滿足，他總是說：「我一天已經吃了三餐，根本吃不下第四餐。」

但如果追求最大利潤不一定是經營企業的目的，那究竟什麼才是呢？所以接下來我們要談好願景的另一個要素：目的。

願景構成要素 2：目的

好願景的第二個重要部分 — 目的，是衍生自你們的核心價值與信念。目的是公司存在的根本原因，企業生命的最重要埋由。公司的目的必須符合你和公司成員深植內心的目的感，為你們帶來工作的意義。

目的有一個重要面向：你們總是努力朝著目的邁進，但從來無法完全抵達目的，就好像不斷邁向地平線，或追逐指引方向的星星一樣。蘋果共同創辦人及 NeXT 創辦人賈伯斯有一段話貼切描繪了目的的持續性：

> 我不認為我有做完的一天。前面有許多需要跨越的欄架，而且總會出現另一個我一輩子都無法跨越的欄架。重點在於不斷往前邁進。

用比較個人化的比喻，企業目的扮演的角色，就好比人生目的對你的影響。一個人如果清楚自己的人生目的，就永遠不會茫然不知工作意義何在。

你有沒有注意到，像米開朗基羅、邱吉爾、羅斯福、馬斯洛等非凡人物，終其一生都過著充實豐富的生活？他們都有畢生無法完成的人生追尋，所以不會安於沒有產出的退休生活，為世人所淡忘。公司目的也扮演了激勵人心的類似角色。

目的宣言

你應該設法用一、兩個句子，簡單扼要說明公司存在的目的，我們稱之為「公司宣言」。公司宣言應該能立即清楚表達你們為何存在，你們要如何滿足人類基本需求，影響世界。

好的目的宣言通常都寬廣、基本、鼓舞人心，而且持續很久，至少在未來一百年都能持續引導組織。

目的宣言範例

默克藥廠

我們的事業是維護人類生命和改善人類生活。我們的一切作為，都必須以能否成功達成上述目標為衡量基準。

施拉奇鎖具公司（Schlage Lock Company）

讓世界變得更安全。

吉洛體育用品公司

吉洛存在的目的，是透過高品質的創新產品，創造更美好的生活。

賽爾屈克斯實驗室（Celtrix Laboratories）

透過創新療法，改善生活品質。

失箭公司／帕塔哥尼亞

成為社會變革的典範和工具。

先鋒國際育種公司（Pioneer Hi-Bred International）

創造出對人類的永續未來至關重要的農業科學產品。

泰勒凱公司

幫助精障人士充分發揮潛能。

麥肯錫顧問公司

協助一流企業和政府更成功。

玫琳凱化妝品公司（Mary Kay Cosmetics）

成為一家能為女性提供無限機會的公司。

肯尼凱詹克斯顧問公司（Kennedy-Jenks）

我們的目的是提供保護環境的解決方案，改善生活品質。

先進決策系統（Advanced Decision Systems）

提升決策力。

史丹佛大學

增進及傳播能促使人類進步的知識。

用「五個為什麼」找到目的

敘述目的時，不要只是具體描述目前的產品線或顧客類型。「我們存在的目的是為知識工作者製造電腦」不是好的目的宣言。既不撼動人心，也缺乏能延續百年的彈性，只是描述公司目前做的事情。

下面的目的宣言就好得多：

> 我們的目的，是為推動人類進步的心靈，創造出偉大的工具，因而對社會有貢獻。

這代表你應該避免在目的宣言中提到產品或顧客嗎？對，也不對。沒錯，你應該避免像「我們存在的目的是為甲顧客製造乙產品」之類缺乏想像、枯燥的描述性宣言。

另一方面，倘若你很清楚未來一百年，你們都只會製造這類產品，或許可提出類似賽爾屈克斯實驗室的目的宣言。賽爾屈克斯原本嘗試描述公司目的為：「開發、製造和銷售人類醫療產品。」不過，執行長布魯斯．法瑞斯（Bruce Pharriss）明智地進一步追問：「為什麼這是我們想做的事？為什麼這件事很重要？為什麼我們想把一部分人生奉獻於這件事？」為了回答這幾個問題，賽爾屈克斯實驗室提出以下目的宣言：

透過創新療法，改善生活品質。

找出目的的有力工具，是接連問好幾個層次的「為什麼」。其中一個很有效的「為什麼」是：「為什麼我們公司應該繼續存在？如果我們不再存在，世界會有什麼損失？」（這個問題乍看奇怪，卻能有效直指核心：為何公司應該存在？）

另外一個有效方式是先從陳述開始：「我們製造甲產品。」然後連問五次「為什麼」。我們稱之為「五個為什麼」方法。連問五個為什麼之後，你會發現，你們已逐漸釐清公司的根本目的。

以下範例說明五個為什麼如何引領帕塔哥尼亞從只是描述產品，到真正的目的宣言：

「我們生產戶外服飾。」

「為什麼？」

「因為這是我們最擅長也喜歡做的事情。」

「為什麼這件事這麼重要？」

「因為要做出顧客願意高價購買的高品質創新產品，這是最好的方法。」

「為什麼這件事這麼重要？」

「因為如此一來，我們才能繼續在財務上成功。」

「為什麼這件事這麼重要？」

「因為我們需要成功企業的公信力和資源，才能依我們希望的方式做生意。」

「為什麼這件事這麼重要？」

「因為我們存在的最終目的，是成為社會變革的模範和工具，要達到這個目的，唯一的辦法是必須在財務上很成功，成為同行的榜樣。」

每家公司都有自己的目的

每家公司都需要有目的宣言嗎？

回答這個問題時，需要先釐清一件事：每家公司都有目的，也就是公司存在的原因。只是大多數公司都沒有把目的正式說清楚。儘管如此，無論有沒有明文寫下來，公司目的依然存在，通常都隱身幕後，未曾明言，但始終存在。

舉例來說，耐吉創立多年來，一直沒有正式的目的宣言。然而耐吉有一個公司上下普遍認同、強而有力的目的，那是耐吉背後的驅力：無論在企業生活或體育競賽中，耐吉都是通往競爭和勝利的重要工具。雖然耐吉沒有用文字明確宣布，但耐吉的潛在目的其實來自於創辦人奈特的競爭精神，這是耐吉的核心驅力。（事實上，耐吉這個名字就是希臘神話中的勝利女神。）

即使你們公司已經有目的，徹底思考「我們的目的究竟是什麼？」，仍是很寶貴的練習。**用一個簡單扼要的句子回答這個問題，有助於釐清你們的事業究竟為何存在。**一旦釐清這點，就可以拿來檢驗所有決策：這麼做是否符合我們的目的？

目的不一定要很獨特

你一定注意到，我們舉的例子中，有些公司的目的也適用於其他許多組織，不同公司不見得都有不同的目的，這沒關係。目的是激勵人心的要素，不是差異化的要素。兩家不同的公司卻有相同的目的，完全可能發生。

但另一方面，你們的使命當然要有別於其他公司。

新觀點

超越利潤的目的──「稀有」不等於「新穎」

我問一群年輕人對創業和領導有什麼看法，其中一個二十來歲的年輕人說：「我們需要有個全新的領導方式來鼓舞人心，激勵大家。」

「怎麼說？」我問。

「首先，」他表示：「我們的領導人不但要提供方向，還得告訴我們為什麼，而且他提出的『為什麼』必須遠遠超越為股東創造最大利潤。我們想要參與的事業必須有目的，而不僅僅為了賺錢。」

我思索了一下，然後說：「但是，最傑出的企業創辦人一向如此。你們把稀有和新穎混為一談了。」

每當有完美而罕見的事物出現時，每個繼起的世代初次見到時，都覺得很「新」。就定義而言，卓越十分罕見。但卓越的核心要素，包括以超越經濟利益的目的來激勵人心，其實過去幾個世代，許多非凡的創業家早已實際示範給我們看了。無論在任何時代，要打造永續的卓越公司，都必須近乎執迷地追求某個目的。始終都是如此，至今依然如此，而且幾乎永遠都會如此。

願景構成要素 3：使命

有效願景的第三個關鍵要素是使命，使命是清晰動人的整體目標，讓眾人的努力得以聚焦。

要快速掌握使命的概念，可以看 1961 年美國甘迺迪總統談到航太總署的登月使命：

> 美國應該致力於在十年內達成這個目標，將人類送上月球，然後安全返回地球。

我們永遠無法達成目的，但使命不同，**使命應該是可以達到的目標**。使命將價值和目的轉化為如登月任務般激發能量、高度聚焦的目標。使命應該簡潔、清晰、大膽、激昂，建立連結，觸動人心，無須多作解釋，大家立刻明白。一旦達成使命，就回歸到原本的目的，設定新的使命。

還記得跟隨北極星跨越高山的類比嗎？指路的星星是你的目的，它總是高掛在遠方地平線上，雖然永遠無法抵達，卻一直把你往前拉。使命則是你在任何時候攀登的那座高山。一旦成功攻頂，你的目光就會再度望向指引方向的星星，挑出另一座想要攀登的高山。

好的使命有終點線，必須有辦法知道何時已達成使命。好的使命是有風險的，會落在理智上說「這樣太不合常理了」，直覺卻說「但我們相信自己辦得到」的灰色地帶。

我們很喜歡用這句話來傳達使命的概念：

膽大包天的目標

最後，很重要的是，**好的使命必須在特定時間內達成**。

登月計畫就是這類使命的好範例。登月計畫振奮人心。登月計畫是膽大包天、又能達到的目標。登月計畫有清楚的終點，也有必須完成的期限。

拒絕標準的使命宣言

我們知道，我們對使命的定義，和多數公司的定義不同。請不要採用那些標準方式！大多數的使命宣言都很糟糕，往往只是對公司營運的沉悶描述，一堆枯燥乏味的文字，引起的反應不外乎：「是沒錯，但誰在乎？」經理人堆砌出彷彿有意義的字眼，結果就像靠冰冷的死魚取暖，激不起任何興趣，員工覺得使命宣言只是含糊其辭，無法提振士氣。

以下是典型的無效使命宣言，都是真實公司的實際範例：

本公司致力於為專業問題提供創新工程解決方案，透過密切關注技術和顧客服務，與大量生產或零工式生產作業有所差異化。

你聽了以後，會想走出去征服世界嗎？

我們提供顧客能滿足他們的信用、投資、安全、流動性需求的零售銀行、房地產、財務管理和企業金融產品。

真夠刺激啊！

〔本公司〕將微電子與電腦技術廣泛應用於兩個領域：電腦相關的硬體，以及電腦增強的服務，包括電腦化、資訊、教育、及金融領域。

真是精采刺激，扣人心弦啊！

我們知道，前面的評論有點挖苦，稍嫌嚴厲。但我們必須強調，那樣的使命宣言沒有用，無法啟發人心或提振士氣。在其中一家公司上班的員工對公司使命宣言的反應是：

太荒謬了。這個宣言又長又悶。讀完之後完全沒有受到鼓舞，還對公司高層失去信心。我的意思是，誰會想讀這些廢話？非常乏味。如果他們對公司努力做的事情沒表現出絲毫熱情，怎麼能期待其他人會受到鼓舞呢？

使命必須熱情動人

使命的首要標準是：必須打動人心。最好的使命都蘊含了真摯的熱情。

使命不要長成這個樣子：

在全世界製造和銷售運動鞋。

而要像這樣：

徹底擊潰 Reebok。

使命不要像這樣：

製造可以廣泛應用的高階精簡指令集微處理器。

而要像這樣：

在 1990 年代中期之前，讓 MIPS 架構風行全球。

使命不要像這樣：

生產能滿足消費者需求並提供股東高報酬的汽車產品。

而要像亨利·福特在1909年提出的使命：

我們要讓汽車變得平民化。

我們最愛的使命宣言範例，是英國1940年的使命宣言，邱吉爾是這麼說的：

> 我們舉國上下都誓言獻身於一個任務，肅清納粹毒瘤，拯救世界脫離新黑暗時期。我們要設法擊潰希特勒和希特勒主義。這是唯一任務，從早到晚，直到永遠。

這才是使命。1940年的英國使命絕不是小公司可以擔當的目標。儘管如此，英國的使命宣言傳達的概念是，使命應該包含熱情的成分。

風險、決心、不適圈

不過，設定這麼大膽的使命不是很冒險嗎？沒錯，好的使命應該很難達成，一方面可能失敗，另一方面，你又深信自己辦得到。真正的使命就是如此。

至於有些非常保守的公司仍然躍升為卓越企業，又要怎麼說呢？他們不像高風險創新事業那樣，會不惜賭上自家農場，不是嗎？其實，一些最保守的公司也曾設定高風險的使命。我們可以很快看一下三個例子（IBM、波音、寶僑）：

- 1960年代，IBM把公司命運全押在一個巨大使命上：

用 IBM 360 電腦改造電腦業。這是有史以來最大的私人注資商業計畫，需要龐大的資源，勝過打造第一顆原子彈耗費的資源。《財星》雜誌稱之為「也許是近年最冒險的商業判斷」。在推出 360 電腦期間，IBM 累積了將近六億美金的半成品存貨，差點需要緊急貸款才付得出員工薪水。

- 波音也曾用高風險使命，把自己推到極限。例如，波音在 1950 年代的使命宣言是：打造出成功的商用噴射客機。波音將淨值的一大部分投入這個計畫，萬一失敗，將危及波音公司的償付能力。結果波音 707 於焉誕生。十年後，波音又對 747 押下類似賭注。
- 眾所周知，寶僑一向是企業界最保守的公司，但寶僑也曾致力於追求高風險目標。比方說，二十世紀初，寶僑在內部提出一項使命：設法為員工提供穩定的工作，不再需要因季節性需求的擺盪，而突然增加或裁減人手。

寶僑人力忽增忽減的擺盪，要歸因於批發商的需求不穩定。他們往往先大量訂貨，然後就像蛇吞象般蟄伏不動，進入漫長消化期。為了達成使命，寶僑跨出大膽的一步，建立龐大的銷售人力，直接賣東西給零售商。當時業界觀察家認為他們瘋了。但執行長理查．杜普雷（Richard Deupree）賦予大膽行動一套簡單哲學：

> 我們喜歡嘗試不切實際和不可能達成的目標，然後證明

這目標確實可行。做你認為對的事。成功了，就繼續推動；失敗了，就抵押農場，宣布破產。

這些公司的共同點是：一、相信自己能達成使命；二、願意全力以赴，而這種願意為之冒風險的態度，是願景設定過程的一部分。你的任務是在不適區裡面，挑出某個使命：不是穩贏的賭局，但你內心深信公司能達成使命。

你並非單憑分析來設定使命，而是靠分析加上直覺。你永遠無法預先證明你們設立的大膽使命百分之百可達成。你必須憑直覺知道有可能成功，而且體認到一個簡單的事實：**一旦勇於承擔大膽的挑戰，成功的機率就改變了。**

甘迺迪最初提出登月計畫時，得到的忠告是成功機率只有一半。但他深信美國有能力達成使命，扭轉局勢。他知道如果舉國上下都致力於達成使命，終究可以找到成功的途徑。

不妨這麼想。倘若有人交給你一項艱難的登山任務，但是又為你留一條可輕易撤出的退路，你可能有一定程度的成功機率，姑且算50%。現在，假設你要攀登同一座高山，但原本的退路已經不見了。一旦不成功，就會喪命。這下子，成功的機率會接近100%。為什麼？因為你現在會全力以赴。你會努力奮戰，想方設法，一定要找出攻頂的途徑，因為你已經別無選擇。

真心誠意

就像你們的價值與目的，使命也必須真誠可信。你非常想達成使命，甚至不惜做出個人犧牲。我們曾看過許多例子，公司領導人勾勒出好聽的使命，卻沒有真實反映出事業真正的目標，這樣做永遠行不通，事實上還會有反效果。

有一次，一位執行長嘴巴不停說「我們的使命……」，但其實一直在設法賣掉公司，兌現自己的股票。他不僅失去多數員工的忠誠，也失去他們的尊敬。有位員工說：「他對我們不誠實的話，他說的話就不可能打動我們，我們可沒那麼笨！」

四種使命的型態

1. 設定目標
2. 共同敵人
3. 樹立榜樣
4. 內部轉型

使命型態 1：設定目標

設定目標的含意正如其名：設定清晰明確的目標，並往目標邁進。美國太空總署的登月計畫就是目標明確的使命。福特「讓汽車平民化」的目標，以及美普思的「讓美普思的架構到1990 年代中期風行全世界」，也是目標明確的使命。

另外一個方法是把目標訂為將公司的整體聲望、成功、優勢或產業地位，推升到全新層次。下面是幾個例子：

默克藥廠：「在 1980 年代成為出類拔萃的世界級製藥公司。」（1979 年設定）

庫爾斯釀酒公司（Coors）：「在1980年代成為業界第三的啤酒公司。」（1980年設定）「在1990年代成為業界第二的啤酒公司。」（1990年設定）

施拉奇鎖具公司：「在2000年之前，成為美國首屈一指的鎖具供應商。」（1990年設定）

你有沒有聽過東京通信工業株式會社？可能沒有。1952年，東京通信是一家只成立七年、還在掙扎求生的小公司，創辦人正苦苦思索如何推動公司邁向卓越。他們決定設定一個膽大包天的使命：

創造出風行全球的產品。

東京通信工業株式會社接下來設計出第一個小到可放進襯衫口袋的袖珍收音機，並行銷各地。這家公司就是我們今天熟知的索尼（SONY）。

你可能注意到，我們舉的例子都沒有用數字來設定目標。量化目標可以當作有效的使命嗎？可以，但要審慎為之。

舉例來說，家得寶（Home Depot）在1980年代後期設定的使命為：

在1995年之前，成為銷售額達百億美金，擁有350據點的全國性公司。

1977年，沃爾瑪創辦人沃爾頓設定的使命是：

> 在1980年之前，成為十億美金的公司。

如果達成使命，沃爾瑪的規模將成長不止兩倍，然而沃爾瑪在1980年如期達成使命，銷售額達到十二億美元。

那我們為何說，量化目標「可以，但要審慎為之？」

因為我們發現，量化的使命往往不像「讓汽車平民化」或「成為業界龍頭」這類使命那麼振奮人心。「我們的使命是在1995年營業額達到五千萬美元」，不見得能激發員工的熱情。如果採用量化的使命，你們的使命一定要和大家認為有意義的事情相連結。

春田再製造公司（Springfield Remanufacturing Company）的傑克．史塔克（Jack Stack）廣泛運用量化目標作為公司使命，但他也設法在更寬廣的背景下看待數字。他在接受《Inc.》雜誌的訪談時解釋：

> 我們設定目標時，總是以公司的安全穩定為基礎，所以更大的意義在於創造工作及保障員工的工作。每個目標都是基於需要，而非想要。我們努力打造能持續三十年、四十年或五十年的公司。

切記，你不只要設定具體明確的目標，還要創造能振奮人心的目標。

使命型態 2：共同敵人

立志打敗共同敵人，儘管不太有創意，卻是別具威力的使命形式，對好勝心強的人特別有吸引力。選出一個你們想摧毀的共同敵人，尤其當你們還落居下風時，能建立起非比尋常的共同目的感。英國 1940 年的使命是絕佳的歷史範例，企業界也可以效法。

有一度，百事可樂曾以「擊敗可口可樂！」為公司使命。一位百事可樂的高階主管描述這個使命帶來的衝擊：

> 從 1970 年代初期以來，當百事可樂還是大家眼中的長期失敗者時，我們就一直相信自己辦得到。我們所有人都從這個目標出發，從來沒有把目光移開過……這個目標開啟了我們尋找和摧毀巨人的使命。

我們最喜歡的例子是當山葉機車聲稱即將取代本田，成為全球第一的機車製造商時，本田的反應是：

把山葉打垮、碾碎！

本田的使命確立之後不久，就將山葉打得潰不成軍，山葉後來甚至還為了曾聲稱會擊敗本田、稱霸市場，而公開道歉。

耐吉藉由打敗共同敵人的使命型態而興盛多年。他們首先立志在美國打敗愛迪達，他們辦到了。接著，在 Reebok 出乎意料崛起後，耐吉的使命是在競爭激烈的「運動鞋之戰」中擊潰 Reebok。（1988 年 8 月 19 日，耐吉執行長奈特在美國 ABC

電視網的 20 ／ 20 節目上，接受關於「運動鞋之戰」的訪談時，被問到他喜不喜歡 Reebok 的總裁時，回答：「不喜歡，我不想喜歡他。」一位耐吉董事曾表示：「我們心目中完美的一天，是早上起床後，拿起石頭朝競爭對手丟過去。」）

會以共同敵人為使命的通常是力爭上游的公司，他們很想成為第一名，卻還未能如願，大衛對抗巨人的動機自然成為一股驅力。

共同敵人的使命型態能發揮強大的效果，被逼到牆角、面臨生死關頭的組織，會因此將心態轉變為「我們終將獲勝」的模式。沒有人喜歡「只是求生存」，大家都喜歡贏。共同敵人的使命型態正是利用這種人類基本動機。

美光科技（Micron Technology）提供了絕佳例證。1985 年，日本公司以低於成本的價格非法傾銷產品，幾乎把這家小小的半導體公司趕出市場。美光執行長約瑟夫・帕金森（Joseph Parkinson）用外部敵人做為團結員工的力量，帶領公司走出那段「黑暗的日子」。帕金森在訪談中告訴我們：

> 情況愈來愈糟時，我努力激勵人心，設法讓公司存活。起初，我的嘗試不太成功，但我後來意識到，每個人都喜歡贏。也就是說，誰會喜歡只是求生存呢？所以，被逼到牆角時，我們展開反擊。沒錯，有個勢不兩立的仇敵是很大的優勢，而且不止如此，我們立誓要戰勝敵人，心態就從生存模式轉換為「我們終將獲勝」模式，努力克服萬難，突破困境，從生產線工人到副總裁，大家都支持這樣的轉變。

但要小心的是，儘管以擊敗共同敵人為使命的好處很明顯，仍有一些缺點。你很難一輩子都在戰鬥。當你們成功擊敗敵人，勇奪第一後，接下來要怎麼辦？當你不再是大衛，而變成巨人歌利亞，又要如何呢？舉例來說，耐吉在擊敗愛迪達後，開始走下坡，而且一直沒有從衰退中反彈，直到 Reebok 悄悄趕上來，耐吉才有了同仇敵愾的新目標。

使命型態 3：樹立榜樣

另一個有用的使命型態，是以其他企業為榜樣。把你們推崇的組織當作想要建立的公司形象。對前景光明的中小企業而言，樹立榜樣是絕佳的使命型態。

舉例來說，川莫．克羅在創業初期設定的使命是：「成為房地產業的 IBM。」吉洛體育用品公司的甘提斯談到，要讓吉洛在單車業的地位，有如耐吉之於運動鞋，或蘋果之於電腦。明尼蘇達州的諾維斯特公司（Norwest）立志成為「銀行界的沃爾瑪」。

說到沃爾瑪，有趣的是沃爾頓是以傑西潘尼百貨公司（J.C. Penny）為榜樣，他在沃爾瑪草創時期，直接仿效傑西潘尼的七大經營管理原則。

使命型態 4：內部轉型

內部轉型式的使命比較少見，通常用在需要大幅重組的組織身上，效果最佳。

比方說，美國在十九世紀末的使命就是內部轉型：在南北戰爭後重建聯邦。蘇聯企圖在二十世紀後期成為更偏向自由市場的經濟體，也是內部轉型使命的社會案例。有個絕佳的企業範例則出自奇異公司的傑克．威爾許（Jack Welch）：

> 我們致力於培養小公司的敏銳、精實、單純和靈活度。

對於奇異這樣的巨人而言，這的確是膽大包天的目標。

由於內部轉型式的使命最適合發展停滯的大型組織，在中小企業中，好例子並不多見。

瞄準多久以後的未來？

我們強調過，使命必須有具體的時間框架，那麼使命應該瞄準多久以後的未來呢？應該是六個月內可達到的目標嗎？還是一年？三年？十年？五十年？

這個問題沒有固定的答案。有的使命需要花三十年才能達成，有的可能不到一年就辦得到。有個不錯的經驗法則是把期限設定為十到二十五年，如果你們的使命特別具挑戰性的話，也許可以更久一點。當然，有的使命可以更快達成，不到十年就達標，那就該訂出較短的時限，這樣也比較有效。

無論你為使命設定的完成時間是長是短，必須能充分認知到使命已然達成，並開始設定新的使命。否則很容易墮入最危險的陷阱：「抵達終點症候群」。

新觀點

BHAG，到處都是膽大包天的目標

當薄樂斯和我開始構思如何根據我們的研究，發展出一套組織願景架構時，我們為了該怎麼稱呼架構的第三部分（在核心價值和目的之後），爭辯了一番。起初，我們決定採取聽起來比較企業導向的「使命」。但有一天，我在史丹佛講課時談到這個架構時，BHAG 幾個字（唸作 Bee-Hag，代表「膽大包天的目標」，Big Hairy Audacious Goal）突然就脫口而出。

「膽大包天的目標」這個名詞於焉誕生。

起初，我們決定（薄樂斯、雷吉爾和我）只在教學時採用「膽大包天的目標」這個名詞，來教導什麼是好的使命。我們認為，設法讓大家理解比較傳統的名詞，還是比要領導人接受如此，呃……膽大包天的名詞，容易多了。

不出兩年，我們的想法完全改變。我們在教學上運用這個架構愈多，就愈發現，如果我們直接切入事情的核心本質，學生更能理解和掌握我們教的概念及真正的精神。在出版《BE》兩年後，我完全接受膽大包天的目標這個概念。等到薄樂斯和我開始撰寫《基業長青》時，我們差不多已扔掉「使命」，完全以「膽大包天的目標」取而代之。

「膽大包天的目標」（BHAG）這幾個字開始到處出現。不只是企業執行長會談到公司膽大包天的目標，連政府領導人、社會企業創辦人、學校校長、體育教練、軍官和教會領袖都開始談論。

願景－策略－戰術

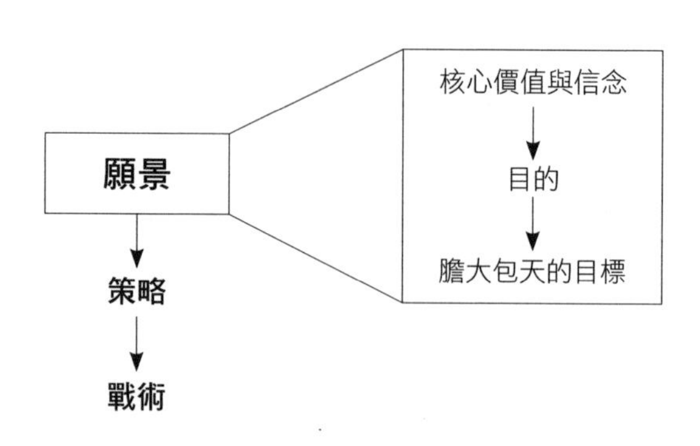

願景

核心價值 →	目的 →	BHAG
長久奉行的原則，引導的理念	組織存在的根本原因	膽大包天的目標
反映出塑造企業性格者的個人核心價值	有如指路星；總是跟隨星星指引的方向，永遠無法完全抵達	就像想要攀登的高山，有明確的終點線作為衝刺的目標
即使需付出代價，仍持續堅守的價值；	朝目的努力邁進時，展現卓越超群的水準，因此成為與眾不同、無法取代的公司	沒有百分之百成功率；能力必須大幅躍升
做法及策略會改變，但核心價值不會改變	應該至少能引領公司一百年	有説服力，能振奮人心，簡單易懂
永恆不變		理想目標達成時間：10年到25年

《紐約時報》甚至刊登一篇關於膽大包天的目標如何「橫掃美國各地的組織高官辦公室」。有一次為這篇文章接受訪談時，記者想稍微刺激我，跟我說他和一些管理思想家談過，其中有幾位聲稱膽大包天的目標這個概念是他們先提出來的（即

使他們避而不用像膽大包天這樣的字眼），還說我們沒有什麼新的創見。

「你對他們的說法有什麼回應？」他質問我。

「我不認為任何人能聲稱膽大包天的目標是自己先想到的。」我回答。「這個觀念顯然要回溯到很久以前，遠在我們出生之前就已經存在。」

「那麼，你認為誰才能聲稱自己是第一個想到的？」他步步進逼。

「嗯……也許是摩西。」我回答。

在歷史上，膽大包天的目標曾經激勵了許多偉大的領導人，他們用膽大包天的目標來刺激進步，振奮人心。不管你稱之為「使命」也好，「膽大包天的目標」也好，或任何你覺得適當的詞，其實不是真那麼重要。重要的是，你奉獻心力、戮力追求的目標，符合「膽大包天的目標」的檢驗。不妨問問自己以下幾個關於膽大包天目標的問題：

- 你和員工是否為膽大包天的目標大感振奮？
- 膽大包天的目標是否清晰動人，簡潔易懂？
- 膽大包天的目標是否與貴公司的目的相連結？
- 膽大包天的目標是否是千真萬確的目標，而不是冗長難懂、不可能記住的使命或願景「宣言」？
- 你們是否不確定百分之百能達成目標，但同時深信，只要大家全力以赴，必能達成目標？
- 你們能否清楚判斷是否已達成膽大包天的目標？

最好的膽大包天目標會激發雄心壯志，迫使你們既有長遠規劃，又維持短期努力的強度。要達成膽大包天的目標，唯一的辦法是保持強烈的急迫感，日復一日，週復一週，月復一月，持續多年。你今天、明天、後天、大後天，需要狂熱聚焦於哪些工作，才能打破機率法則，達成膽大包天的目標？假如你想把威力強大的電腦放進每個人口袋，或消滅瘧疾，或讓每個孩子都能接受扎實的中小學教育，或將犯罪率降低八成，或削弱恐怖主義的黑暗勢力，或打造出業界最受推崇的公司，或達成任何你想達到的目標，你不可能只花幾天、幾星期、幾個月，就達成膽大包天的目標。最好的膽大包天目標，必須花十年到二十五年的時間，持續努力不懈，奮發圖強，才能達成目標。

如果你是被膽大包天的目標驅動的人，那麼長期的不安、持續的探索，對你而言都是一種福氣。當你致力於追求膽大包天的目標時，你的目標將與你同在。你早上醒來，會看到它就在那兒，膽大包天的目標就站在角落，張開炯炯有神的大眼睛看著你。你晚上關燈睡覺時，它又在那兒，你又看到膽大包天的目標站在角落。膽大包天的目標似乎在對你說：「好好睡一覺吧，因為到了明天，我又會掌控你的人生了。」

小心「抵達終點症候群」

很重要的是，我們必須知道何時已完成使命，必須設定新的使命。完成使命後，大家往往會開始各走各路，使整體分崩離析。二次大戰時由蘇聯、英國和美國組成的同盟國，就是歷

圖 4-3　抵達終點症候群

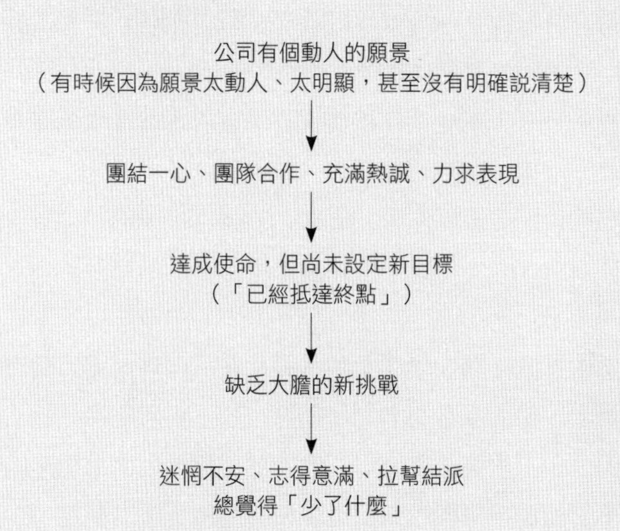

史上典型的例子。當同盟國的使命一致，都想擊敗希特勒時，他們團結合作，然而當希特勒的命運底定，同盟國的關係就崩潰瓦解，世界也陷入冷戰危機。

你們需要設定新的使命，讓公司振作起來，迎接新的挑戰。個人在達成目標後可能會感到失落、迷惘、漫無目標，公司也一樣。這就是我們說的「抵達終點症候群」。

北歐航空公司（Scandinavian Airlines）執行長楊恩．卡爾森（Jan Carlzon）在公司達成第一個使命後，學到這個教訓。他在接受《Inc.》雜誌訪問時表示：

> 我們有個夢，我們也實現了夢想，而且很快就實現。但我們沒有設定另一個長期目標，所以大家開始建立自己

的新目標。一切都來得太容易了，結果反而帶來挫折感，因為這是一場心理遊戲。你知道佩姬·李（Peggy Lee）那首歌嗎？「難道人生就是如此？」

我領悟到，在達成目標之前，就必須為新目標做好準備，你必須開始和組織上上下下溝通。

重要的不是目標本身，而是為了達成目標所做的艱苦奮鬥。

這種抵達終點症候群尤其常發生在草創時期或力圖轉型的公司身上，他們原本努力的目標都是為了克服生存挑戰。在這種情況下，求生存是壓倒一切的首要目標，因此求生存的使命往往不言而喻，每個人都很清楚使命為何，不需明說。

因此出現一個問題。由於沒有從一開始就說清楚，因此達成使命時，也缺乏明確的認可。於是，沒有新使命可以取代舊使命。組織開始瀰漫自滿的心態，到處派系林立。

案例

失去戰鬥精神

策略軟體公司（Strategic Software, Inc.）在沒有外部創投資金的情況下，於1976年創立。公司創辦人致力於打造能提供卓越軟體產品的公司，為員工和公司提供財務穩定，塑造激勵人心的工作環境。公司誕生的一開始七年，員工和經理人在小小隔間裡，每天工作十二小時。一位創辦人解釋：「我們一起對抗世界。我們是一支卓越的團隊。」

一年年過去，公司漸漸在財務上交出亮眼成績（年營收達二千五百萬美元，獲利率也很不錯），也建立穩定的顧客基礎。1983 年，策略軟體公司搬進一棟有名的辦公大廈，裡面擺設了現代雕塑作品，還有悉心修剪過的草坪，以及水池、厚地毯、手工櫻桃木家具，還有公司專用停車場。

然後，公司開始分崩離析。一位創辦人描述：

> 我們一度擁有的偉大團隊精神退化成激烈的派系鬥爭，我們喪失了團隊精神。大家開始過著朝九晚五的生活，更糟的是養成朝九晚五的心態！我們環顧四周，發現成功帶來了疲乏，我們不再擁有從前的戰鬥精神。從成功的那一刻起，就一路走下坡。

當然，策略軟體公司發生的狀況是，組織完成第一個重要使命後（終於不必再擔心生存問題），似乎不再有需要奮鬥的目標，因為已經抵達目的地了。公司領導人原本早該設定新的使命，然而他們沒有這樣做。於是組織停滯不前，最後只能賣掉公司。

新設施的潛在影響

在上述案例中，我們特別提及新辦公大廈和新設施，表面看來，這似乎不是什麼重要問題，其實不然。

我們見過許多公司在搬進華麗的新大廈和新辦公室後，就陷入困境。倒不是新辦公室本身真的那麼糟，但那會傳達出一個訊息：「我們已經抵達終點，我們成功了，我們辦到了。」

經驗老到、擅於協助公司轉危為安的專家葛瑞格．海利（Greg Hadley）曾經描述新辦公大樓如何對他接管的公司帶來心理衝擊：

> 就像泰姬瑪拉陵一樣。大家環顧四周，之後說：「嘿，你們看，我們一定很優秀，我們一定已經成功了。」然後他們開始花更多心思打高爾夫球，而不是經營公司。

蓋維蘭電腦公司（Gavilan Computer Company）從創業到破產，足足燒掉數千萬美元的資金，他們的辦公室就非常精緻講究。一位員工告訴我們：「我感覺自己好像在財星五百大企業上班，環境沖淡了急迫感。在這裡工作，完全沒有我以前待過的新創公司那麼有趣。」

難道企業不該擁有不錯的工作環境嗎？我們當然不是那個意思，但你應該意識到，華麗的新辦公大廈象徵著你們已跨越門檻，已經「辦到了」，已經成功達成使命。

重點在於，貴公司有生之年會跨越許多終點線，每一條終點線都有不同的象徵（股票上市、搬進新大廈、在業界獲獎等等）。你的職責是讓這些象徵事件驅動公司持續努力，向前邁進，達成動人的使命。

一旦你們成功攻頂，就應該開始尋找下一座要攀登的高山。你們必須設定新的使命，如果一直在山頂坐著不動，就會著涼，甚至喪命。

把三個要素組合起來

我們已經討論過好願景的三個基本要素：核心價值與信念、目的、使命。為了進一步說明願景是什麼，下面會用兩個例子來說明如何組合這些願景要素，這兩個例子是：吉洛體育用品公司（小公司）和默克藥廠（大公司）。

願景範例：吉洛體育用品公司

核心價值與信念

以下為吉洛不可違背的基本價值和信念：

卓越的產品。我們推出的每個產品都必須對市場有卓越貢獻，不是只為了賺錢。我們的產品必須是高品質的創新產品，而且無庸置疑，是同類產品中最佳。

卓越的顧客服務。我們的服務標準必須和產品標準同樣嚴格。我們應該待顧客如我們最好的朋友。

黃金原則。我們希望生意往來對象怎麼對待我們，我們就應該以同樣態度對待他們。

團隊合作。沒有任何人真的不可或缺。多想想「我們」，而不是「我」。

盡己所能。每個人在執行每一項任務時，都應該盡己所能，努力獲得 A，而不是只求 B+。

重視細節。枝微末節很重要；上帝藏在細節裡。

誠實正直。我們很誠實。我們信守承諾。我們始終如一，公平合理。

目的

吉洛存在的目的是透過高品質的創新產品，創造更美好的生活。

使命（1990 年設定）

吉洛的使命是成為卓越公司。我們的目標是在 2000 年以前，成為全球單車產業最受推崇的公司。

願景範例：默克藥廠

核心價值與信念

我們最重視的是為病患服務的能力。

我們恪遵最高的倫理規範與品德操守標準。

我們對顧客、員工以及我們服務的社會負有責任。

我們和社會各部門的互動（包括顧客、供應商、政府、一般大眾），都必須反映出我們聲稱的高標準。

我們致力於能滿足人類需求的科學研究。

公司的未來完全仰賴知識、想像力、能力、團隊合作以及員工的操守，這些是我們最重視的特質。

我們期待獲利，但利潤必須來自造福人類的工作。

目的

我們的事業是維護人類生命和改善人類生活。我們一切作為，都必須以能否成功達成上述目標為衡量基準。

使命（1979 年設定）

在 1980 年代，成為全球首屈一指的製藥公司。

寫下來

在紙上整理你們的願景，是很好的練習。寫下來會迫使你們嚴謹思考自己究竟想做什麼。更重要的是讓它成為組織願景，而不是單一領導人的個人願景，寫下來是關鍵的一步。

美國相片集團（American Photo Group）的史帝夫・伯斯提克（Steve Bostic）在接受《Inc.》雜誌採訪時表示：

> 你必須〔把願景〕寫在紙上，這是關鍵。如果大家從來不曾看過願景，或如果今天願景在這裡，但明天又不見了，他們就不可能認同願景。總是由一個人唱獨角戲的公司，能夠達到的成就極其有限。

很多人也有相同看法。嬌生的強生為未來幾個世代的嬌生領導人撰寫嬌生信條。華生撰寫《解讀 IBM 的企業 DNA》，明文指出 IBM 的基本準則。鮑爾在《我看麥肯錫》（*Perspectives on McKinsey*）書中談到麥肯錫的願景。吉洛體育用品公司的比爾・漢納曼（Bill Hannemann）身邊隨時都有一份吉洛願景。史都雷納乳製品公司（Stew Leonard's Dairy）乾脆直接把公司的恆久原則銘刻在石頭上。

那彈性怎麼辦？難道你不想保持彈性，與時俱進嗎？難道所有這些「恆久原則」和「百年目的」真的那麼有道理嗎？把公司的原則銘刻在石頭上，會不會有點自我設限？

我們同意，改變是好事。問題是：應該改變什麼？應該固守什麼？部分答案就在於從價值到戰術的層層推演：

核心價值與信念：	很少改變
目的：	應該延續百年
使命：	每當完成一個使命，就需要設定新的使命（通常隔十到二十五年）
策略：	年年修訂，每當有新的使命，就重訂新的策略。
戰術：	不斷變動，隨情況改變而調整。

用自己的語言，生動描繪願景

能夠用活潑生動、扣人心弦的具體文字來傳達願景非常重要，你使用的文字必須能激發情感，振奮人心。可以把它想成將願景從文字轉換為圖像，你要創造一幅圖像，讓大家記在腦子裡，到哪裡都不會忘記。我們稱之為「用你的文字作畫」。

如果你們的使命是：「在2000年前成為卓越企業。」那麼你需要生動描繪出這句話的意義，然後說：「我們的使命是讓這幅圖像成真。」

使用明確、生動的圖像。看看甘提斯如何描述讓吉洛成為卓越企業的目標：

> 全球頂尖自行車選手會在世界級競賽中使用我們的產品。環法自行車賽獲勝者、世界冠軍、奧運金牌得主都戴著吉洛的安全帽贏得勝利。顧客會主動打電話和寫信給我們，他們說：「謝謝你們，這個產業幸虧有你們，你們的安全帽救了我一命。」我們的員工覺得這裡有最好的工作環境，勝過他們待過的其他公司。當你問別人哪家公司是單車業首屈一指的公司，多數人都會回答：吉洛。

下面的例子顯示亨利．福特如何用自己的話描繪出一幅畫面，用來溝通公司的使命：「讓汽車平民化」。

> 我們要為平民打造汽車，把價格壓低到一般薪水階級都買得起，可以和家人一起在寬廣的空間，享受乘車的幸福時光。馬路上再也看不到馬匹，大家會慢慢對汽車習以為常。

請注意他的具體描繪：「可以和家人一起在寬廣的空間，享受乘車的幸福時光」，以及「馬路上再也看不到馬匹」。這就是我們所說的：「用你自己的話來描繪一幅圖像」。

關於用文字描繪圖像的力量，我們最喜歡舉邱吉爾為例。邱吉爾可說是全世界最厲害、最懂得傳達願景的人：

希特勒知道，他必須在這個島上擊潰我們，否則將輸掉這場戰爭。

如果我們挺身對抗，全歐洲或許就能自由，世界也得以向前邁進，走上陽光燦爛的廣闊高地。

但如果我們失敗了，全世界，包括美國，包括我們熟悉與在乎的一切，

都將陷入因扭曲的科學而變得更邪惡、更持久的新黑暗時期的深淵。

讓我們做好勇敢承擔責任的準備，如果大英帝國和其聯邦延續千年，

人們會說：「這是他們最輝煌的時刻。」

你會說：「但他是邱吉爾，我不是邱吉爾。我永遠不可能像邱吉爾那樣講話。如果我們有像希特勒那樣的敵人，也許就比較容易像邱吉爾那樣溝通吧。但我們沒有那樣的敵人，永遠也不會有。」

沒錯。沒幾個人能像邱吉爾那麼會溝通。但我們可以把邱吉爾、福特等人當作學習對象。邱吉爾並非生來就有好口才，他不是出口成章，而是靠苦練。他會為了講稿和文章花幾個小時，字斟句酌，簡直像米開朗基羅雕刻大衛像和聖殤像那麼費盡心思。邱吉爾關注細節，他會設法描繪出令人難忘的鮮活圖像，例如「陽光燦爛的廣闊高地」和「新黑暗時期的深淵」。

雖然沒幾個人能像邱吉爾那般能言善道，在溝通我們的願景時，仍然可以效法邱吉爾。

新觀點

確立願景 —— DPR 建設公司「制憲大會」

我首先注意到他們粗糙的雙手、握手時可怕的力道，古銅色的肌膚。在 DPR 建設公司創立一年後，我和公司幾位創辦人共進午餐。他們都是營造商和工程業者，說話粗聲粗氣，脾氣暴躁。

幾個星期前，DPR 經營團隊的兩位成員到場聆聽史丹佛大學的系列演講，一位史丹佛教授報告他們目前的研究，而我有幸在會中說明我們在尚未出版的《BE》中提出的願景架構。會後 DPR 的彼得．薩瓦提（Peter Salvati）打電話給我，問我：「你能不能和我們見個面？我們想和你討論一下你們打造卓越企業的研究。」

當年伍茲（Doug Woods）、諾斯勒（Peter Nosler）和戴維多斯基（Ron Davidowski）一起創辦 DPR 時，他們想要挑戰傳統營建業。他們對於某些營建業者層級分明、目光短淺的做法深感不滿，因此宣布脫離原本的雇主，自行創業。一年後，他們的員工不到二十人，只接了幾個案子。

「你們需要做的第一件事情是說清楚你們的核心價值。」我說，開啟午餐對話。

一片靜默。

我接著說：「然後，你們需要清楚表達公司存在的目的，這個目的可以像地平線上高掛的星星，引導你們的方向數十年或數百年。」

依舊寂靜無聲。

我深吸一口氣，然後說：「你們需要有一個膽大包天的目標，你們想要攀登的高山，這目標大膽得令人害怕。」

最後伍茲說話了。「價值？」

他停頓一下。

「目的？」

又停頓一下。

「你說的這些到底和打造一家公司的實際情況有什麼關係啊？」他傳達的訊息很清楚：我們是實際動手做事的人，可不是什麼哲學家。我們建造房子。我們處理現實狀況，不是學術理論。你到底在說什麼呀？

我認為反正沒什麼好失去的，就提出反駁：「不妨把你們想要做的事情想成創建美國，你們這支創業團隊，就像傑弗遜、富蘭克林、亞當斯、華盛頓和麥迪遜等開國元老。美國假如沒有獨立宣言和憲法，會變成什麼樣子？美國開國元老並不是只想贏了獨立戰爭就好，他們想建立能實現他們整套理想、永遠偉大的國家。別忘了，林肯在蓋茲堡演講中重新強調過，以及金恩博士在『我有個夢』演講中引用的，都是這套理想。」

伍茲軟化了。沒錯，他想贏，但不僅僅是在財務數字上獲勝。他和同事想要以事實證明建設公司可以達到什麼境界，他們想用事實證明，他們有辦法建立一家更開明的公司，同時也在市場上獲勝。

於是，DPR 的創業團隊決定舉辦「制憲大會」，他們召集二十幾位同仁，在俯瞰矽谷和舊金山灣的湯瑪斯佛加蒂酒莊

（Thomas Fogarty Winery）共聚一堂，使用我們書中的願景架構，討論了好幾天。他們不是討論公司策略，而是試圖回答更重要的問題：「我們公司為何存在？我們支持什麼信念？我們想要達成什麼目標？」

討論到公司目的時，出現了關鍵轉折點。不知為何，「改變世界」或「透過我們的工作改善人們的生活」之類的情操，感覺上不太適合 DPR。最後，其中一位創辦人說：「嘿，我們是營建公司。這不只是我們做的事情，也代表我們是什麼人。我們的目的必須抓住這個概念。」

「所以，我們的目的是建造東西？」有人問：「是這樣嗎？」

「算是吧，建造東西，是沒錯。」

「但這還不夠。我不確定這樣一來，我們有什麼特別。」

對話就這樣來回持續下去。

最後，「建造偉大的東西」這句話冒了出來。

「這就對了！我們不只為建造而存在，而是要造出偉大的東西——偉大的建築、偉大的文化、偉大的客戶關係、偉大的合作團隊，總歸一句話，我們要打造偉大的公司。」於是，他們找到公司的目的了：我們存在，是為了建造偉大的事物。

DPR「制憲大會」結束後，創業團隊離開時，手上有了一份直接根據我們的願景架構草擬的清晰願景。除了公司目的之外，他們也清楚列出公司四個持久的核心價值（請見後文），並設定膽大包天的目標（在 2000 年之前，成為真正卓越的建設公司）並且用十幾個具體圖像鮮活描繪目標，包括：我們會持續達到我們這種規模的一般包商所能達到的最低安全變數（safety modifier）。我們會有重要工程案受到專業雜誌的肯定。在先導性的工廠專案結束後，我們可以無須經過競標，就受邀回去建造重要的工廠設施。我們在東部的朋友會提到，他們聽說過 DPR 的卓越表現。我們的家人會說，我們是在為卓越企業效力。我們有興趣投入的每個工程案，都把 DPR 列在決選名單中。我們合作過的每一位客戶連續五年都邀請我們再度合作。極具聲望的業界權威會以我們為卓越企業的範例。我們收到客戶和包商來函，讚揚 DPR 的種種努力。公司裡會有少數族裔和女性擔任高階建築工程估價師和專案經理。全國性雜誌將撰文報導 DPR 的成功。我們會會經常接到推薦轉介過來的重要案子。

DPR 共同創辦人伍茲後來描述，對新進小公司而言，這是多麼偉大的雄心壯志：「宣稱我們想在 2000 年前成為真正卓越的企業，就好像三歲孩子說，我想在十歲前拿到大學文憑。」

DPR 確實成為卓越的建設公司，1998 年營收達到十億美元，而且持續累積動能。DPR 在 2015 年慶祝公司成立二十五周年，年營收達三十億美元，在全美各地有二十個據點和三千名員工。全世界一些最有眼光、最具創意的公司都成為他們的客戶，包括皮克斯、基因泰克、加州大學柏克萊分校、德州大學安德森癌症中心等。他們在過程中設定更大膽的目標，提出新的公司使命：在 2030 年之前，成為所有產業、所有型態的公司中，最受推崇的公司之一。

我在 DPR 公司二十五周年慶祝會上，見到滿懷熱情、脾氣火爆的新一代年輕領導人，他們依照既定的接班程序，買下公司創業期股份，成為公司所有人。他們展現出同樣的「建造偉大事物」的熱情，他們的態度傳達出兢兢業業、向前邁進的精神。兩年後，DPR 年營收超越四十五億美元，而且持續向上攀升。

我在 2020 年寫下這幾段文字時，DPR 即將歡慶公司創立三十年的傑出成就。三十年的成功是很好的起點，但這一切只是開端，建造偉大事物的熱情與衝勁將永不止息。

DPR 建設公司的完整願景

核心價值

誠信正直：我們做生意時秉持最高的誠信與公平標準，我們值得信賴。

樂在工作：我們認為工作應該好玩有趣，帶來內心成就感；如果我們不能樂在工作，那一定做錯了什麼。

獨一無二：我們必須有別於其他建設公司，比他們更進步。我們象徵某種價值。

不斷前進：我們深信，應該持續自我變革、改進、學習，為了求進步而不斷提高標準。

目的

我們存在，是為了建造偉大的事物。

第一個使命（膽大包天的目標）

在 2000 年之前，成為真正卓越的建設公司。

下一個使命（膽大包天的目標）

DPR 達成第一個大膽使命後，又設定新的使命：在 2030 年之前，成為所有產業、所有型態的公司中，最受推崇的公司之一。

願景必須清晰並受到廣泛認同

有效的願景必須滿足兩個重要條件：必須很清楚（讓大家充分了解），而且必須是組織關鍵成員共同的願景。

這就帶來一個頭痛的問題：願景應該由上面決定（出自公司創辦人或執行長），還是透過集體討論的過程而形成？

高層決定願景的缺點是，願景通常很清晰，卻可能無法獲得廣泛認同。另一方面，集體討論的過程很容易形成一套不夠清晰，也激不起火花的「委員會願景」，難以鼓舞人心。

每家公司都有自己的準則與風格，所以也必須自行推斷該怎麼做。就這個難題而言，沒有放諸四海皆準的正確答案。

我們曾看過有些公司透過集體討論，得到清楚的共同願景。如果有人懷疑集體討論的成效，我會再次建議你們參考美國的建國過程。雖然當時確實有強人領導（華盛頓、傑佛遜、麥迪遜、亞當斯），美國的願景仍完全透過集體討論產生。事實上，在整個制憲大會上，華盛頓幾乎難得吐出一個字。

另一方面，我們也曾看過公司願景完全出自一人之手。沃爾瑪的沃爾頓和福特汽車的亨利．福特，都是很好的例子。

所以，怎麼做比較好，集體討論或個人決定？兩者皆非，完全要看當時情況及你的個人風格而定。唯一重要的是，你為公司催生出清楚的共同願景，而且大家承諾要一起努力實現願景。這樣做，才是善盡領導人的職責。

願景不專屬於有魅力的領導者

我們要打破一個迷思，領導人必須擁有神話般的超凡魅力和高瞻遠矚的遠大眼光，才能設定願景。如果相信這個迷思，那麼每個組織的執行長都必須兼具邱吉爾、甘迺迪和金恩博士的特質。的確，許多經理人對願景的反應都是：「這不是我做的事，我不是那種典型的高瞻遠矚領導人。」

但無論你的個人風格或魅力如何，這就是你應該做的事。大家都過度高估了魅力在設定願景時扮演的角色。有些人雖然為公司帶來非凡願景，卻完全沒有令人驚喜的魅力。耐吉的奈特、帕塔哥尼亞的麥狄維特、吉洛的漢納曼、美普思的米勒、惠普的惠烈特、迪士尼的威爾斯，甚至是林肯總統和杜魯門總統，都完全不符合魅力十足、高瞻遠矚領導人的刻板印象。你不需要非得躋身難以捉摸、自稱高瞻遠矚的這群人，你只需做自己就好。正如泰德．透納（Ted Turner）所言：

> 一個人不會自稱高瞻遠矚，而是別人描述他高瞻遠矚，
> 我就只是泰德．透納。

你的任務不是當個懷抱願景、魅力十足的人，而是打造一個有願景的組織。個人會死亡，但卓越組織會百年長青。

第 5 章

幸運的迷思

你從最低處開始。即使看見前方有你明知爬不上去的高處，你還是繼續爬，繼續往上，繼續往上，直到你可以摸到那個障礙 — 通常，當你能那麼接近障礙時，就能看見越過去的道路。如果你在鼻子能碰到障礙之前就掉頭，就是放棄了。

— 湯姆．佛洛斯特（Tom Frost）

2007 年 5 月 15 日，湯米・考德威爾（Tom Caldwell）和我一起坐在優勝美地國家公園酋長岩（El Capitan）側面平台上。那天是我們的訓練日，考德威爾指導我如何在一天之內，循著經典的大鼻子路線，冒險攀爬拔地而起的三千呎峭壁，這是我為自己五十歲生日訂定的膽大包天目標。

我們遠眺遼闊的花崗岩區域，考德威爾說：「我想問你一個問題。膽大包天的目標必須是可以達成的目標嗎？」

「你為什麼這樣問？」

「我有個攀岩計畫，不知道有沒有可能成功。」從我們坐的地方，可以看到一面雪白平滑的岩壁，名叫「黎明之牆」（Dawn Wall）── 因為能捕捉到黎明第一線曙光而得名。考德威爾坐了一會兒，雙眼凝視著陽光下閃閃發亮的黎明之牆，感覺酋長岩似乎也兀自靜靜觀察、聆聽。然後他又說：「也許有可能成功，不過也許不是由我完成，也許這是必須等未來世代來完成的事情。」

「湯米，」我說：「如果你很確定自己一定辦得到，就不能算是膽大包天的目標啦。」

事實上，湯米立志完成的膽大包天目標是：「自由攀登」黎明之牆。假如他達成目標，將是史上最困難的「大岩壁自由攀登」壯舉。（自由攀登，亦稱徒手攀登，就是攀爬岩壁時，上升的每一吋，都是用指尖緊抓岩壁，憑自己的力氣往上爬；繩子的目的只是在墜落時穩住攀岩者，而不是幫助你向上攀登。）黎明之牆的垂直岩壁上有些攀岩支點非常小，比一毛錢還薄，白天陽光刺眼，反而晚上用頭燈照射（對比度高一點），還比較容易看清楚。

接下來七年，考德威爾一直努力攀登黎明之牆。他每一季都把大部分時間花在熟悉分布於岩壁上、有如象形文字密碼的微小攀岩點，他必須破解密碼，才能成功登頂。當他的手指一再從如剃刀那麼薄的岩石邊緣滑脫，他的腳沒能在筆直的花崗岩壁上踩穩時，他會向下墜落二十呎、四十呎、甚至五十呎，高速墜落到離地面一百多層樓高的空間，繩子倏然拉緊，可以聽到撞向岩壁的聲響。

但每試一次，考德威爾就變得更強。他不斷創新，甚至和製鞋公司一起研發出新的登山鞋。不過，他發現自己仍受制於岩壁中間最難攀爬的部分，飽受挫折。有一年，巨大冰層從峭壁頂端墜落，彷彿一大片玻璃窗突然掉下來，在他周遭撞擊成碎片，他不得不撤退。另一次攀岩時，他的夥伴凱文．喬吉森（Kevin Jorgeson）試圖從一個支點橫向跳躍八呎到另一個支點時，傷了腳踝，只得結束攀岩季。2013 年，岩壁掛鉤壞掉，整套裝備猛然下墜二百呎，撞上考德威爾的吊帶，導致他肋軟骨分離（肋骨與胸骨都受傷，連單純的呼吸都會引發劇烈疼痛）。由於他多年前在一次桌鋸造成的意外中，失去一部分左手食指，因此在整個過程中，都必須設法在無法靠食指摸索的情況下，尋找支點。

儘管挫折連連，運氣不佳，考德威爾仍堅持到底。其他攀岩者因為攻頂成功而備受讚揚，考德威爾卻在黎明之牆飽受煎熬。有些人甚至開始質疑考德威爾為何將攀岩生涯最精華的幾年（從 29 歲到 36 歲），浪費在異想天開的追尋上。

我在 2012 年秋天，邀請考德威爾擔任西點軍校領導力研習班的特別來賓。考德威爾一直在為第五季攀登黎明之牆做準備，前往西點軍校途中，我忍不住問他：「湯米，你為什麼要一再嘗試攀登黎明之牆？你已經有這麼多成功的攀岩經驗，但這次攀岩計畫似乎只會帶來一次又一次失敗。你為什麼要不斷回頭嘗試呢？」

「我不斷回去，是因為這次攀岩能讓我變得更好、更強。」他回答：「我沒有失敗，而是不斷成長。」於是，我們對於如何看待失敗，有了一番長談。結論是：**成功的反面不是失敗，而是成長**。

考德威爾繼續說：「很多人一心一意只想成功，卻不會置身於可能失敗的處境中，因此也無法成長。要真正找出自己的極限，你必須不斷累積失敗經驗，希望有朝一日能克服困難，成功達標。即使我從來不曾成功徒手攀登黎明之牆，我仍然因此變得更強、更厲害，相較之下，其他攀岩路線看起來都容易許多。」

兩年後，全世界都為媒體口中的「世紀攀登」激動興奮，從 2014 年 12 月下旬到 2015 年 1 月中，考德威爾和喬吉森在黎明之牆待了十九個極其有趣的日子。他們碰上絕佳的好運：近乎完美的天氣，連日涼爽晴朗，正是適合攀岩的理想狀態。酋長岩頂端的冰層如果落到他們身上，將如裁切刀一般可怕，但大太陽將酋長岩頂部曬乾，風險也隨之消失。一月裡，酋長岩頂部通常會大量積雪，然而 2015 年 1 月的頭兩個星期卻非如此。天氣晴朗乾燥，所以當隊友喬吉森辛苦攀爬最困難的中段時，考德威爾可以在岩壁上多等他幾天，再一起完成。2015 年 1 月 14 日，他們在下午三點過後不久成功攻頂，距離 2007 年考德威爾大聲說出他的疑惑：徒手攀登黎明之牆是不是可能達成的膽大包天目標？足足過了 2801 個日子。

倘若考德威爾不是運氣那麼好，所有的有利條件恰好在對的時機全部湊在一起，連續十九天都沒碰上什麼霉運，他可能還在嘗試攻頂，飽受煎熬。倘若不是運氣好，得過普立茲獎的《紐約時報》記者恰好察覺這會是可以連上幾天頭版的精彩報導（《紐約時報》發行人恰好也是攀岩者），考德威爾的人生軌跡可能會大不相同。倘若他的攀岩搭檔喬吉森沒有先在中途卡住，後來又嘗試成功，創造出全球關注的戲劇性效果，那麼最後成功攻頂，或許就沒有那麼多人密切關注了。考德威爾和喬吉森最後成功時，連歐巴馬總統都推文道賀，並發布一張自己站在優勝美地風景畫前的照片。但同樣重要的是，倘若考德威爾半途放棄，沒有堅持到底，那麼所有的好運根本不可能落到他頭上。

當他站在黎明之牆頂端，舉起手臂，擺出勝利姿勢，我心想：「湯米．考德威爾，見見史帝夫．賈伯斯。」他們倆都深深影響我的人生。從他們身上學到的人生教訓帶給我許多慰藉和力量：**幸運之神總是眷顧能堅持到底的人**。

我初次見到賈伯斯，是在 1980 年代後期，我還在史丹佛大學企管研究所教書的時候。當時我的教書生涯剛起步，感覺需要一些助力來證明這堂課的價值。於是我拿起電話，出其不意打電話給賈伯斯：「我正在教一門課，探討怎麼樣讓小型新創事業蛻變為卓越公司，不知道你願不願意來我們班上，和我一起為學生講一堂課。」

賈伯斯親切地答應了。到了那一天，他來到劇場型的階梯教室，走到中央講台，雙腿交叉坐在講桌上，面對著學生：

「那麼，你們想要我談什麼？」於是大家展開將近兩小時的討論，談人生、談領導、談如何打造公司、談科技、還談未來。他充分流露出對工作、對創造的熱情，深信當數以百萬計的創意人才都擁有電腦時，將會改變世界。

討論到一半時，賈伯斯挖苦自己：「我是被前公司趕出去的。」幾年前，在蘋果董事會激烈爭執後，賈伯斯失去對蘋果公司的掌控權。當時有些人認定賈伯斯已經報廢，在他背後嘲笑他，認為他已徹底完蛋，愈來愈無足輕重，我正好就在賈伯斯墮入「在野時期」的黑暗深淵時，和他聯絡。他的妹妹後來在刊登於《紐約時報》的悼文中，用一個小插曲刻劃當時的情形。當五百位矽谷領導人共聚一堂，參加美國總統的餐會時，賈伯斯連一張邀請函都沒拿到。他原本大可拿著賣掉蘋果股票的數百萬美元，退休悠閒度日，發發牢騷，抱怨自己受到的不公平待遇。然而他沒有這樣做。

他離開蘋果後創立的新公司 NeXT，沒有真的開創下一波大熱潮，不過賈伯斯重新站起來，開始工作，日復一日，週復一週，月復一月，年復一年，雖然沒有什麼人注意，他仍努力不懈，而他的主要對手比爾．蓋茲則是舉世矚目的焦點，被視為高瞻遠矚、改變世界的夢想家。

然後到了 1997 年 —— 砰！ —— 好運突然降臨。我在第二章提過，當時賈伯斯深愛的蘋果公司積弱不振，幾乎走上滅亡之路。甚至好幾家公司已和蘋果洽談收購事宜，只是蘋果沒有和任何公司達成協議。蘋果公司迫切需要建立新的作業系統，而 NeXT 恰好掌握了蘋果需要的作業系統。於是，賈伯斯得到第二次機會，帶著他的作業系統回到蘋果公司。如果不是一連串幸運事件，很可能不會有 iPod，不會有 iPhone，不會有 iPad，不會有蘋果商店，賈伯斯也不會攀上巔峰，成為全世界的偶像。倘若蘋果公司從 1990 年到 1997 年的獲利出現驚人成長，賈伯斯根本沒有機會回歸。倘若蘋果公司當初成功賣給其他公司，賈伯斯根本無從重整旗鼓，讓蘋果公司東山再起。倘若蘋果公司不是正好需要 NeXT 開發的作業系統，根本不會和賈伯斯談判，讓賈伯斯後來能凱旋歸來。

所以，賈伯斯的故事只是個好運的故事嗎？蘋果公司（從糟糕的公司）崛起為優秀企業，再蛻變為卓越企業，純粹出於幸運嗎？還有就是大家普遍都有的疑惑：「成功究竟有多少運氣的成分？」

有些學者和大眾書籍作者主張，比起能力和堅持原則的紀律，運氣更能解釋為何有些人獲致非凡的成功。畢竟，如果你要求滿場聽眾擲七次銅板，單憑隨機的巧合，總會有一些人會連續擲七次，都是人頭朝上。這種論點雖可啟發不同的思考，不過談到打造永續卓越的公司，這種說法絕對大錯特錯。

我和韓森在《十倍勝，絕不單靠運氣》中，研究二十世紀下半葉一些最成功的創業家和公司構建者。我們針對「運氣」這個變數，加以定義、量化，並研究分析。我們定義的「運氣事件」必須符合三個檢驗條件：第一，事件並非由你引發；第二，事件可能帶來重大後果（無論後果好壞）；第三，裡面包含了出乎意料的成分，事件的某些面向在發生前完全無法預測。根據上述定義，我們找到證據顯示，這些公司在發展過程中都碰上很多運氣。然而（這點很重要），我們也發現，對照公司的運氣也差不多！

贏家通常不見得比對照公司碰到更多好運，或較少壞運，他們的好運也沒有更大量或更及時。但頂尖企業真正做到的是，**好運來臨時，他們總是有更高的運氣報酬率**。韓森和我學到的是，問題不在於你是否一路上都連連碰上好運 —— 你當然會碰到不同的運氣，不管是好運或壞運。關鍵在於，你碰上好運時會怎麼辦。我漸漸認為，卓越的領導有 50% 要看你如何因應突如其來的意外狀況。

事實上證據顯示，如果能克服壞運氣和早期挫敗，打造出恆久卓越公司的機率就會大增。薄樂斯是我在研究上的良師，我們一起研究了十八家公司，這些公司都從新創事業逐步成長為指標企業，成為我們所謂的「高瞻遠矚公司」，屹立數十年而不搖，為世界留下無法抹滅的印記。令我們訝異的是，比起表現平庸的對照公司，這些恆久卓越的公司更少在創業之初就大獲成功。事實上，高瞻遠矚的公司往往必須克服早期的失敗與挫折，但這些挫敗經驗有助於塑造組織性格，促使他們成長為真正不凡的企業。

只要思考一下，就會覺得很有道理。如果你太早就好運連連，例如，憑著抓住時代潮流的某個偉大構想，正好打動市場，大獲成功。但這樣一來，你可能變得懶散而傲慢。反之，如果你在草創時期就必須克服失敗和厄運，從經驗中汲取智慧，反而比較可能培養出長期成功必備的能力。長期下來，寧可及早經歷失敗，學習如何系統化創新，也不要只擊出一次漂亮的全壘打。

你可以把人生看待成打出一次致勝牌，也可以看成一連串打得好的牌。假如你認為人生就像一招致勝的牌局，那很容易會輸。但如果你把人生看成連續很多手牌，而且你盡力打好每一手牌，就會產生巨大的複合效應。厄運可能毀了你，但好運無法造就你的偉大。只要你沒有遭到厄運致命一擊，導致徹底失敗被淘汰，那麼真正重要的是長期而言，你如何打好每一手牌。你會怎麼樣打這一手牌，以及下一手牌，以及你拿到的每一手牌？

想想看，假如賈伯斯 1985 年被踢出蘋果之後說：「我運氣真差，拿到一手壞牌。沒戲唱了。」萬一他喪失了敬業精神和對工作的熱情？萬一他從傷心轉為怨恨，沒有繼續開創新局，向前邁進？我以往常把賈伯斯想成企業界的貝多芬 —— 別具創意的天才，有豐富的創作（可以把麥金塔電腦看成他的第三號交響曲，iPod 是第七號交響曲，iPhone 和 iPad 則是第九號交響曲）。但如今我的想法改變了，我漸漸把賈伯斯看成企業界的邱吉爾 —— 韌性超強，是「永不放棄，永不、永不、永不、永不」這句簡單箴言的完美典範。

1930 年代，許多人認為邱吉爾簡直是浪漫時代的遺跡，和新世界秩序格格不入。邁向六十大關的邱吉爾，原本大可退休展開鄉居生活，把餘生用來畫畫、砌磚、餵鴨，偶爾發發牢騷：「他們就是不懂。」但他仍然留在牌局中，持續筆耕不輟，擔任國會議員，公開示警納粹威脅，質疑綏靖政策。當然，後來又過了好幾年，等到英國挺身反抗希特勒和其爪牙的猛烈攻擊和對世界的邪惡暴行，邱吉爾最輝煌的年代才真正來臨。倘若邱吉爾在野時期沒有堅持到底，當歐洲陷入黑暗時，他不會正好完美居於領導地位。

二次大戰進入尾聲時，邱吉爾發現他的政黨輸掉選舉，他也得捲鋪蓋走路。他為此深深感到痛苦，他後來寫道：「我被剝奪了塑造未來的力量。我累積的知識和經驗，我在許多國家獲得的權威地位和善意，全都化為泡影。」他在午餐桌上怒氣沖沖，邱吉爾夫人安慰他，塞翁失馬，焉知非福，邱吉爾則回答：「就目前而言，它偽裝得真成功啊！」

即使到了七十歲，邱吉爾仍留在牌桌上。他發表他最著名的演說，讓「鐵幕」成為流行語，在冷戰初起時生動刻畫出蘇聯對自由的威脅。他撰寫的六冊回憶錄《第二次世界大戰》（*The Second World War*，是我讀過的書中關於領導的藝術寫得最好的六千頁文字），為他贏來一座諾貝爾文學獎。他還一度再任英國首相。邱吉爾和賈伯斯一樣，畢生希望當個有用的人，唯有身體不再運作的那一天，才會停下無休止的追求。

大多數人在人生旅途中，都會碰到一敗塗地，受盡鄙視的時刻。發生這樣的事情時（不是如果，而是一定會發生），我們仍然有選擇。我們會不會重新站起來？同樣的事情再度發生時，我們能不能再度站起來？而且一而再、再而三、一再站起來？當我屢屢挫敗，備受打擊，或為了彌補過錯而心力交瘁時，我會想到賈伯斯、邱吉爾和考德威爾。他們並非滿面愁容的苦撐，飽受煎熬，而是熱情致力於意義的工作，滿懷喜悅與感恩地堅持下去。**人生太長，不應該過早放棄；人生也苦短，不應該放棄專心做我們最想做、最適合做的事**。

為本章結尾時，我想到關於運氣的一次有趣對話，當時我運氣很差，先是班機被取消，搭上後備航班後，卻被塞進中間的座位。但我認為不妨充分利用機會，看看能從鄰座乘客學到什麼東西。所以我先打開話題。

「你是哪裡人？」我問坐在走道旁的乘客，一位六十來歲、氣宇不凡的紳士。

「我住丹佛。」

「你是在丹佛長大的嗎？」

他大笑。「不是。我小時候住的地方離丹佛很遠，我在東岸一個貧窮的內城區長大。」

「那麼你為什麼會搬到丹佛？」

「因為我開了一家連鎖餐廳。」

「你怎麼會開這樣一家餐廳？」

「喔，我這一生運氣實在太好了。」

「怎麼說？」

「一切都要從一個不可思議的自然科學老師說起。第一天上課時，我坐在教室裡，沒在專心，也沒興趣聽講。然後，那個人走進來，在教室中央放了一個梯子，在梯子下面放了一張墊子，然後走出去。過了一會兒，他衝進教室，快速爬上梯子，再大叫一聲跳下來。然後他看著我們說：『現在我們來談談地心引力吧。』他啟發了我對科學的興趣，我拿到獎學金，進入頂尖科學大學主修物理。」

他繼續描述，他因此進入一家績優股科技公司上班，做了一些絕佳的投資，「很幸運押對寶」，他再接再厲投資一些事業，後來就擁有這些連鎖餐廳了。「我真的是在對的時間，剛好在對的地方，然後事業就起飛了。」

坐在窗邊的年輕人突然開口。

「我可沒法相信運氣。」

「為什麼這麼說？」

「我努力想進入職業棒球隊，但成功機率實在很低。但我必須相信自己辦得到，我可以努力訓練，設法讓自己進入職棒界。我必須相信一切操之在我。如果我認為一切都憑運氣，我就沒辦法忍受種種辛苦。我必須相信自己。」

「你知道嗎，」坐在走道旁的老人家說：「我以前的想法跟你一樣。我必須相信一切操之在我，我一定辦得到，不需要靠運氣也辦得到。假如我打從一開始就認為：『喔，其實一切不過是運氣罷了！』就不可能有今天的成就！但現在回頭來看，我完全明白運氣扮演的角色，但如果當初我認為起步時的壞運氣會決定我的前途，我早就被擊垮了。」

這番對話完全說明了關於運氣的弔詭。一方面，打造卓越公司的領導人認為運氣不能決定他們最後的成就及貢獻。他們為開創自己的命運承擔全部責任。然而一旦獲致非凡的成就，他們在回顧自己的成功故事時，會重新把運氣記上一筆，承認運氣扮演的角色。倘若你錯把自己的部分成就歸因於運氣，而非自己的才能，那麼你會持續努力自我改進。如果你把所有的成就歸因於自己有過人天分，就是傲慢自大。畢竟，萬一原本是因為好運氣，掩蓋你的一些不足，等到運氣用光了，你的弱點就畢露無遺，那該怎麼辦呢？關鍵在於，你必須為自己無法控制或預測的狀況預做準備，設法壯大自己，讓自己在運氣或機會來臨時，能夠充分把握。

如果你的人生、事業和追求的成就，都只在追求一次巨大的成功，一次幸運的大好機會，那麼很容易錯失邁向卓越的契機。卓越的公司、出色的職涯、偉大的傑作都不是單靠一次事件、擲一次銅板，或打一手好牌所能成就。一流領導人都明白，在打造卓越公司的漫漫長路上，他們也許需要改變策略、計畫、方式，但他們也充分明白一個簡單的真理：幸運之神總是眷顧能堅持到底的人。

我想引用《基業長青》中關於堅持的一段話來結束本章。在我三十年來撰寫和合著的所有段落中，以下內容對於草創時期的新公司創辦人和領導人而言，是最根本而必要的提醒。我重新附上這段內容，領導人在打造卓越企業時必須將這段提醒牢記在心：

> 高瞻遠矚公司的創辦人都能堅持到底，信守「永不、永不、永不放棄」的信條。但是，他們到底在堅持什麼呢？答案是：公司。他們願意扼殺構想、修改構想，或發展新的構想……但絕不會放棄公司。如果你和許多生意人一樣，把公司成不成功和某個構想成功與否畫上等號，那麼一旦構想失敗，你很可能連公司都放棄；如果構想碰巧成功了，你很可能因為太愛那個構想，以至於當公司早該積極邁開腳步，嘗試其他產品或服務時，仍原地踏步。但如果你把公司當成最重要的創作，而不是專注於實現某個構想……那麼無論構想好壞，你都可以超越特定的構想而堅持下去，不斷向前邁進，成為恆久卓越的偉大組織。

第6章

卓越的藍圖

在日新又新的社會裡，重要的是有個系統或架構，讓持續的創新、改造與重生得以不斷發生。
——約翰．威廉．加德納（John W. Gardner）

本章會把我們數十年來的研究，整合成打造卓越企業的藍圖。藍圖的起源要回溯到我剛開始在史丹佛企管研究所教學和作研究的時候。有一天，我坐下來草擬創業及小公司經營課程的新課綱。我心血來潮，打了一份課程概要，挑戰學生的雄心壯志。我沒有把授課焦點完全放在如何創業及管理中小企業，新課綱聚焦於一個問題：如何建立恆久卓越的公司。

我愛上了這個問題。而學生提出的願景，他們崇高而大膽的人生志向，也令我備受激勵。如果這批學生未來創業，我希望他們能開創出全世界最成功的企業，帶來獨特的正面影響，打造出值得推崇、持久延續的公司。然而我也明白，我需要為此下很多工夫。我一直看著「恆久卓越的公司」幾個字，心想：「哇！我對這一無所知，但我會想辦法弄清楚。」

我因此熱情投入，努力探索和傳授卓越公司之所以卓越的原因。當時我渾然不知，為了滿足自己的好奇心，我會耗費二十五年的光陰來研究這個問題。

我和比爾合寫的《BE》是我的著作中關於這個主題的第一本書，裡面包含了我們在史丹佛課堂上教學的案例，以及比爾在實務中累積的智慧。從《BE》開始，我在學術研究上的良師薄樂斯的啟發及指導下，數十年來投入研究工作，希望發現卓越公司之所以有別於其他公司的恆久原則。我有時和別人合著，有時獨自撰寫，但我身邊總是有一支研究團隊，成員大半是史丹佛大學及科羅拉多大學的大學生和研究生。每當我們完成研究專案或專書，總是又冒出需要解答的問題，或看事情的不同觀點，或值得進一步探索的角度。於是，我不斷向前邁進，完成許多研究計畫，總共借鑒了六千年的公司歷史。每一個研究和因而誕生的著述，都是為了探索一個重要問題，例如：

- 為什麼有些新創公司及小企業成長茁壯為改變世界的高瞻遠矚公司，屹立數十年，其他公司卻無法達到這樣的高度？（參見我和薄樂斯合著的《基業長青》）
- 為什麼有些公司能從還不錯的公司，躍升為卓越企業，其他處境相似的公司卻辦不到？（《從 A 到 A+》）
- 為什麼有些公司成功躍升卓越後，又不復卓越，從卓越企業變成只是還不錯的公司，再退步為平庸、甚至糟糕的公司，最後銷聲匿跡——然而其他公司卻能常保卓越？（《為什麼 A+ 巨人也會倒下》）
- 為什麼有些公司能在不確定、甚至混亂中，依然欣欣向榮，其他公司卻辦不到？出現無法預測、難以掌控的快速變動，受到巨大衝擊時，為何有些公司仍卓越超群，有些公司卻表現失常？（我和韓森合著的《十倍勝，絕不單靠運氣》）

我們並非只研究成功的案例，我們也研究成功與失敗、躍升與衰退、持久與崩潰、卓越與平庸之間的對比。我們在研究中，採用（我和薄樂斯發明的）嚴謹歷史配對方式，比較卓越公司和處境相同、卻未能邁向卓越的公司，系統化檢視這些公司創立之後的演變。我們的研究仰賴對比。關鍵問題不是：「這些卓越公司有何共同點？」而是：「卓越公司的哪些共同點，讓他們有別於直接對照公司？」對照公司身處相同產業，在完全相同的期間內，碰到非常相似的機會，也面對類似的情勢，表現卻不如卓越公司。我們會系統化分析對照公司的歷史，然後問：「為何出現這樣的差別？」（請參見下圖「從 A 到 A+ 的配對研究方法」，說明我們如何在從 A 到 A+ 的研究中，使用這種方法。）

從 A 到 A+ 的配對研究方法

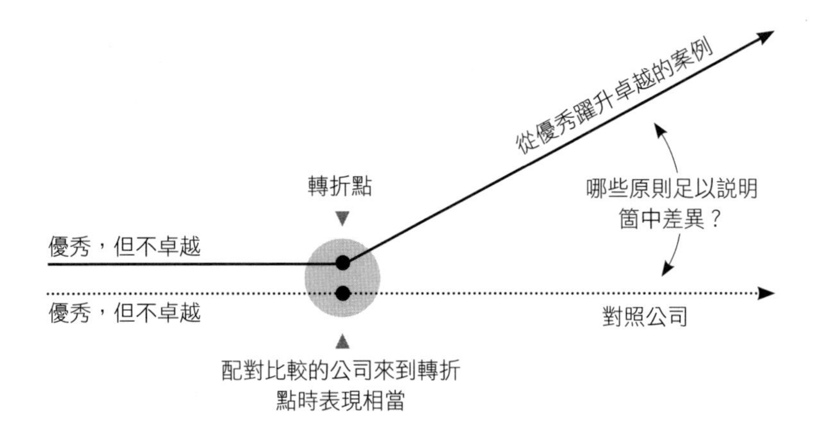

在往下討論之前，關於我們研究過的卓越公司，必須先釐清一個重點。我們是研究這些公司表現卓越的歷史時期，而不是研究他們的現況。有些我們研究過的公司在持續卓越一段時間後，接下來數十年卻栽了跟斗或走下坡，因此你可能懷疑：「那某某公司要怎麼說呢？他們今天似乎稱不上卓越？」不妨把我們的研究看成對巔峰時期的運動王朝所做的對照研究。1960 年代和 1970 年代，加州大學洛杉磯分校灰熊隊在伍登教練領導下，十二年內贏了十次全美大學男籃冠軍，建立起籃球王朝。但你不能只因為伍登退休後 UCLA 男籃成績下滑，就認定研究灰熊隊巔峰期培訓計畫所得到的洞見，也隨之失效。同理，卓越公司可能不再卓越，但你不能將它在卓越時期留下的印記一筆勾消。我們的研究聚焦於企業表現卓越的歷史時期，這段卓越時期通常至少延續十五年，大多數持續更久。

作為本書讀者，你可能會疑惑：如何將這些發現應用在小公司身上，畢竟我們研究的許多公司後來都成為企業巨擘。答案很簡單：我們研究的所有公司都曾一度是新創公司和小型企業，我們研究這些公司從誕生之初一路以來的發展演變，因此領悟到，最好能儘早在企業結構中打下卓越的根基。打個比方，這就好像一個人最好從小受到父母悉心教養，長大成人後適應良好，身心健康，而不要從小沒有帶好，長大後才設法補救。當然，許多教養不佳的小孩長大後依然出人頭地，但這並不表示糟糕的父母是最佳選項。所以，就打造企業而言，你希望好好養育你的公司。**絕大多數卓越企業都是在還很年輕、或規模很小的時候，就奠定卓越的基礎**。雖然在公司發展過程中，原本平凡無奇的公司仍可能蛻變為卓越企業，但最好還是從一開始就打下正確而穩固的地基。

每個研究都增添了一些洞見和準則。我們把每個研究計畫想成在黑箱上打洞，讓光線射入，我們因此得以在黑箱中找到卓越公司有別於優秀公司的恆久要素。每個新的研究都挖掘出新的動態，讓我們以新視角檢視過去的發現。我們不能聲稱我們發現的概念「引發」企業卓越的表現（沒有任何社會科學的學者會聲稱自己找到因果關係），但我們可以根據發現的證據，找到其中的相關性。如果企業能有紀律的應用我們的發現，就會有較高機率建立恆久卓越的公司，機率遠比對照公司要高得多。

經過數十年的研究以及好幾本書問世後，許多人開始問我們一些問題，他們希望系統化的應用所有的研究發現。問題大致有以下幾個方向：「身為企業領導團隊，我們應該從哪裡開始？」「如何把幾本書提出的概念融合在一起？」「最好按照什麼順序來讀你的書或應用你提出的觀念？」「我們應該一本書接著一本書進行，還是一個概念接著一個概念？」「有沒有一個主要藍圖，可以橫跨你在所有著作中提出的原則？」

思考這些問題時，我明白在某個程度上，我一直以來其實是以分階段進行、一本書接著一本書的方式，做一個橫跨數十年的龐大研究計畫。我決定篩選出所有研究中最不可或缺的重要觀念，最後挑出十二個最基本的原則。接下來，我會設法把這些原則排出適當順序，並連結成一個整體架構，做為想打造卓越企業的領導人可依循的途徑，目標是將我畢生對卓越企業的研究，濃縮成可以放在管理實驗室白板上的「藍圖」。

在試圖破解卓越企業密碼三十年後，我首度向一群來自 Techstars 的草創時期創業家說明這個藍圖（Techstars 是一家協助新創事業加速成長的加速器）。我對自己會心一笑，當初我在史丹佛大學教創業與小企業經營課程時，決定挑戰學生，看他們能不能開創並打造出恆久卓越的公司。結果兜了一大圈之後，我現在又要挑戰新一代的創業家和小公司領導人，只不過這一回，我手中掌握了藍圖。

卓越公司為何卓越

藍圖

（柯林斯研發）

投入				產出
階段1	**階段2**	**階段3**	**階段4**	
有紀律的員工	有紀律的思考	有紀律的行動	基業長青	
第五級領導	**兼容並蓄**	轉動**飛輪**，累積動能	抱持**建設性的偏執**（避免**企業衰敗五階段**）	超凡的成果 獨特的影響 持久不墜
先找對人再決定要做什麼（讓對的人上車）	**面對殘酷現實**（史托克戴爾弔詭）	以**20哩行軍**的紀律達成重大突破	**多造鐘**，少報時	
	釐清**刺蝟原則**	**先射子彈，再射砲彈**，不斷創新與發展	**保存核心／刺激進步**（達成下一個膽大包天的目標）	
透過**十倍勝的加乘效果**，得到很高的**運氣報酬率**				

接下來，我會引領各位檢視這幅藍圖的重要元素。圖中列舉的每個原則，我都會引導你們參閱我挑出的相關章節和論述。如果你們（不管是你自己或你的團隊）想要嘗試走過整個流程，我會建議你們一邊跟著指引依序閱讀相關章節，一邊跟著藍圖向前邁進。

卓越公司為何卓越

藍圖

（柯林斯研發）

投入	**產出**

首先，請注意圖中有投入，也有產出。

「投入」勾勒出打造卓越公司的路徑，投入是由我們在研究中發展出來的一系列基本原則所組成。**「產出」則定義什麼是卓越公司**，而非如何成為卓越公司。這是很重要的區別，因為許多人都把兩者混為一談。「找對人上車」究竟是投入（追求卓越的方法），還是產出（卓越的定義）？有超凡的成果是投入（追求卓越的方法），還是產出（卓越的定義）？我們在研究中，小心翼翼區分投入和產出，從完整的藍圖可以更清楚看出兩者的差別。

先討論投入，這得從紀律扮演的角色談起。有一個非常重要的主題貫穿我們的研究發現：卓越公司之所以有別於平庸公司，紀律扮演了什麼角色。真正的紀律必須能獨立思考，抗拒壓力，不隨便採取違背公司價值、績效標準、長遠抱負的做法。自我紀律是唯一正當的紀律形式，擁有發自內心的意志力，願意盡己所能，排除萬難，創造卓越的成果。當你有一群有紀律的員工，公司就不需要有層級之分；當你能有紀律的思考，就不需要官僚制度；當你能採取有紀律的行動，就不需要過度掌控。能結合有紀律的文化和創業倫理，就會創造出威力強大的混合體，驅動卓越績效的產出。

無論在企業界或社會部門，想要打造恆久卓越的組織，必須仰賴有紀律的員工，貫徹有紀律的思考，採取有紀律的行動。然後你必須有紀律的長期保持動能。如此就形成了整個架構的支柱，分成四個基本階段：

階段一：有紀律的員工
階段二：有紀律的思考
階段三：有紀律的行動
階段四：基業長青

卓越公司為何卓越

藍圖

（柯林斯研發）

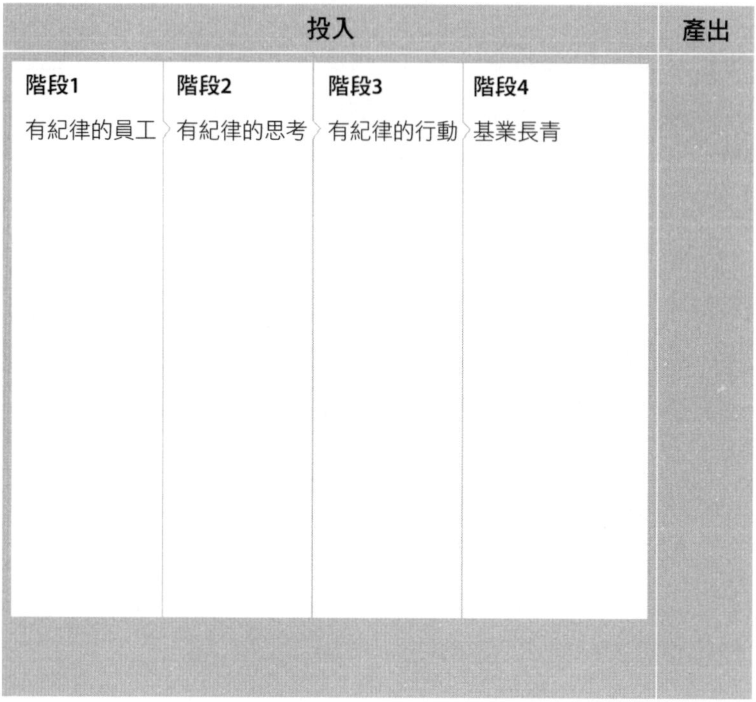

投入				產出
階段1	階段2	階段3	階段4	
有紀律的員工	有紀律的思考	有紀律的行動	基業長青	

階段一：有紀律的員工

一切都要從人談起。第一個階段有兩個基本原則：

- 第五級領導
- 先找對人，再決定要做什麼（讓對的人上車）

卓越公司為何卓越

藍圖

（柯林斯研發）

投入				產出
階段1	**階段2**	**階段3**	**階段4**	
有紀律的員工	有紀律的思考	有紀律的行動	基業長青	
第五級領導				
先找對人再決定要做什麼（讓對的人上車）				

第五級領導

我們的研究顯示，單看領導人是否魅力十足，無法說明為何有的公司卓越，有的公司則不然。事實上，有些一敗塗地的對照公司步向衰敗時，正是由魅力型強人掌舵。我們的研究發現，真正的關鍵要素是第五級領導人，他們在本質上兼具兩種矛盾的特質：謙沖為懷的個性和堅持到底的意志力。這裡所說

第五級領導的層次

第五級

第五級領導人

融合謙沖為懷的個性和專業堅持的意志力兩種矛盾特質，建立起恆久的卓越。

第四級

高效能領導者

能激勵部屬全心奉獻，熱切追求清晰動人的願景，激發更高的績效標準。

第三級

勝任愉快的經理人

能組織人力和資源，以有效率和高效能的方式，追求預先設定的目標。

第二級

有所貢獻的團隊成員

能貢獻個人能力，努力達成團隊目標，並在團體中與他人有效合作。

第一級

才幹出眾的個人

能運用個人才華、知識、技能和良好的工作習慣，作出建設性的貢獻。

的謙沖為懷不是假意的謙卑，而是為了超越小我的遠大目標，不惜放棄自我。他們的謙虛結合了強烈的決心，願意竭盡所能，排除萬難，達成目標。第五級領導人都野心勃�，但他們一切雄心壯志不是為了自己，而是為了打造卓越的團隊或組織，完成共同使命。

第五級領導人可能性格各不相同，但他們多半低調、沉默、拘謹，甚至害羞。在我們的研究中，每家公司從優秀躍升到卓越的轉型過程，都是從第五級領導人開始，他們不是靠個人魅力鼓舞員工，而是靠追求卓越的高標準。我們研究的每個十倍勝創業成功案例，雖然有些創辦人和領導人也具備鮮明有趣的人格特質，但他們從來不會將領導風格與個人特質混為一談，他們一心一意只想打造出真正卓越的公司，即使自己不在其位，仍能基業長青。要建立恆久卓越的公司，自己和團隊都須成為第五級領導人。鼎盛時期的卓越公司，往往第五級領導人輩出，而且遍布於全公司各單位。（閱讀指引：《從 A 到 A+》第一章及第二章、《十倍勝，絕不單靠運氣》第一章及第二章、《從 A 到 A+ 的社會》）

先找對人，再決定要做什麼（讓對的人上車）

能打造出恆久卓越公司的第五級領導人會先找對人，再決定要做什麼。他們先讓對的人上車（也讓不適合的人下車），然後才釐清車子要往哪裡開。當企業面對混亂失序、動盪不安、分崩離析，以及種種不確定時，根本無法預測接下來會發生什麼事，所以你的最佳「策略」是，整個巴士全坐滿有紀律的員工，無論接下來碰到什麼情況，他們都懂得自我調適，依然交出漂亮的成績單。

我們的研究支持所謂的「普克定律」（為了向惠普公司創辦人普克致敬而以他為名）：任何公司的成長速度超越他們找到對的人才的能力時，都很難常保卓越。如果公司一直快速成長，延攬人才的速度卻跟不上，沒辦法找到夠多對的人才，那麼公司不只發展會停滯，還會走下坡。企業需要緊盯的首要指標，不是營收或利潤或資本報酬率或現金流量，最重要的數據是，公司有多少關鍵位子上，坐的是對的人才。一切都繫於能否找到對的人。（閱讀指引：《從 A 到 A+》第三章、本書第二章）

階段二：有紀律的思考

對的人才就定位後，就進入第二個階段，有紀律的思考。這個階段有三個基本原則：

- 兼容並蓄
- 面對殘酷現實（奉行「史托克戴爾弔詭」）
- 釐清刺蝟原則

卓越公司為何卓越

藍圖

（柯林斯研發）

投入				產出
階段1 有紀律的員工	**階段2** 有紀律的思考	**階段3** 有紀律的行動	**階段4** 基業長青	
第五級領導	**兼容並蓄**			
先找對人，再決定要做什麼 （讓對的人上車）	**面對殘酷現實** （史托克戴爾弔詭） 釐清**刺蝟原則**			

兼容並蓄

虛假的二元對立，是一種缺乏紀律的思考，借用費茲傑羅（F. Scott Fitzgerald）的話：「要考驗你是否有一流的聰明才智，端看你能不能保有兩種完全相反的想法，同時還能讓腦子正常運作。」卓越企業的創建者能坦然面對弔詭，他們不會抱著「非此即彼」的專橫心態，迫使員工相信魚與熊掌不可能兼得。相反的，他們以兼容並蓄的心態幫助自己脫困。思考缺乏紀律的人會在辯論中逼著大家進入「非此即彼」的二選一局面。有紀律的思考者則會擴大討論與對話，創造出魚與熊掌兼得的解決方案。我們在研究中發現無數可以兼容並蓄的二元組合，例如：

創造	與	紀律
創新	與	執行
謙虛	與	大膽
自由	與	負責
成本	與	品質
短期	與	長期
謹慎	與	勇氣
分析	與	行動
理想化	與	務實
延續	與	改變
實際	與	遠見
價值	與	成果
目的	與	利潤

要特別提醒企業的是，我們的研究顯示，高瞻遠矚的公司不認為企業存在的唯一目的是為股東創造最大財富；高瞻遠矚的公司追求的核心目的超越了賺錢，但同時仍創造出可觀的財富。（閱讀指引：《基業長青》第一章至第三章）

面對殘酷的現實（奉行「史托克戴爾弔詭」）

我們的研究發現第五級領導人會灌輸員工「史托克戴爾弔詭」。越戰期間，美國海軍上將吉姆．史托克戴爾（Jim Stockdale）是被稱為「河內希爾頓」的北越戰俘營中最高階的美軍將領。史托克戴爾以兼容並蓄的心態領導。你必須保持信心，絕不動搖，相信無論情況多糟，自己終將獲得勝利，但同時也必須面對最殘酷的現實。你必須相信自己能在戰俘營活下來，再度見到摯愛的家人，但同時也必須堅忍不拔，接受自己今年聖誕節或明年聖誕節，甚至後年聖誕節，都不會獲釋的事實。絕不要輕易落入領導陷阱，編織很快會遭現實摧毀的虛假希望。但同樣重要的是，絕不要輕易陷入絕望，對最後的勝利喪失信心。

你需要史托克戴爾弔詭引領公司從新創事業蛻變為卓越公司。你需要史托克戴爾弔詭引領公司從優秀躍升到卓越。你需要靠史托克戴爾弔詭導航，穿越動盪混亂的情勢。你需要靠史托克戴爾弔詭轉危為安，重返成功之路。你需要史托克戴爾弔詭讓公司日新又新，持續成功。第五級領導人在設定願景和策略前，會面對殘酷的現實，他們會塑造能聽到真話的環境。無法面對殘酷的現實，是公司災難性衰敗的前兆，一向如此。（閱讀指引：《從 A 到 A+》第四章）

刺蝟原則的三個圓圈

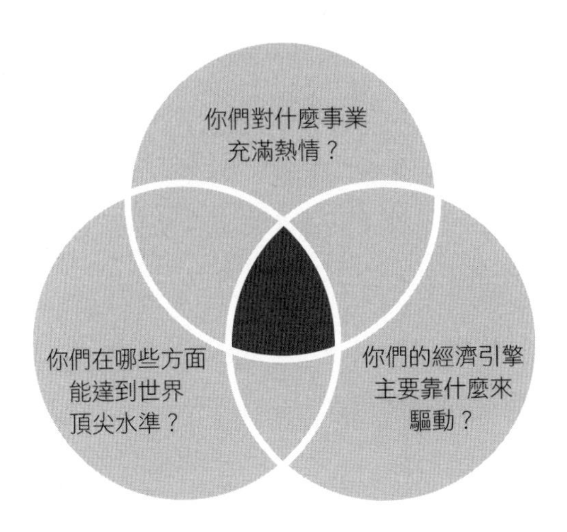

釐清刺蝟原則

古希臘寓言說：狐狸知道很多事情，但刺蝟只知道一件大事。哲學家以撒・柏林（Isaiah Berlin）借用這則寓言，將世界分成兩種類型的思考者：狐狸和刺蝟。狐狸欣然接受世界的潛在複雜性，總是一心多用，同時有很多不同的想法，從來不會只追求單一目標或觀念。刺蝟則恰好相反。刺蝟追求單純，思考時總是秉持一以貫之的理念為指導方針。我們的研究發現，打造卓越企業的領導人比較像刺蝟，而不是狐狸。他們會運用刺蝟原則，有紀律的制定決策。刺蝟原則是深入了解以下三個圓圈的交集後，得出的清晰概念：一、你們對什麼充滿熱情？二、你們在哪些方面能達到世界頂尖水準？三、你們的經濟引擎主要靠什麼驅動？

刺蝟原則也反映出一種紀律：對於你缺乏熱情、或無法達到頂尖水準、又不符合經濟考量的事業，你有沒有足夠的紀律，勇於面對殘酷的現實。如果你制定決策時能嚴守紀律，做出符合三個圓圈交集的決定，公司就會開始產生動能。所謂的紀律不只包括應該做什麼的紀律，同樣重要的是不做什麼及停止做什麼的紀律。（閱讀指引：《從 A 到 A+》第五章至第七章，《從 A 到 A+ 的社會》）

階段三：有紀律的行動

在階段三，有紀律的思考要轉換為有紀律的行動，建立動能，有所突破，並擴大延伸既有的成績。這個階段有三個基本原則：

- 轉動飛輪，累積動能
- 以 20 哩行軍的紀律，達成重大突破
- 先射子彈，再射砲彈，不斷創新與發展

轉動飛輪，累積動能

我們的研究顯示，無論最後的結果是多麼戲劇化，從優秀到卓越的過程都非一蹴可幾。絕不是靠一次決定性的行動、一項卓越的計畫、一個殺手級創新應用、一次好運或奇蹟出現的剎那，就能成功。而是有如持續推動巨大笨重的飛輪，一圈接一圈，不斷累積動能，直到某個關鍵點開始突破。起先你費很大的力氣去推飛輪，但飛輪只前進一吋。你繼續推，飛輪終於

卓越公司為何卓越

藍圖

（柯林斯研發）

投入				產出
階段1	**階段2**	**階段3**	**階段4**	
有紀律的員工	有紀律的思考	有紀律的行動	基業長青	
第五級領導	**兼容並蓄**	轉動**飛輪**，累積動能		
先找對人再決定要做什麼（讓對的人上車）	**面對殘酷現實**（史托克戴爾弔詭）	以**20哩行軍**的紀律達成重大突破		
	釐清**刺蝟原則**	**先射子彈，再射砲彈**，不斷創新與發展		

轉了一圈。你沒有停止，繼續推飛輪，飛輪移動的速度加快了一點。轉了兩圈……然後四圈……然後八圈……飛輪逐漸累積動能……十六圈……三十二圈……轉得更快了……一千圈……一萬圈。然後到了某個時點……終於有所突破！飛輪以幾乎無法遏止的動能，向前奔馳。一旦你能在你們面對的特殊情況下，創造飛輪的動能，並以創意和紀律應用這樣的洞見，就能

產生策略性的加乘效果。飛輪每一圈轉動，都有賴之前努力累積的動能，包括做了一系列好的決定，並貫徹執行，效果逐步累積擴大。（閱讀指引：《從 A 到 A+》第八章，《飛輪效應》）

以 20 哩行軍的紀律，達成重大突破

為了達到突破性的動能，你必須在飛輪的每個部分貫徹嚴謹的紀律。韓森和我在《十倍勝，絕不單靠運氣》中發現了一個特別有效的貫徹狂熱紀律的原則：20 哩行軍。要貫徹 20 哩行軍的紀律，必須先設定堅持不懈、持續達成的績效標準。就好比步行穿越遼闊的鄉野，規定自己每天至少要前進 20 哩。於是，無論天氣好壞，無論多麼疲憊（或多麼精神飽滿），無論環境多麼艱險，你都持續前進。20 哩行軍時，你會自問：「哪些事情應該到位，又需避免哪些問題，才能維持每天步行 20 哩，而不會失敗？」

我們的研究發現，環境愈是動盪不安，愈能靠貫徹 20 哩行軍致勝。20 哩行軍可以在失序中建立秩序，在混亂中注入紀律，在不確定中保持一致。這是一種毫不間斷的一致性，也就是說，絕對不會有哪次沒有達標。我們研究的某些公司四十多年來每年都達到 20 哩行軍的目標，從不失誤。承諾做到連續不間斷的 20 哩行軍，展現了完美的兼容並蓄：能激發既達成短期績效、又有助於長遠建設的紀律。你必須在幾年內、甚至數十年內，在這個循環週期和接下來每個週期，都達到 20 哩行軍的目標。（閱讀指引：《十倍勝，絕不單靠運氣》第三章）

先射子彈，再射砲彈，不斷創新與發展

秉持先射子彈，再射砲彈的原則，長此以往，卓越公司的飛輪就能持續創新和延展。概念是：想像有一艘敵船逐漸逼近，你們手中的彈藥卻所剩無幾。你拿出所有的彈藥，發射一顆巨大的砲彈。砲彈飛出去後，落在海中，激起陣陣水花，卻沒有射中逼近的敵船。你清點庫存，發現彈藥全用光了。這下麻煩了。但如果你看到敵船逼近時，先取出一點彈藥，發射一顆子彈。偏離了四十度。你再裝一顆子彈，二度發射。這一回偏離三十度。你發射第三顆子彈，只偏離十度。你再發射 ── 砰！ ── 正中敵船。如今你已建立了經過實證和校準的瞄準線，可以拿出剩下的彈藥，沿著校準後的瞄準線，發射一顆巨大的砲彈，將敵船擊沉。

我們的研究顯示，校準後的砲彈確實和超凡的成果相關，未校準的砲彈則和災難相關。能逐步擴大創新：將驗證後的小構想（子彈）變成大成功（砲彈），可以促使飛輪的動能大爆發。先射子彈，再射砲彈，是擴大組織刺蝟原則的範圍，讓飛輪延伸到全新領域的重要機制。（閱讀指引：《十倍勝，絕不單靠運氣》第四章，《飛輪效應》）

階段四：基業長青

如果你聰明地依循所有重要原則，從第一階段前進到第三階段，很可能已經打造出非常成功的公司。到了第四階段，你將為公司奠定長青基業。第四階段有三個重要原則：

- 建設性的偏執（避免企業衰敗五階段）
- 多造鐘，少報時
- 保存核心／刺激進步（達成下一個膽大包天的目標）

卓越公司為何卓越

藍圖

（柯林斯研發）

投入				產出
階段1	**階段2**	**階段3**	**階段4**	
有紀律的員工	有紀律的思考	有紀律的行動	基業長青	
第五級領導	**兼容並蓄**	轉動**飛輪**，累積動能	抱持**建設性的偏執** （避免**企業衰敗五階段**）	
先找對人再決定要做什麼 （讓對的人上車）	**面對殘酷現實** （史托克戴爾弔詭）	以**20哩行軍**的紀律達成重大突破	**多造鐘**，少報時	
	釐清**刺蝟原則**	**先射子彈，再射砲彈**，不斷創新與發展	**保存核心／刺激進步**（達成下一個膽大包天的目標）	

建設性的偏執（避免企業衰敗五階段）

想要基業長青，第一步就是不要滅亡。想從錯誤中學到教訓，唯有先從錯誤中存活下來。所有公司都很脆弱，很容易步向衰亡。沒有任何自然法則說，最成功的公司必然一直保持頂尖地位。任何公司都可能沒落，而且大多數公司終究都會沒落。但打造卓越公司的創業家和較不成功的對照公司不同在於，不論時機好壞，他們總是保持高度警覺。能走出混亂、避免衰敗的領導人都假設可能出現突如其來的劇烈變動。他們不停問：「萬一……會怎麼樣？萬一……會怎麼樣？萬一……又會怎麼樣？」由於他們能未雨綢繆，預先儲備，保留安全邊

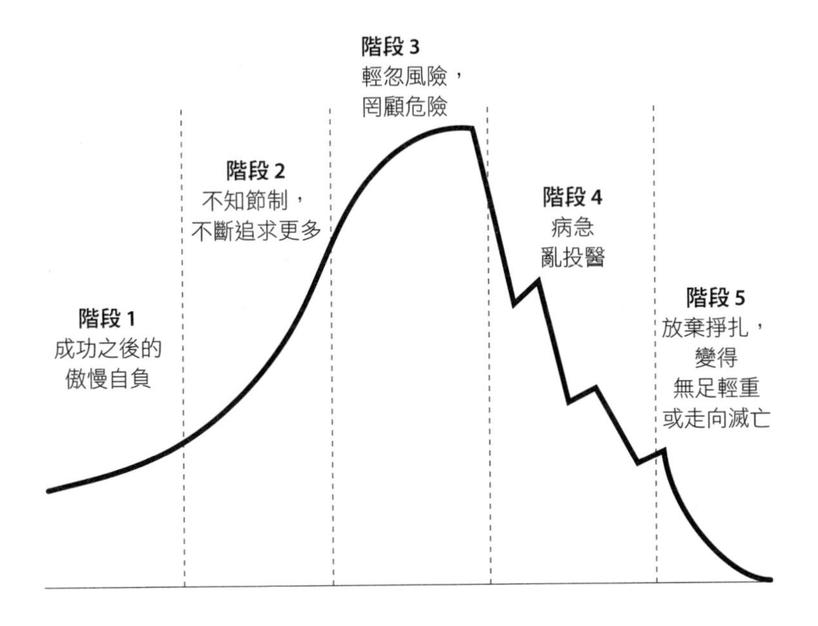

際，控制風險，無論時機好壞都嚴守紀律，因此能憑著強大的實力與彈性，因應天崩地裂的動盪。建設性的偏執心態可以幫助企業不至於陷入會中斷飛輪、摧毀組織的衰敗五階段，包括：一、成功之後的傲慢自負；二、不知節制，不斷追求更多；三、輕忽風險，罔顧危險；四、病急亂投醫；五、放棄掙扎，變得無足輕重或走向滅亡。

我們的研究發現，正經歷前三個衰敗階段的公司外表看來依然強大，屢破銷售紀錄，成長快速，然而內在卻已經生病。公司愈成功，愈需要實踐建設性的偏執。（閱讀指引：《十倍勝，絕不單靠運氣》第五章，《為什麼 A+ 巨人也會倒下》）

多造鐘，少報時

當個魅力十足、高瞻遠矚的領導人，受到眾星拱月式的擁戴，事事都非你不可，是報時；塑造能長久欣欣向榮的企業文化，不會因領導人更迭而改變，則是造鐘。尋找偉大的構想，希望一舉成功，是報時；建立能催生出許多偉大構想的組織，是造鐘。我們的研究顯示，能打造恆久卓越公司的領導人會從報時，轉而造鐘。造鐘的人會設計能一再重複的配方、廣泛的訓練計劃、領導人養成路徑，以及強化核心價值的具體機制。他們延攬對的人上車，著重於管理系統，而不是管人。真正的造鐘者認為，如果組織不但在某位領導人任內表現卓越，而且下一代領導人還能進一步推升飛輪的動能，成功自然降臨。如果要打個比方的話，不妨把美國制憲看成完美的造鐘行動，即使打贏獨立戰爭的開國元老不在其位，無法繼續仰仗他們的才華與膽識，美國這個新創國家依然長存。同理，創辦新公司就

像打贏美國獨立戰爭，但建立長青基業，則像制定美國憲法。（閱讀指引：《基業長青》第二章、《十倍勝，絕不單靠運氣》第六章）

保存核心，刺激進步（達到下一個「膽大包天的目標」）

如果你已達成上述所有原則，你很可能已經建立起長青的成功企業。但還有個更高的標準：打造指標性的高瞻遠矚企業。我們的研究發現，許多高瞻遠矚、永續卓越的企業、組織、機構，都體現一種二元性，展現特別強大的兼容並蓄精神：保存核心，刺激進步。試想一下道家哲學中的陰陽符號。你一方面「保存核心」，另一方面又「刺激進步」。為了保存核心，組織有一套永恆的核心價值和目的（組織存在的根本原因），不會隨時間而改變。為了刺激進步，組織會無休無止地追求進步，不斷變革、改善、創新、復興。恆久卓越的組織深深了解（幾乎永遠不會改變的）核心價值和（不斷因應外界變

動而調整的）經營策略和文化實踐，究竟有何差別。**為了基業長青，必須勇於改變。**

我們的研究也顯示，高瞻遠矚的公司往往用膽大包天的目標來刺激進步。你的核心目的就像永遠高掛在地平線上指引方向的星星，不斷牽引你們向前邁進。另一方面，膽大包天的目標則是任何時候你正在攀登的高山，是你終究會達成的目標。攀登高山時，你把全副心力都投注於不斷往上攀登。一旦成功攻頂，你的目光會再度投注於天上的指路星（你的目的），挑選另一座你想攀登的高山（膽大包天的目標）。當然，在整個探險過程中，你始終忠於你的核心價值。（閱讀指引：《基業長青》第四章、第五章及第十章，《從A到A+》第九章，本書〈第四章〉願景）

十倍勝的加乘效果及運氣報酬率

最後，有一項投入能擴大上述所有原則的效果：運氣報酬率原則。在研究過程中，有個問題始終在我腦子裡縈繞不去：運氣究竟扮演什麼角色？我們的研究顯示，卓越公司通常不會比對照公司更幸運——他們不見得更常碰到好運，更少走霉運，運氣突然大幅高漲，或好運總是來得正是時候。但他們有更高的運氣報酬率，更懂得善用自己的好運。關鍵不在於：「你運氣好不好？」而在於：「走運的時候，你會怎麼樣把握你的運氣？」如果你能從你的幸運事件中得到較高的報酬率，就能大大促進飛輪的動能。但如果你碰到厄運時措手不及，不知如何因應，無法從壞運氣得到較高的報酬率，就會阻礙飛輪，危及飛輪的動能。你是否有卓越的領導力，有一半要看你

卓越公司為何卓越

藍圖

（柯林斯研發）

投入				產出
階段1	**階段2**	**階段3**	**階段4**	
有紀律的員工	有紀律的思考	有紀律的行動	基業長青	
第五級領導	**兼容並蓄**	轉動**飛輪**，累積動能	抱持**建設性的偏執** （避免**企業衰敗五階段**）	
先找對人再決定要做什麼 （讓對的人上車）	**面對殘酷現實** （史托克戴爾弔詭）	以**20哩行軍**的紀律達成重大突破	**多造鐘**，少報時	
	釐清**刺蝟原則**	**先射子彈，再射砲彈**，不斷創新與發展	**保存核心／刺激進步**（達成下一個膽大包天的目標）	
透過**十倍勝的加乘效果**，得到很高的**運氣報酬率**				

碰到意外狀況時如何因應。

在藍圖的所有原則中，我可能最偏愛運氣報酬率。一旦知道可以把運氣界定為單獨的事件，就會發現運氣無所不在。（根據前一章的說明，「運氣事件」必須符合三個檢驗：第一，事件並非由你引發；第二，事件可能帶來重大後果（無論後果好壞）；第三，裡面包含了出乎意料之外的成分，事件的某些面向在發生前完全無法預測。）任何架構如果無法納入不可預測、難以預見的事件，都不是完整架構。在我們探索運氣的問題之前，我的求知慾都得不到滿足。運氣報酬率的觀念說明一個不可否認的事實，儘管幸運經常降臨，但單靠幸運本身，無法達到卓越。災難性的噩運可能會扼殺一家潛在的卓越企業，但單靠好運，也無法變得卓越。運氣無法打造出恆久卓越的公司，人卻可以。（閱讀指引：《十倍勝，絕不單靠運氣》第七章、本書第五章）

卓越的產出

前面描述的原則都是打造卓越組織的投入，但我們如何定義什麼是卓越組織的產出？卓越的標準為何？有三個檢驗標準：

1. 非凡的成果
2. 獨特的影響
3. 持久不墜

非凡的成果

在企業界，績效是由財務成果（投資報酬率）及是否達到公司目的來決定。在社會部門，績效是由達成社會使命的成果和效率來決定。但無論你負責經營企業或社會部門，都必須交出最出色的成績。比方說，如果你們是一支運動團隊，你必須贏得冠軍。如果你想不出辦法在你選擇的競賽中獲勝，你的表現就不算真正卓越。

卓越公司為何卓越

藍圖

（柯林斯研發）

投入				**產出**
階段1	**階段2**	**階段3**	**階段4**	超凡的成果 獨特的影響 持久不墜
有紀律的員工	有紀律的思考	有紀律的行動	基業長青	
第五級領導	**兼容並蓄**	轉動**飛輪**，累積動能	抱持**建設性的偏執** （避免**企業衰敗五階段**）	
先找對人再決定要做什麼 （讓對的人上車）	**面對殘酷現實** （史托克戴爾弔詭）	以**20哩行軍**的紀律達成重大突破	**多造鐘**，少報時	
	釐清**刺蝟原則**	**先射子彈，再射砲彈**，不斷創新與發展	**保存核心／刺激進步**（達成下一個膽大包天的目標）	
透過**十倍勝的加乘效果**，得到很高的**運氣報酬率**				

獨特的影響

真正卓越的企業對社會有獨特貢獻，做事時展現卓越的水準，如果有一天消失不見，任何企業都很難填補它留下的大洞。倘若你們公司消失不見了，有誰會懷念它，為什麼？你們不見得需要規模很大；想想看，有沒有哪一家很棒的本地小餐廳，一旦消失不見，顧客會深感不捨？大不一定等於偉大，偉大也不見得等同於大。

持久不墜

真正卓越的組織會長久欣欣向榮，超越任何偉大的構想、市場機會、科技生命週期、或資金充裕的計畫。這樣的組織在遭到挫折打擊時，會設法反彈，變得比過去更強壯。卓越的企業不會依賴任何超凡的領導人。如果組織少了你，就無法表現卓越，那麼就不算真正的卓越。

有了藍圖，下一步是什麼？

我們在研究過程中，曾研究硬幣的正反兩面。一方面，我們研究能躍升為卓越企業，而且數十年都常保卓越的公司。另一方面，我們研究沒能躍升到卓越境界，或原本卓越、後來走下坡的公司。藍圖包含了從這兩面獲得的心得。我們學到，打造卓越企業的途徑很狹窄，通往災難性衰退和失敗的路卻有很多條。

《財星》雜誌曾經請我為 2008 年的財星五百大企業排行榜撰寫一篇主文。在準備文章資料時，我請《財星》雜誌的編輯協助我蒐集一些基本資料。以下是幾個發人深省的事實：1955 年首度出現在財星五百大排行榜的公司，到了 2008 年，不到 15％還在榜上（1955 年的排行榜只包含工業公司，但 2008 年的排行榜也包含服務業）。自從財星五百大排行榜誕生以來，有將近兩千家公司曾躋身排行榜，大多數公司如今已銷聲匿跡，包括許多一度享有盛名的公司。其中許多公司被收購，其他公司則直接關門大吉。但無論是賣掉或關掉，殘酷的現實是，絕大多數的公司都無法恆久卓越。

然而，也有充滿希望的故事。即使只有少數企業辦到，企業仍然可以屹立數十年仍常保卓越。換句話說，你永遠無法到達路徑圖的終點，旅程永遠沒有結束的一天。你永遠都需要有紀律的員工，採取有紀律的思考和有紀律的行動。永遠需要讓公司日新又新，才能基業長青。永遠都需要為厄運未雨綢繆，同時從好運中獲益，比其他公司得到更高的運氣報酬率。**卓越是動態的過程，不是努力的終點。**

我們的藍圖無法保證一定帶來卓越的成果。但如果能愉快地奉行這些原則，就會比其他公司更有機會打造出恆久卓越的企業。一路上，可能會有個副產品：你們會發現，和自己真心喜歡、也深深尊敬的夥伴一起從事有意義的工作，每天都會過得很快樂，最美好的人生莫過於此。

第 7 章

策略

制定策略很容易，但擬定戰術 —— 經營企業日復一日、月復一月需要做的決定 —— 很困難。

—— 亞瑟．洛克（Arthur Rock）

「策略」這個詞聽起來很有分量，帶學術味，是科學的、嚴肅沉悶的。

身為策略家意味著需要兼具純數學家的聰明才智，以及西洋棋大師的高超技巧。價格高昂的策略顧問希望我們相信，唯有一流研究所成績前5%的頂尖高材生，才能成為策略思考高手，因此在我們的想像中，有這麼一群思慮周密的經濟理論專家，從位於四十五樓的寬敞辦公室遠眺世界，運用神祕嚴謹的決策科學，編織出令世界讚嘆的聰明策略。

我們也曾到過四十五樓，所以可以保證，上述有關策略的種種形象都錯了。

策略不困難，制定策略也不是複雜或純科學性的活動。

本章希望揭開策略的神祕面紗，提供簡單易懂的策略制定藍圖。我們也會探討中小企業常面對的四個重要策略議題：

- 成長速度應該多快
- 聚焦 vs. 多角化
- 要不要公開發行股票
- 當市場領導者，還是跟隨者

策略概述

策略就是你想用來達成公司當前使命的基本方法。「這是我們達成使命的方式。」概括來說，這就是策略，一點都不神祕，也不是多困難的觀念。

好策略不是厚厚一疊枯燥乏味的計畫，鉅細靡遺列出公司要採取的每一項行動，由策略規劃人員花了六個月才擬好。企業和人生一樣，沒有辦法事事都預先規劃，也不該如此，因為企業會面對太多不確定的狀況和意料之外的機會。最好採取思慮周密、明確清晰、不要太複雜的方式來達成使命，為個人的自發性行動、不同的機會、情勢變化、實驗與創新，都留一些空間。

設定有效策略的四個基本原則

制定公司策略時，有四個須牢記在心的基本原則：

1. 策略必須直接來自於願景：切記，除非你們對自己想做的事情有非常清楚的概念，否則就不可能制定策略。先有願景，再談策略。
2. 策略必須充分利用你們的長處與獨特能力。做自己最擅長的事。
3. 策略必須切合實際，因此必須將內部限制和外部因素都納入考量。即使現實令人不悅，仍要面對。
4. 應該讓未來要執行策略的人參與制定策略。

制定策略的步驟

制定策略包含以下幾個步驟：

第一，檢視公司願景。如果你們尚未釐清願景，不妨趁現在釐清。尤其須確定目前有清楚的使命。還記得嗎？我們在第四章，將使命（繼核心價值與信念、目的之後，願景的第三個要素）比喻為你正在攀登的高山。

其次，針對公司能力進行內部評估。就好比探險隊在登山前，先檢查自己的能力和資源。

第三，針對環境、市場、競爭者及趨勢，進行外部評估。就好比探險隊先研究高山的照片，檢視氣象報告，評估可能有助於登山的科技新趨勢，並關注想更快攻頂的競爭者動態。

第四，將內部評估與外部評估納入考量，對於公司打算如何達成目前的使命，做出關鍵決策。這就好比你們針對將從高山的哪一面攻頂，畫出路線圖。

如果將策略決策分解成企業經營的關鍵要素，我們發現以下分類很有效。

- 產品（或服務）；包括產品線策略及製造策略（或提供服務的策略）
- 顧客（或市場區隔）；包括服務對象是誰，你們打算如何接觸這些顧客
- 現金流量（財務策略）
- 人員及組織
- 基礎建設

內部評估

好的內部評估包含三個要素：

- 長處與弱點
- 資源
- 創新與新構想

圖 7-1　願景、策略、戰術圖

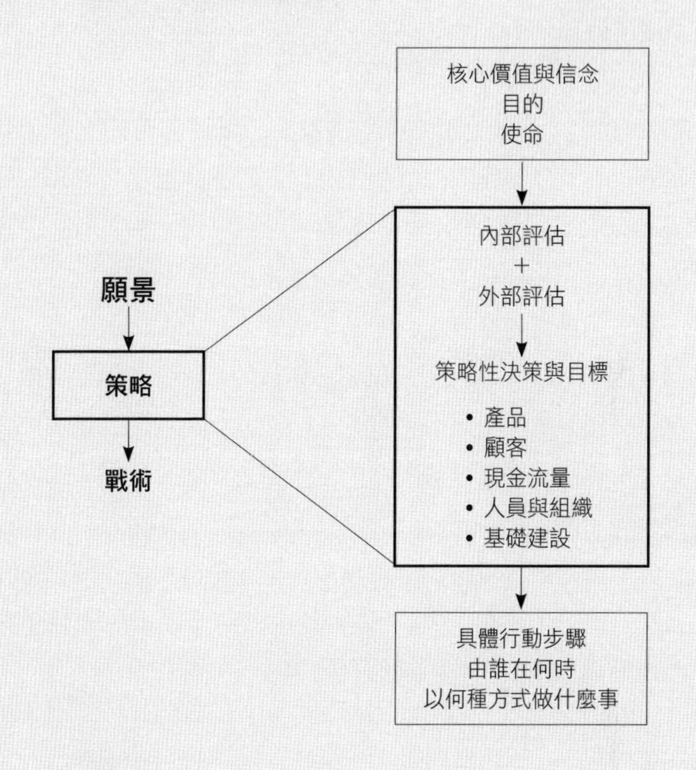

長處與弱點

你需要做的第一件事，是清楚評估你們真正擅長的事情是什麼，你們的盲點為何。切記，策略應該善用你們的長處。

為了客觀評估自己的長處與弱點，建議你們挑出一群員工和經理人，請他們列出公司三個最大的長處及三個最大的弱點。為了讓他們坦率直言，不妨請他們匿名交卷。

外界對這個問題的看法也很重要。不妨問問你們信任的顧問、投資人、董事會成員，他們認為你們的長處和弱點為何。

甚至可以請教幾位重要客戶（額外的好處是你可以跟客戶培養更緊密的關係）。

有個問題特別有用：「我們有哪些能力優於其他公司，有哪些獨特能力是我們的競爭優勢？」策略管理的文獻用一個嚴肅沉悶的詞來稱呼這個概念：「獨特能耐」（distinctive competence），但概念其實很簡單，也很重要，聰明的公司都會堅持做自己最擅長、比其他公司做得更好的事情。

長跑運動員何必參加百米短跑競賽？足球線衛何必努力成為溜冰冠軍？工程導向的公司何必靠行銷技巧在市場上拚搏？一家公司如果擅長做設計精良的高端產品，又何須到低價的大眾商品市場和競爭者廝殺呢？沃爾瑪哪會需要正面迎戰諾斯壯百貨公司（Nordstrom）？

你們還是應該設法消除嚴重的弱點，所有卓越企業都會持續針對自己的弱點下工夫，不斷尋求改善，但你們的基本策略應該以長處為本，做你們最擅長的事。

資源

接下來，你必須清楚了解自己的資源，需要考量的資源包括：現金流量、可取得的外部資金、稀有材料、產能及人力。

創新與新構想

企業可以靠創新來塑造市場，就如同企業可以靠需求來塑造市場。然而在制定策略時，創新常常是最被忽略的面向。

公司必須對內部的創造性產出有所回應。檢視你們的研發、設計、行銷部門有哪些創新或新構想冒出來。列出所有可能開花結果的創新，估計一下這些創新多快可以推出上市，需要多少資源才能開發完成，以及行銷時需要用到多大的力道。

千萬不要只因為創新或新構想不在原本的計畫之內，就扼殺創新。事實上，大多數的偉大構想都未經過預先規劃，假如你們只推出五年前就計畫好的產品，就不太可能做出突破性的創新產品。

創新對於企業卓越至關重要，因此我們特別另闢一章來談創新。創新對於你們的策略選項，會產生戲劇性的影響。

比方說，第一次世界大戰剛開始時，開發坦克車並非協約國的作戰策略。不過，大戰接近尾聲時，坦克車的發明改變了協約國的戰略。當時的將領並沒有說：「我們的戰略需要一輛坦克車，替我們造一輛坦克車。」不，坦克車是英國作戰部的一小群研究人員發明的，他們將新發明上報後，高階將領說：「嘿，我們應該改變戰略，想辦法利用這個東西。」

企業界也有相同的現象，例如惠普進入袖珍型計算機市場，耐吉 Sock Racer 襪套鞋的產品策略，英特爾進入電腦擴充板領域，還有 3M 的數百種產品策略皆是如此。創新應該影響策略，正如策略應該刺激創新。在卓越公司裡，創新與策略密不可分。

外部評估

好的外部評估有七個要素：

- 產業趨勢／市場趨勢
- 科技趨勢

- 競爭者評估
- 社會環境及法令規章
- 總體經濟情勢及人口結構變化
- 國際上的威脅與機會
- 整體威脅與機會

產業趨勢／市場趨勢

很快檢視一下你們的產業。

- 你們如何做市場區隔，你們在哪個區隔市場上競爭？
- 大體而言，你們目前的產品線和規劃中的未來產品有多大的區隔市場？
- 你們產品（或服務）的區隔市場目前正在成長，保持穩定，還是愈來愈小？以多快的速度擴大或縮小？原因是什麼？
- 你們的產業有哪些重要趨勢？有哪些因素在背後影響這些趨勢的發展？
- 最重要的是，顧客告訴你他們有哪些不斷演變的需求？他們認為貴公司能否充分滿足他們的需求？顧客需求出現什麼樣的變化？直接來自顧客的資訊，是設定策略不可或缺的一部分，應定期獲得來自顧客的資訊，從中得知市場現況，**因為顧客就是市場**。此外也可以從中得知競爭對手的狀況。明智的做法是至少每年做一次顧客意見調查，並列為擬定策略的必要流程。
- 你們的產業正處於哪個演化階段？因此，你們的產業未來五年可能出現哪些變化？請參考下頁的「產業演化階段圖」，作為這項分析的背景參考。（在策略管理及行銷文獻中常見到這個圖表的不同版本。麥可·波特〔Michael Porter〕的《競爭策略》〔*Competitive Advantage*〕中有更詳細的版本）。

請注意：產業演化階段分析或許是非常有用的工具，但你不能假定所有產業的演化方式都完全一樣。請見本章結尾「產業演化分析的幾點提醒」。

科技趨勢

無論在產品或流程上，所有的產業在演化時都含有技術成分，「低技術」產業也不例外。每個產業在某個程度上，都會受到科技趨勢影響。舉例來說，銀行業傳統上不會被視為「高科技業」，然而電腦科技為銀行業帶來戲劇性的變化。對於能快速精通電腦的行員來說，能有效使用電腦處理資訊，成為他們的重要策略優勢。在顧客服務方面，採用自動櫃員機也變成銀行的基本做法。

應該檢視產業的科技趨勢，並自問如何善用這些趨勢，把它變成自己的優勢。**問題不是科技趨勢會不會影響你們的產業，而是科技趨勢將如何影響你們的產業**。

競爭者評估

絕對不要低估競爭對手。制定策略時，最大的錯誤是因為無知而低估競爭者，或更糟的是藐視競爭者。

圖 7-2　產業演化階段

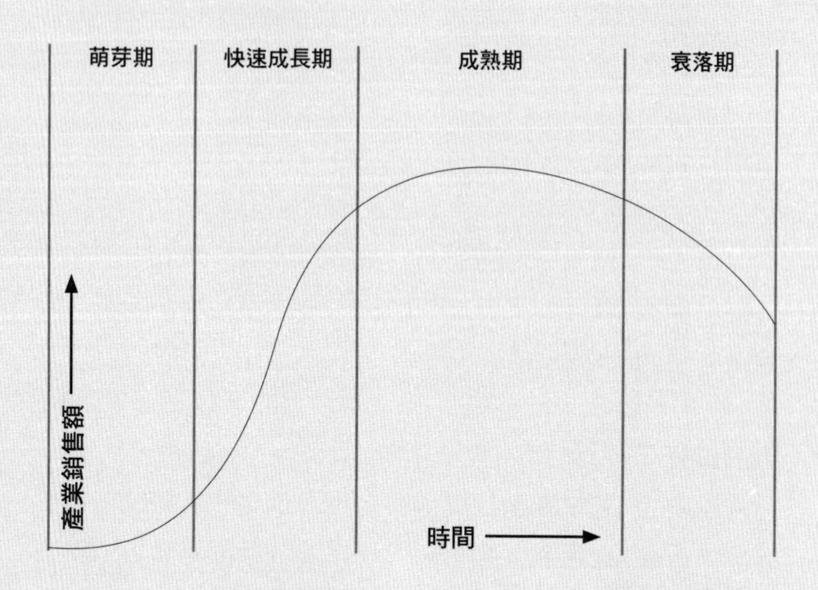

萌芽期	快速成長期	成熟期	衰落期
創新產品的早期採用者成為主要顧客 較不在意價格的顧客 高價 高獲利 高行銷成本，需要「教育顧客」 特殊的物流通路 生產運作時間短，成本高 早期進入者很快獲得市場佔有率 競爭者寡 很多不同的產品設計，缺乏標準	早期採用者的影響力擴大，保守的顧客群增加（跟隨早期採用者） 相當高的價格，非常高的利潤，行銷成本高，但占銷售額百分比降低 擴大物流通路 競爭者努力搶占新興的物流通路 先驅者和早期追隨者爭奪市占率，早期追隨者往往超越先驅者 許多競爭者出現 行銷能力變得更重要 快速改善產品	大眾市場 價格下跌 利潤降低 市場區隔化 產品線擴大 廣告和服務變得更重要 持續擴大物流通路 物流通路減少負責配送的產品線數目 生產運作時間長，單位成本下滑 建立主導地位 競爭者淘汰 產品差異性降低，標準化，產品的變化減少	老練的顧客 價格及利潤均下滑 產業面臨產能過剩 回歸特殊通路 恢復較短的產品運作時間，成本提高 競爭者減少 產品停滯 可能是以戲劇性的創新重新激發產業活力的理想時間

- 誰是你們目前的競爭者？
- 誰是潛在的競爭者？
- 他們的長處及弱點為何？
- 你預期他們未來在市場上會有何動作？他們的願景和策略為何？
- 和競爭對手相較之下，你們的長處、弱點及產品線表現如何？他們有哪些罩門？你們又有哪些罩門？
- 和競爭者相較之下，你們是否有差異化的清楚定位？你們的定位是什麼？

取得競爭者資訊相當容易。可以想辦法進入競爭者新聞稿、出版品、宣傳資料的郵寄名單；參加商展；好好聆聽業務人員、供應商的意見，還要聽聽技術人員的意見，因為他們會不斷跟上最新科技發展趨勢；閱讀商業期刊裡面關於你們行業及競爭者的文章，也要閱讀競爭者所在地的報紙財經版。

取得競爭者資訊時要小心。許多人在壓力下會忍不住捏造身分，為你們取得競爭者資訊。這種事情往往發生在外聘顧問身上，他們會假裝自己是「學生，正在做一份關於產業的研究報告」，或他們會打電話給競爭者，說他們「正在做內部稽核」。這樣做會有兩個問題。第一，這種做法很不道德；第二，你們可能因此挨告。

舉例來說，1980 年代初期有一家著名的策略顧問公司和客戶一起被控告，而且打輸官司，起因是一名年輕研究人員假冒競爭對手的財務部員工，打電話給對方的生產部門，要求取得他們的專利成本資料。

社會環境及法令規章

所有企業都是整體社會的一份子，深受社會力、法令規章及政治力所影響。必須跟上趨勢的發展，評估貴公司可能受到什麼影響。如果能敏銳預見政府可能採取的動作或立法機構的決策，可能為公司創造大好機會。相反的，忽略政府或立法機構的動向可能遭致災難。

總體經濟情勢及人口結構變化

檢視總體經濟情勢，並評估貴公司可能遭受到什麼衝擊。

特別需要關注人口結構的變化。整個產業可能因人口結構變化而受到戲劇性衝擊。例如，一直到 2020 年，美國整體產業都仍持續受到當年嬰兒潮（1945 年到 1960 年出生率巨幅上升）的影響。而這只是人口結構變化帶來的諸多影響之一。

對於在美國做生意的公司而言，訂閱《美國人口統計》雜誌（*American Demographics*）可能很有幫助。我們也會建議你們每年瀏覽《美國統計概要》（*Statistical Abstract of The United States*），可以對人口結構變化趨勢有個整體觀。

國際上的威脅與機會

即使目前尚未打入外國市場，仍應把國際因素納入策略性思考。國際策略對所有公司都很重要；無論公司規模大小，都可能因形勢使然，被拉進國際競技場。國外的經銷商、零售商、中間商、潛在顧客往往會主動接觸擁有好產品的小公司。

大衛．博區（David Birch）曾作過一個有趣而令人訝異的研究，他分析三萬四千名出口商的數據，發現 50 人到 500 人的公司比大型公司更容易成為出口商。

擬定策略時，必須假定公司很可能進入國際市場，而且國際發展機會往往會出乎意料突然來臨。也許考量公司願景，你們未必認為需要利用這些機會，儘管如此，你們仍應在策略中清楚考量國際因素，即使決定留在本土發展也一樣。

即使決定不進軍國外、參與國際競爭，你們仍可能至少有一個主要競爭者來自國外。純粹本土市場的時代早已一去不復返，因此做競爭者分析時，應該緊盯國際情勢。

整體威脅與機會

籌備策略討論會時，可以先挑選一批員工、經理人和客觀的外部人士，請他們列出貴公司最重要的三個外在威脅和外在機會。這是汲取廣泛看法最快速有效的方式，可將他們的洞見納入外部評估中。

在內部和外部評估時很重要的是，你們必須盡一切努力看清楚現實，要看清事情的真相，而不是你希望見到的情況。

的確，**卓越公司的一項特質是，不管好消息或壞消息，領導人和經理人都願意不斷追求真相**。不過，我們也觀察到許多公司卻恰好相反。

本書作者之一柯林斯職涯剛起步時，當時的主管得知柯林斯想告訴上級，即將上市的產品有問題時，大驚失色。主管勸他：「高層不想聽壞消息。只要跟他們說他們想聽的話就好，這樣他們會很開心。告訴他們實際狀況，他們會認為你的心態太負面了。」

當然，這種做法的風險是，真相總是會用滑稽的方式自我揭露。你不可能永遠隱瞞，假如你試圖隱瞞，真相通常會掉過頭來揭穿你的謊言。在上述的例子，產品弱點後來確實愈來愈很明顯，只不過發生在產品上市後。倘若這家公司當初能在產品上市前直接面對問題，就可避免後來耗費數百萬美元的大災難。（順帶一提，柯林斯決定違逆主管的忠告，告訴高階主管產品的問題。他發現主管說得對：他們根本不想聽實際狀況，執意推出注定失敗的產品。）

不幸的是，這並非特例。很多人都不願意或害怕說出不討喜的真話，我們都很熟悉這樣的情況。誰能怪他們呢？許多公司都有不明說的規矩：我們不想看到任何負面的情況，不管是不是真的；我們喜歡戴上玫瑰色眼鏡，只看事情好的一面。

忽略事實，為問題辯解，拒絕面對真相，都無法改變現實，只會引來災難。

我們想藉由世界史上一個生動的例子來說明：二次世界大戰爆發前的十年。1930 年代，英國、美國、法國官員接二連三面對令人不快的事實：德國已違反凡爾賽合約，建立軍事力量，並將德軍調往萊茵蘭非軍事區，希特勒下令進行軍事招募，德軍併吞奧地利與捷克。

不過令人訝異的是，他們都沒有針對這些事實採取行動。希特勒計畫發動一場大戰，然而同盟國官員不想看清這殘酷（且在政治上極不受歡迎的）真相。所以，他們擺出一副根本沒這回事的樣子。

邱吉爾在著作《集結風暴》（*The Gathering Storm*）中描述 1937 到 1940 年擔任英國首相的張伯倫（Neville Chamberlain）如何自欺欺人：

他最大的希望是能名垂青史，留下偉大和平締造者的名聲，為此不惜持續罔顧事實。我曾懇求政府正視殘酷的真相。倘若我們在事實愈來愈明顯時，就有所反應，可能毋須流血，就能避免戰禍。

但他們並沒有充分意識到這「殘酷的現實」，直到最後為時已晚，戰火席捲整個歐洲。

從世界史得到的教訓是否適用於制定企業策略？當然可以。無論是領導國家或經營企業，得到的教訓並無二致：忽略殘酷的現實，它會掉過頭來打你一巴掌。一定要防止相同的事情發生在你們公司身上。

想要確保自己不會與現實隔絕，可以嘗試以下做法。

第一，讓身邊充滿會和你實話實說的人。雖然聽起來奇怪，要做到卻不容易。首先，多數人都知道說實話有政治風險，而且許多人和之前提到的主管一樣，深恐承受政治惡果。

你身邊至少需要幾個人既不怕你，也和辦公室政治沒有什麼瓜葛。這時候，超然客觀的外部人士（顧問和董事）就很重要。你周遭也需要有坦率直言的內部人士，他們直白到幾乎會讓你覺得不自在。你不需要喜歡他們，只需好好聆聽他們的意見。

邱吉爾對此感受深刻，所以他設立了一個獨立部門，唯一的任務就是針對迫切議題，挖掘真相，並呈現赤裸裸的真相。卓越企業的領導人從來不吝於獎勵小華生口中那些「犀利嚴苛、令人覺得芒刺在背、幾乎像討厭鬼的人，他們願意把見到的真實狀況，老老實實告訴你。」

第二，隨時都要曉得目前發生什麼事。不要只依賴現況報告或每季檢討報告及其他正式報告來取得資訊。應該親自使用公司產品，直接聆聽各階層員工的意見，和顧客談話。閱讀消費者報告，看看他們如何評論你們的產品。親自回覆顧客的抱怨。簡而言之，你應該盡一切努力，隨時掌握實際狀況。

第三，千萬不要懲罰說實話的人。大家都聽過彼得大帝如何處置帶來戰敗消息的信使：將他處死。

沒有人喜歡看到令人不快或失望的現實，每個人或多或少都想戴上玫瑰色眼鏡。但不應該因此懲罰說實話的人，要強烈制止自己這麼做。如果員工提出問題或討論你不喜歡的議題，不要斥責他們，也不要說他們態度不佳，應該謝謝他們。

並不是說你應該忍受員工的抱怨、嘲諷和喪氣話，沒有人有空管那些無聊事。重點在於，唯有接觸到真正的現實（無論現實多麼令人不快），才可能制定有效的策略性決策。

新觀點

策略的本質

自從《BE》出版以來，我一直在思考策略的問題。從我們對卓越公司的研究、在博德市管理實驗室和許多組織合作的經驗，以及向傑出軍事將領和思想家學到的教訓，我逐漸領悟到，（一旦釐清願景）完善的策略思考必須能針對以下三個問題，提出深具洞見、經過實證的答案。

1. 在哪裡押下重注？
2. 如何保護我們的側翼？
3. 如何延伸我們的勝利戰果？

在哪裡押下重注？

策略思考的根源要回溯到歷史上的偉大軍事思想家，尤其是卡爾・馮・克勞塞維茨（Carl von Clausewitz）的著作《戰爭論》（*On War*）深深影響了策略思考的整個領域。克勞塞維茨在書中具體說明了集中兵力直搗衝突重心的論點（如此一來，這場勝利會對獲取軍事成功及達成國家目的，發揮最大效應）。「保持兵力集中可說是至高無上、也最單純的戰略原則。」克勞塞維茨寫道。順帶說明：如果你有興趣概略了解軍事戰略史（包含克勞塞維茨的著作在內），我會推薦美國海軍戰爭學院教授安德魯・威爾森（Andrew R. Wilson）在教學公司（Teaching Company）開的課程：「戰爭大師：史上最偉大的策略思考家」（Masters of War: History's Greatest Strategic Thinkers）。我也推薦各位閱讀西點軍校退休教授麥可・亨內利（Michael Hennelly）博士的文章，他對於如何將軍事戰略原則應用於商業世界，有廣泛的思考。

當然，拿軍事戰略來和商業策略全面類比，需要格外謹慎。軍事上，你在清楚的國家／政治目標下，發展某個戰略以摧毀敵人，迫使敵人投降。然而在商場上，你在清晰的公司願景下，發展策略，藉由創造出有價值的商品或服務，改善顧客的生活，以贏取顧客。儘管如此，集中兵力，將兵力聰明導向最能創造超高成效的機會，這個核心觀念與能否獲得出色的策略成果息息相關。

我們研究的每一家卓越企業來到公司轉捩點時，都特別集中資源，押下重大賭注。紐可鋼鐵在迷你鋼鐵工廠上押下重注，為瀕臨失敗的紐可鋼鐵，開創從優秀躍升卓越的轉折點，從原本各種事業有如大雜燴般互不相干，到後來成為美國最會賺錢的鋼鐵公司。微軟在 Windows 軟體押下重注，驅動微軟從一家小型電腦語言新創公司，蛻變為全世界最成功的軟體公司。華特・迪士尼在動畫影片押下重注，然後又押寶迪士尼樂園，讓迪士尼從小型動畫公司搖身成為重要娛樂事業。克羅格（Kroger）在超市押下重注，而主要競爭對手 A&P 卻選擇放棄類似的策略，A&P 從此長期走下坡，變得無足輕重，最後被淘汰出局。蘋果公司發展過程中曾經押過幾次大賭注，從 Apple II 電腦到麥金塔電腦、再到 iPhone 和 iPad。安進在公司發展初期曾嘗試過許多利用 DNA 重組技術的構想，後來他們在治療貧血的紅血球生成素（EPO）上下注，安進因為這項突破而躍起，躋身第一代卓越生技公司之列。西南航空下的重大賭注是：結合簡單的廉價航空營運模式與充滿愛心的公司文化，讓過去很少搭機的人享受到飛航的自由。西南航空以這個賭注為基礎，從一家只有三架飛機、現金拮据的新創公司，搖身一變為美國最能穩定獲利的航空公司。

當然，你必須在好的標的上下注，如果押錯寶，可能會嚴重傷害原本很成功的公司。那麼，怎麼樣才能押對寶，而不會賭錯呢？實際驗證很重要。《十倍勝，絕不單靠運氣》提到的「先射子彈，再射砲彈」原則（我們在前一章討論過），正是這個道理。

諾宜斯和摩爾離開快捷半導體公司，創辦新的半導體晶片公司英特爾時，新興的矽谷幾乎在同一時間冒出十來家半導體新創公司。諾宜斯和摩爾手上沒有特定產品，卻有實際驗證過的「摩爾定律」。摩爾計算過，以最少成本生產的每個積體電路上的元件數量，幾乎每年都會加倍成長。他們決定將新公司押注於根據等比級數必然發生的重大突破上。

接下來，諾宜斯和摩爾必須在某個特定產品線上下注，但應該選什麼呢？他們將有限的彈藥分配到三顆子彈上，以三種不同的方法設計記憶晶片。萊斯利・柏林（Leslie Berlin）在深入研究後撰寫的《微晶片幕後的推手》（*The Man Behind the Microchip*）中詳述，諾宜斯和摩爾不知道應該賭哪一種技術，所以三種都試試看。安迪・葛洛夫和萊斯・瓦達斯（Les Vadasz）領導的團隊嘗試用 MOS（金屬氧化物半導體）技術打造記憶晶片。他們用 MOS 技術開發的第二個晶片 1103 成為英特爾的重大突破：是能在價格上和傳統磁心記憶體競爭的第一個記憶晶片。接下來，當時規模還很小的英特爾決定賭大一點，他們發射砲彈，推出 1103 和之後的一系列記憶晶片。1103 成為全球最暢銷的記憶晶片，隨後的一系列晶片為英特爾的大爆發奠定基礎，英特爾終於從一家辛苦奮鬥的小公司變成非常成功的企業。倘若英特爾沒有先發射幾顆子彈，探測一下哪條路行得通，他們或許會押錯賭注。幸虧英特爾創辦人在押下重注之前，能先有紀律的進行測試和評估。

真正成功的策略一定會在押下重注前，先小心校準。必須先實際驗證押下的重大賭注是否符合你們的刺蝟原則：你們對此是否充滿熱情，能達到世界頂尖水準，並驅動公司經濟引擎。要確定某個做法擴大規模後行不行得通，最好的辦法是先用小規模試驗來證明。先射子彈，再射砲彈。

如何保護側翼？

歷史的主要型態不是穩定，而是不穩定。企業的主要型態不是現有公司長存，而是造反派獲勝。資本主義的主要型態不是平衡，而是熊彼德著名的說法「不斷吹起破壞式創新的大風」。在充滿威脅與崩解、動盪不安的危險世界裡，你必須懂得「保護側翼」── 找出一旦被發現、可能帶來重大傷害的罩門，並好好保護你們的罩門。

1940 年 5 月，第二次世界大戰初期，邱吉爾面臨關鍵策略決定。當時納粹裝甲師在俯衝轟炸機掩護下，轟隆隆地穿越法國鄉村，英軍正進行布署，希望協助法國對抗納粹攻擊。到 5 月 14 日，德軍已經衝破法國防線，法國官員懇求英國派遣更多戰鬥機投入戰事，拯救法國。英國決心要盡一切努力，幫助法國把納粹侵略者趕出去，但同時，邱吉爾必須預作準備，萬一希特勒擊敗法國後，挾盛怒轉頭對付英國，英國該怎麼辦。邱吉爾與他的作戰內閣考量一個關鍵的策略問題：萬一法國淪陷，需要多少架戰鬥機才能保衛英倫三島？答案是：二十五支中隊的空軍戰鬥機。

「我和同僚決心只要不超過最大限度（二十五支中隊），我們決心冒一切風險，投入戰役 ── 我們要冒的風險十分巨大 ── 但無論可能面臨什麼後果，我們都不會超過這個限度。」邱吉爾寫道。法國確實淪陷了，而且希特勒把目光轉向侵略英倫三島，斷言會取得空戰優勢。戈林元帥很有信心納粹空軍將在空戰中獲勝，英國人將在德軍猛烈轟炸下屈服。但結果證明二十五個中隊的戰鬥機很管用。英國戰鬥機占了上風，希特勒擱置侵略英國的計畫，英國屹立不搖，頑抗到底。

1941 年 12 月 7 日，一切都改變了，珍珠港事變撼動整個美國，美國因此放棄孤立主義，投入戰爭。邱吉爾後來回想他得知珍珠港遭襲擊的那個時刻：「我們回到大廳，試著調整一下思緒，思考剛剛發生的世界重大事件，這件事在本質上太令人震驚了，即使接近核心的人都很震驚。……英國會活下來，不列顛會活下來，大英國協會活下來。沒有人知道這場戰爭會持續多久，或以什麼方式結束，在那一刻，我也不在乎。無論遭受多大的傷害和破壞，歷史悠久的英國終將重獲安全，贏得勝利。我們不會被摧毀，我們的歷史不會終結，我們甚至不會失去自己的性命。」

但如果沒有這二十五支中隊，結果又會如何呢？

你必須讓你們的志業存活久一點，以待情勢演變。如果公司淘汰出局或直接斃命，即使後來幸運之神轉而眷顧，都已無關緊要。換句話說，必須知道自己的緩衝何在，並有所儲備（你們的二十五支中隊），以吸收種種挫敗、攻擊、壞運、甚至自己的過失，如此，你們才有辦法選擇堅持到底。**你的二十五支中隊是什麼呢？**

為《十倍勝，絕不單靠運氣》做研究時，韓森和我有系統地分析，為何有些新創公司能在高度動盪、混亂、崩解的產業中成為十倍勝贏家，其他公司卻辦不到？其中一個主要發現是，贏家都有強烈的建設性偏執。我們的研究顯示，他們的現金資產比率遠高於較不成功的公司，他們從公司發展初期就養成這個有紀律的好習慣。（不妨把保守的資產負債表想成二十五支中隊的一項要素。）他們憂心意想不到的突發事件可能會摧毀公司，因此預先建立緩衝，讓公司即使遭到外界劇烈衝擊，仍得以存活。他們也避開未校準過的風險，以免陷公司於災難。

新產業，尤其是由新科技驅動的新產業，往往會經歷寒武紀大爆發的階段，突然冒出數十家、甚至數百家新公司。但在產業汰弱擇強的過程中，許多剛萌芽的公司會銷聲匿跡。有的公司在得意時現金管理不善，沒有保留二十五支中隊，結果在產業淘汰賽中直接斃命。如果你們公司在寒武紀大爆發期間誕生，且獲得成功，你們必須更加偏執。你們可能因為成功，將自己包覆在舒適的繭中，與外界隔絕，而沒有發現躡手躡腳、偷偷到來的危險變局。

多年來，我一直很困惑為什麼有些公司無法快速適應克里斯汀生（Clayton Christensen）口中的「破壞式創新」，其他公司卻辦得到。回顧我們研究過的案例，我得到的結論是，答案其實很簡單 —— 他們沒有抱持建設性的偏執，不止短期如此，而且長達十五年以上。企業高階主管團隊造訪我在博德市的管理實驗室時，我經常問他們下列三個問題：

1. 在你們的世界，你有很大的把握未來五十年會發生哪些重大變化（包括公司內部和外在環境）？
2. 那些變化中，哪些會為公司帶來巨大生存威脅？

3. 從現在起，你應該馬上開始做哪些事，才能走在這些變化之前？

韓森和我從這些研究中學到一個基本教訓：暴風雨來襲時能不能應對得當，端視暴風雨來襲前你做了什麼。抱持建設性偏執心態的人，不會等到被狂風暴雨困在高山上，才設法取得額外的氧氣筒。寧可當個神經質的偏執狂，未雨綢繆，提前因應可能永遠不會來臨的破壞性衝擊，也不要因為無法堅持建設性的偏執（無論時機好壞），而遭到重擊，一敗塗地。

景氣好的時候，一片欣欣向榮，很難看出卓越公司與平庸公司的差異。然而等到局勢動盪不安時，兩者的差異就十分鮮明：能及早力行建設性偏執的公司將領先軟弱的平庸公司。準備不足的公司即使能挺過破壞性力量的衝擊，可能永遠無法縮短與領先群的差距。能在暴風雨來襲前做好準備的強者持續向前邁進，絕不回頭。

如何延伸我們的勝利戰果？

1863 年 7 月的蓋茲堡戰役，南方邦聯將領羅伯特・李（Robert E. Lee）不敵北方聯邦軍隊。李將軍在三天戰役中損失了三分之一兵力，至少二萬三千人非死即傷，或遭到俘虜，還折損了差不多比例的指揮官，包括十幾位將軍。南方邦聯能否打贏這場內戰，完全要看李將軍的軍隊在北維吉尼亞的成敗，換句話說，要仰仗李將軍的領導統御才能。維吉尼亞大學教授葛勒格（Gary Gallagher）在教學公司的課程「李將軍及他的最高指揮部與美國南北戰爭」（Robert E. Lee and His High Command and The American Civil War）中指出，一旦李將軍落敗，南方邦聯幾乎必敗無疑。

北方聯邦軍在蓋茲堡戰役獲勝後，原本有絕佳機會，可以一舉擊潰北維吉尼亞的軍隊，但他們做了什麼？他們讓李將軍渡過波多馬克河逃走了。

李將軍逃走後，林肯將所有怒氣發洩在一封信中，但他從來沒有將這封信寄給率北軍贏得蓋茲堡大捷的米德將軍（George Gordon Meade）。林肯在信中哀嘆：「再說一次，親愛的將軍，我不相信你真的了解讓李脫逃是多麼大的不幸。原本他已是觸手可及，如果追捕到他，加上最近幾場勝利，原本已可結束這場戰爭。結果，現在戰爭將無限期延長……你的黃金機會已經一去不返，我因此憂煩不已。」於是，血腥戰事又持續了兩年，直到 1865 年 4 月，李將軍在阿波麥托克斯（Appomattox）向葛蘭特將軍（Ulysses S. Grant）投降，南北戰爭才終告結束。

克勞塞維茨堅決主張，在關鍵時刻，必須恪遵集中兵力，乘勝追擊的原則。任何策略如果無法說明如何充分利用勝利戰果，都是不完備、不夠好的策略。他寫道：「在所有可想像的情況下，如果不能乘勝追擊，任何勝利都是無效的；無論乘勝擴大戰果的時間是多麼短，除了立即跟進，都需要再進一步追擊，擴大戰果。」

自從《BE》出版以來，我和研究團隊有系統地研究企業史上最令人讚佩、能延續數十年始終成功不墜的企業案例。我們檢視了 3M、安進、蘋果、福特、IBM、英特爾、克羅格、萬豪、默克、微軟、紐可、先進保險、西南航空、史賽克、沃爾瑪、迪士尼等從小公司躍升為卓越企業的公司，研究他們在過程中採取的每個重要策略。我迄今仍持續從事研究，從亞馬遜和先鋒領航集團（Vanguard）等公司持續成長經驗中學習。（再度提醒，雖然我們研究的公司的確成長為大企業，我們的研究會追溯他們還是小規模新創的時期；我們的研究並非把重心放在大企業，而是在探究原本不那麼卓越的公司採取哪些做法之後，躍升為卓越公司。）我們的研究強調，卓越企業並非只因為把握住某個關鍵時刻而獲得重要成果，而是因為他們在成功押下重注後，都能繼續努力，發揮戰果最大的價值。

飛輪原則談的正是如何充分利用勝利戰果（請參見前一章有關飛輪概念的說明）。多年來我們一直在研究為何有些公司能邁向卓越，有些公司卻辦不到，更有些公司不再卓越，走向衰敗，在所有研究中，我認為飛輪效應是一個最重要的策略原則。最大的贏家是能推動飛輪從轉十圈變成轉十億圈的人，而不是等飛輪可以轉十圈後，就啟動新的飛輪，推動新飛輪轉十圈後，又分散力氣去啟動另一個新飛輪，然後又是另一個新飛輪，再一個新飛輪。反之，沒能充分利用勝利戰果，發揮飛輪效應，是成本最高昂的策略錯誤。

轉動飛輪不代表做相同的事，不動腦筋，一直重複過去做過的事，而是要充分發揮、擴大、延伸，不斷演化與創造。轉動飛輪，不是要微軟早期一味執著於 Windows 1、Windows 2；而是要創造出 Windows 3、Windows 95、Windows 98、Windows XP、Windows 7、Windows 8、Windows 10，及更多軟體。轉動飛輪，不是要蘋果一再重複第一代 iPhone；而是要不斷演化與再創造 iPhone 的產品線。轉動飛輪，不是要西南航空一直留在達拉斯，使用相同的老舊飛機，維持最初的達拉斯－聖安東尼奧－休士頓三角航線；而是要持續升級到最先進的波音 737 客機，以同心圓的方式向外擴展航線到全美各地，攻占一個又一個新市場。轉動飛輪，不是要新創的亞馬遜只在網路上賣書；而是要繼續演化和擴大亞馬遜的電子商務市場及支援的物流系統，成為人類史上最無所不在和市場遼闊的商店。

我們在《為什麼 A+ 巨人也會倒下》中，研究為何一度卓越的公司會不明智地走上自我毀滅之路。我們發現，**受到「下一波大浪潮」的誘惑，忽略或放棄飛輪，是非常危險的事情**。無視你們的主要飛輪還有的潛能（或更糟的是，由於厭倦而忽視原本的飛輪，把注意力轉移到下一波大浪潮上，傲慢地以為可以自動複製原本的成功經驗），是一種自大。你必須為你們的飛輪發展出強壯的新枝幹（假如時間充裕，甚至可以打造出全新的飛輪），但一定要運用你們的致勝策略，繼續累積動能。切記，下一波大浪潮其實可能是你已經擁有的東西。應該充分利用勝利戰果，繼續轉動飛輪。

切記，必須先有願景

前面談過的策略三要素（押下重注、保護側翼、延伸勝利戰果）可以做為策略思考的指引。但別忘了，沒有清楚的願景，不可能有好的策略。混亂的策略往往衍生自模糊不清的願景；清晰的願景能帶來清楚的策略。想制定好策略，必須先釐清你們究竟想達到什麼目的。好策略將會決定你如何達成符合公司核心價值與目的的膽大包天目標。先願景，再策略，然後才是戰術。

策略的本質

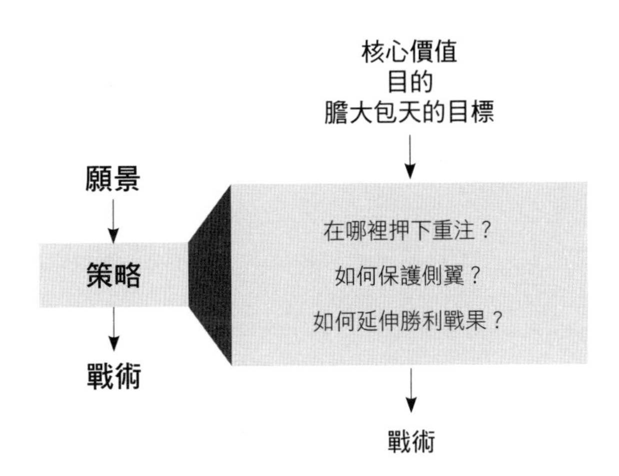

再一次把膽大包天的目標想成你們想攀登的高山。釐清核心價值和目的後，設定膽大包天的目標，延攬對的人才到你們的團隊，然後制定策略。接著把登山過程分解為幾個基地營，也就是三至五年的中階目標。接下來，你設定第二年的首要之務，也就是到下一個基地營前必須達成的策略要務。一旦抵達目標基地營，就調整並釐清到下一個基地營的策略要務，然後針對第三個基地營重複相同動作，直到達成膽大包天的目標。接著你再設定新的膽大包天目標。然後一而再、再而三，一直繼續下去。

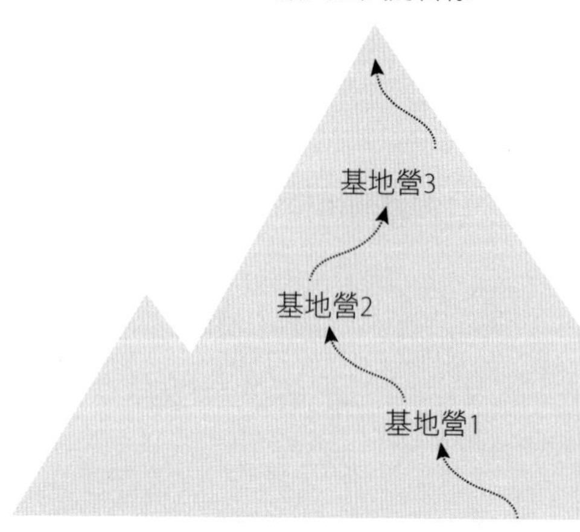
膽大包天的目標
基地營3
基地營2
基地營1

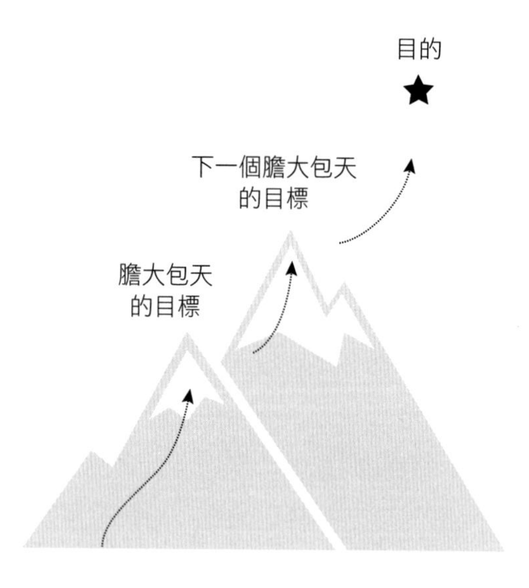
目的
下一個膽大包天
的目標
膽大包天
的目標

制定策略性決策

請牢記一張平衡的三腳凳圖像，三腳凳的每個腳都必須很堅固，凳子才會穩。要制定堅實的策略性決策，凳子的三個腳缺一不可：願景、內部評估、外部評估。只要完成上述三件事，在大多數情況下，如何決策就變得顯而易見了。（請見圖「制定策略的三個腳」）。

制定策略性決策時，除了理性分析，也要同等重視一般常識、經驗老到的判斷以及直覺。不要將策略過度複雜化，保持簡單明瞭。

形諸文字時，基本策略的篇幅應該不超過三頁。許多人聽到一定很吃驚，因為他們腦中的策略計畫是一疊厚厚的嚴肅文件。但別忘了，沒有人想讀一疊厚厚的文件，應該想辦法撰寫一套公司上上下下都可很快理解的策略指南。具體戰術或執行方案的篇幅可能會超過三頁，但基本策略應該簡短、清楚、扼要（事實上，應該可以用幾個清楚的句子呈現策略要旨）。

一個很有用的方法，就是根據企業經營活動的五個主要類別：產品（或服務）、顧客（市場區隔）、現金流量、人員與組織、基礎建設，來詳細規劃每一類的策略要素。我們會在本章結尾舉例說明這樣的策略形成過程。

至於常在策略規劃中看到的方框、圓圈、方格、矩陣呢？有些工具也許很有用，不過要記住，多數的策略規劃工具都是為多角化的大企業開發的，一般和中小企業不是那麼相關。頂尖的小企業通常不用這些複雜的矩陣或圓圈、方框，反而喜歡老派作風，用清晰的頭腦好好思考。

圖 7-3　制訂策略的三個腳

願景
- 核心價值與信念
- 目的
- 使命

內部評估
- 長處與弱點
- 資源
- 創新與新構想

外部評估
- 產業／市場／顧客趨勢
- 科技趨勢
- 競爭者
- 社會趨勢及法令規章
- 總體經濟情勢／人口結構趨勢
- 國際情勢

策略性決策

多年的滾動式策略及每年的策略優先要務

制定五年以上的策略通常沒什麼用。有的公司只會制定三年以內的策略。我們建議公司最好有三至五年的策略，但要每年修訂。不妨將策略想成是動態的，而非靜態，會隨著內部情勢和外在環境的變化而不斷演變。

為明年設定五個策略優先要務也很重要，並明訂每一項優先要務的負責人是誰。

每年的策略優先要務最好不要超過五項。假如每件事都是要務，那你根本沒有優先順序可言。最頂尖公司一次也只能專心處理幾個重要問題。（本章結尾所附的例子也會呈現策略優先要務形成的過程。）

年度策略會議

制訂及修訂策略最有效的方法之一，是每年都安排一次在異地舉行的策略會議，參與者應該涵蓋公司每個重要領域的關鍵人物。理想人數是五到十人，二十人應該是極限，我們強烈鼓勵把人數限制在十人以內。

有些公司發現舉行異地策略會議時，聘請外部顧問或引導員來協助內部人員，會很有幫助。

開會之前，應該要求每一位與會人員預作準備，回答幾個問題。這些問題應該在開會前至少一週就傳達下去。問題的內容每年不同，每家公司問的問題也不一樣，但應該都和公司的內部評估及外部評估相關。

為了激勵與會者在參加會議前做足準備，建議請每個人針對不同主題準備十到二十分鐘的簡報。喚起注意力最好的方法莫過於要求他們公開簡報。有人可能需要特別針對產業／市場趨勢、科技趨勢、創新和競爭者分析，準備報告。

我們建議採用類似下面的議程：

- 檢視公司願景（核心價值和信念、目的、和使命）。確定願景清楚明白，為大家所認同。
- 共同做內部評估。
- 共同做外部評估。
- 共同決定或修訂達成目前使命的基本策略。
- 共同決定下一年的五個策略要務。

必須有人負責整理會議成果。應該用這份會議結論作為策略「指引」，發給公司所有關鍵員工，讓大家經常引用，並在設定個別目標和里程碑時採用（參見第九章）。

中小企業面臨的四個重要的策略議題

以下是中小企業常見的四個策略議題：

- 成長速度應該多快
- 聚焦 vs. 多角化
- 要不要公開發行股票
- 要領導市場，還是跟隨市場

成長速度應該多快

惠普公司的惠烈特和普克有一次在訪談中被問到，如果要給創業者一個忠告，他們會說什麼，惠烈特回答：

> 不要成長太快。你們的成長速度需要慢到足以發展出完善的管理。創投家常常太急著逼迫年輕公司成長，但如果逼得太急，你們將失去原本的價值。

成長是最具爭議、也最不為人理解的策略性決策。請注意，我們說的是決策。你們想要以多快的速度成長，應該是明確的策略性決策。

成長實際上不一定好（或不好），快速成長也不一定是你們渴望達成的目標。這句話聽在有些人耳裡可能像異端邪說，因為他們認為優秀的經理人應該盡可能追求最高的成長。不過，追求快速成長不應該是既定結論，有些公司不想快速成長，可能有其理由。

成長的問題應該和所有重要決策一樣，回歸到公司願景。你們真的想變成大公司嗎？你們想要承受快速成長帶來的壞處嗎？

成長會有壞處嗎？是的。

首先，快速成長可能危及現金流量。常見的型態是，公司掏出現金來採購物料和雇用勞工，預期銷售額會快速增長。接著，公司把物料變成產品，開始銷售，你也知道，要等到購買行為發生幾個月後，現金才會流入。假如銷售情況不如預期，現金就被庫存綁死了。現金就像公司的血液或氧氣，沒有了現金，公司必死無疑，而成長會吃掉現金。這是為什麼近半數的破產事件是在公司創下銷售紀錄一年後發生。

快速成長還有其他壞處，包括：

- 快速成長可能掩蓋嚴重效率不彰的情況，直到成長放慢才暴露出來。
- 快速成長會竭盡公司基礎建設所能負荷的程度，往往超出極限。
- 快速成長策略可能迫使業務人員對外承諾較低的價格，嚴重削減公司利潤。
- 付出巨大的人力成本。快速成長階段人力緊繃，員工壓力沉重。
- 快速成長後，組織日益複雜，溝通減少。

- 大公司比較不有趣，快速成長會導致這種情形更快發生。
- 快速成長可能很快削弱公司文化，因此很難培養管理人才，強化公司價值。

濫竽充數症候群

企業文化減弱的主因，是我們所謂的「濫竽充數症候群」。我們看過很多瘋狂成長的公司放鬆員工聘雇標準：「我不在乎你找誰來。看在老天的份上，只要活人都好，我需要人手。」

但充數的濫竽不見得會堅守你們的價值觀，可能也無法達到你們追求卓越的高標準。快速成長的壓力迫使你們聘雇新人時不再那麼挑剔，但企業在聘僱人才上需要格外審慎。

快速成長可能演變成「為成長而成長」的心態，破壞公司原本的堅實的基礎。舉例來說，奧斯本電腦公司（Osborne Computer）為了持續令人興奮的高成長，不惜以低於成本的價格，賠本銷售電腦。當然，任何人都可以把一塊錢鈔票以八毛錢賣掉，但這樣做只能維持短時間。奧斯本公司正是如此，最終宣告破產。

範例

光藝公司

拚命追求過高的成長，是非常糟糕的策略性決策，本書作者之一雷吉爾就曾涉入這樣的典型案例。

光藝公司（Lightcraft）是一家重要的照明裝置廠商，憑著出色的設計、完善的服務和卓越的內部管理（尤其是存貨管理），在市場上競爭。

光藝公司保持中度成長策略時（每年成長10%到15%），經營績效非常出色。這段時間，光藝的淨利率遠遠超過業界平均水準，同業都知道光藝是一家傑出的公司，因持續表現卓越而享有盛名。

後來，光藝被紐通公司（Nu-Tone）收購，新東家決定採取快速成長策略——第一年成長50%，追求如此高速的成長，需要的管理技巧和過去中度成長時截然不同，為公司帶來很大壓力。光藝前一年的營收為六百萬美元，紐通公司逼他們下一年要達到九百萬美元的營收額。雷吉爾描述得最清楚：

> 紐通的銷售人力取代了光藝的業務人員，他們開始給顧客折扣，利潤削得愈來愈薄。我們原本蓋好一座很大的新工廠，處理新增的產量。然而發生了一些不幸的狀況，工廠建築有結構上的缺陷，導致水泥塊從天花板掉落。庫存也失控，我們沒辦法維持以往完善的庫存管理，而我們有大量現金都被這些存貨綁住。以當時的成長速度，我們無法保持一貫的顧客服務水準。整個基礎設施都被逼到極限，我們失去了當初賴以卓越的優勢。

光藝的營收在那年成長到七百二十萬美元，依照過去的標準，這是很高的數字，卻沒有達到預計的九百萬美元目標。而且由於產品的生命週期很短，為了衝刺九百萬美元營收而囤積了過多存貨，可能會因過時而淘汰。結果光藝的獲利率嚴重下滑，逐漸喪失原本在市場上的聲譽和地位。

快速成長還有一個需要格外注意的壞處：快速成長往往會助長傲慢心態，自以為無懈可擊，結果可能導致災難。不管企業史或世界史都充斥著各種組織案例，因為信心過度膨脹到危險的程度，加上連續成功或快速擴張的經驗推波助瀾，終於釀成大禍。世界史上的著名例子包括 1812 年拿破崙指揮的法國大軍，以及 1941 年希特勒領導的納粹德軍。

企業界也充斥著這類案例，許多公司因為快速成長，自以為所向無敵，結果信心很快就被擊潰。奧斯本電腦、Miniscribe、Televideo、Visicorp、Trilogy、Magnuson Computer 等公司都是在一連串成功後，很快失敗的例子。在每個案例中，自認所向無敵帶來糟糕的決策，傲慢自大更引發災難。

成長會帶來更多成長。你可能在不斷成長的市場上，有一個很棒的產品線，因此帶來更多成長。一旦成長模式確立，可能就很難放慢腳步。圖 7-4 顯示了成長如何帶來更多成長。

慢速成長行得通嗎？

你可能很好奇，慢速成長的策略真的行得通嗎？快速成長固然有很大的壞處，但公司不就是需要快速成長，才能保持健康與活力嗎？一位企業高階主管曾在主管培訓課程中辯稱：「公司就像鯊魚，必須一直游個不停，否則就會死掉。不成長，就滅亡。」

圖 7-4　快速成長螺旋及其陷阱

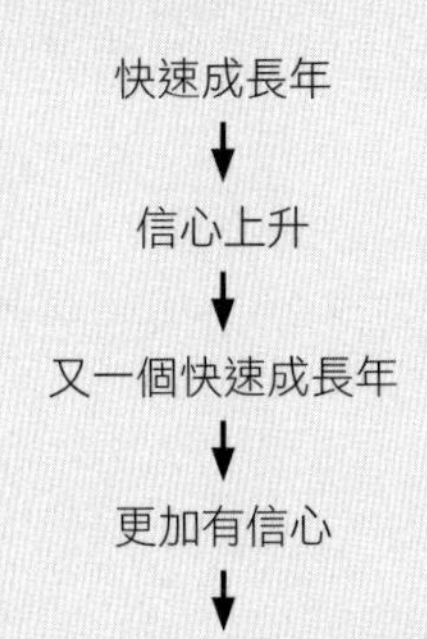

我們問：「你為什麼這樣說？」

「因為必須讓員工有晉升的空間。假如公司不快速成長，就會出現人員流動，因為這裡不再有機會迎接新的挑戰，而員工需要有機會成長。如果一家公司不能快速成長，就不是吸引人的工作環境，提供顧客的東西也會受限。除此之外，誰會想投資這樣的事業呢？」

他的話不無道理。快速成長能開創升遷機會，我們也承認，成長確實令人興奮。

儘管如此，仍然有些公司擁有一流人才，員工工作愉快，流動率低，顧客滿意度高，財務績效出色，而且採取慢速成長策略。

範例

大學國民銀行及信託公司

大學國民銀行及信託公司（University National Bank and Trust）創辦人兼董事長卡爾·施密特（Carl Schmitt）就為公司訂定明確的慢速成長策略。1980 年創辦公司時，施密特深信慢速成長的公司能提供絕佳的顧客服務及品質。

1980 年代，大多數銀行都瘋狂高速成長，施密特卻引領他的銀行井然有序地走上慢速成長之路，逐漸以卓越的服務享有盛名。到 1980 年代末期，大學國民銀行的資產報酬率已經比其他美國銀行的平均報酬率高出 45%，存款準備率為 1.3%（非常健康），而且幾乎沒有逾期放款。大學國民銀行的董事喬治·帕克（George Parker）指出：

> 施密特的銀行股東權益報酬率遠遠超出股東投資其他銀行時期望的報酬率。由於銀行成長緩慢，能把細節都做對，因此創造出絕佳的財務績效。

大學國民銀行的慢速成長策略能成功，關鍵在於他們能吸引和留住優秀人才。施密特 1991 年在一次訪談中告訴我們：

> 你們知道在多數銀行，出納的流動率有多高嗎？50%。你知道我們去年的流動率是多少嗎？0%。沒有一位出納離開。而且我們幾乎留住了所有的高階專業人才。他們留下來和我們長期共事，而且一直充滿動力。

大學國民銀行為何能在沒有高速成長的情況下，留住優秀員工？因為他們的工作環境自由，充滿樂趣。他們網羅在高成長環境中早已心力交瘁的「難民」，這些人親身體會過高成長付出的代價。施密特將大學國民銀行打造成好玩的工作環境，讓所有員工（包括出納在內）擁有很大的決策自主權。正如《Inc.》雜誌的描述，施密特設定「……成長的界限，但讓員工做日常決策時，感覺有無限的空間。」

和大學國民銀行恰好相反的是，許多公司認為快速成長策略是唯一可行之路。如果你們的使命是在快速擴大的市場成為關鍵要角，那麼在市場高速成長階段，最好不要落後其他公司太多。舉例來說，在爆發性成長的個人電腦市場上，康柏和蘋果別無選擇，只能採取快速成長策略，其他策略都行不通。

總結來說，關於成長的問題，該怎麼辦呢？我們主要想傳達，成長率應該是策略形成過程的一部分，必須周詳考量不同的成長率帶來的利弊得失。大體而言，健康的公司都會持續成長，然而成長的速度必須容許公司得以整合卓越的各個要素，逐步邁向卓越。不該問：「我們如何才能成長得最快？」而要問：「多高的成長率最符合我們的願景？」

新觀點

無法控制價格，就必須控制成本

一門很棒的生意和打造一家卓越的公司，有很大的差別。（這裡所說的「生意」是指你提供的產品和服務，以及你所處的產業。）在卓越的產業中，可以找到很多平庸或失敗的公司；反之，在不那麼出色的產業裡，仍可找到由卓越領導人打造的真正卓越的企業，例如西南航空及紐可鋼鐵。當然，最佳組合是打造一家卓越企業，同時這家企業做的又是很棒的生意。

怎麼知道你們的生意真的是很棒的生意呢？巴菲特給了最佳答案：「你不需要先開一場祈禱會，才能提高價錢。」

萬一你已投入某一門生意，卻缺乏定價能力，而你仍想打造一家卓越公司呢？這時候，你的策略要務是：如果無法控制價格，就必須控制成本。這就是為什麼西南航空及紐可鋼鐵的領導人制定的策略不是當「低價」競爭者，而是當「低成本」競爭者。

聚焦 vs. 多角化

對中小企業而言，一個最有效的策略是聚焦於特定市場或產品線，而且在你們聚焦的領域大幅領先競爭對手。聚焦策略能集中有限資源，創造最大優勢。雖然這裡所謂的資源不包含財務資源，卻包含更有價值的資源：經營管理的時間和精力。

安辛是麻州非常成功的瓊恩紡織公司前執行長，他向我們說明瓊恩為何採取聚焦策略：

> 如果你們和我們當初一樣，採取多角化發展，跨入五種不同的生意，結果這些業務只占銷售額的3%，卻會占去你們20%的時間、精力和注意力，那根本就不值得。必須集中心力，專心做你們比別人擅長的事情，可能會得到非常正面的成果，就像我們一旦決定將所有心力聚焦於一個領域時得到的好成績。

聚焦策略能讓你在競賽中不再只是另一個輸家。輸家往往在最不利的戰略位置：規模太小，無法充分利用經濟規模帶來的低成本優勢，但產品差異化程度還不足，沒有理由把價格訂得比競爭對手高。夾在中間，進退維谷，是致命的缺陷。

當然，聚焦策略也有它的問題。成長有其極限，端看你們的目標市場規模有多大。另外還有產業周期性變化的問題，會受到單一市場上下震盪波及。除此之外，採取聚焦策略時，機會主義比較沒有發展的空間。

儘管如此，我們很少看到企業因為過度聚焦而受苦，卻見過不少公司由於不夠聚焦而陷入困境。

範例

不夠聚焦的代價

亞特金斯（Clem Atkins）在 1970 年代中期為了將自己獨特的時鐘設計推到市場上，創辦了 GFP 公司。他的時鐘深受特定客群青睞，他們想要功能強大又像藝術品般精緻的時鐘。

GFP 公司成長到三百萬美元左右的規模，這時候，亞特金斯決定多角化發展，跨入單車配件領域。亞特金斯解釋：「我對騎單車很有興趣，我認為可以運用我的工程能力和設計技巧，生產一些特別出色的創新產品。」

的確，新的單車產品賣得很好，雖然亞特金斯注意到時鐘銷售量開始下滑。他宣稱：「因此我們更需要多角化發展。」接下來，亞特金斯又對新興的個人電腦市場產生興趣，決定為個人電腦使用者生產配件（特殊螢幕、鍵盤架及其他產品）。

GFP 公司持續多角化發展（包括滑雪度假村、園藝產品、製造再生紙等等），直到公司開始以驚人的速度賠錢。銷售額成長到五百萬美元以後，就直線下跌。

GFP 跨入的每一個市場，都是深具吸引力的市場。然而 GFP 橫跨這麼多不同市場卻很吃力，不堪負荷。GFP 公司從來無法東山再起，最後徹底失敗。

這是否表示企業絕對不該多角化發展？不，幾乎所有公司最後都免不了多角化發展。問題在於什麼時候多角化，以及多角化到什麼程度。

分階段多角化

分階段多角化的公司往往在多角化策略上獲致極大成功。所謂分階段多角化的策略，就是先聚焦於某個營業範圍，直到你們在該市場達到設定目標，然後（唯有在那時候）才跨入新領域。圖 7-5 說明了這個概念。

願景與聚焦的策略

在決定聚焦的程度時，公司願景應該扮演一定的角色。

舉例來說，大家是否還記得，賽爾屈克斯實驗室的目的是：「透過創新療法，改善生活品質。」因此賽爾屈克斯只會生產創新的人類醫療產品。瓊恩紡織公司的使命為「成為傢飾織物業第一品牌。」為了達成使命，瓊恩紡織開始去多角化，完全退出所有不相干的業務。瓊恩執行長安辛認為，為了成為傢飾織物業的龍頭，瓊恩必須聚焦於單一業務。

吉洛體育用品公司為了「在 2000 年以前，成為全球單車業最受推崇的公司」，集中力量，聚焦於這個目標。總裁漢納曼指出：

> 我們的願景宣言，尤其使命的部分，幫助我們在制訂策略決策時，保持聚焦。每個新產品構想都必須通過以下考驗：這個產品能否幫助我們在 2000 年以前，成為全球單車業最受推崇的公司？我們也拿公司目的來檢視：產品是否創新、高品質，而且毫無疑問是最好的產品？假如產品無法通過願景的考驗，我們就不會發展這個產品。就是這樣。

圖 7-5　分階段多角化

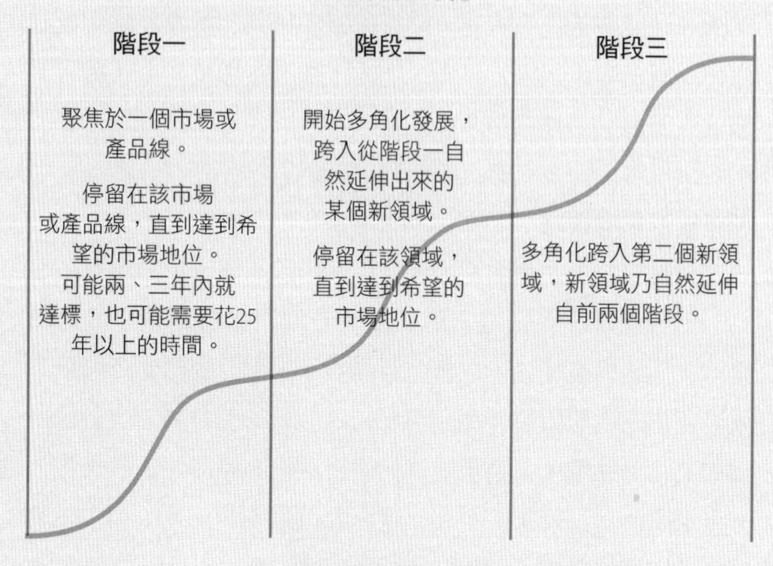

分階段多角化
階段一
聚焦於一個市場或產品線。
停留在該市場或產品線，直到達到希望的市場地位。可能兩、三年內就達標，也可能需要花25年以上的時間。
階段二
開始多角化發展，跨入從階段一自然延伸出來的某個新領域。
停留在該領域，直到達到希望的市場地位。
階段三
多角化跨入第二個新領域，新領域乃自然延伸自前兩個階段。

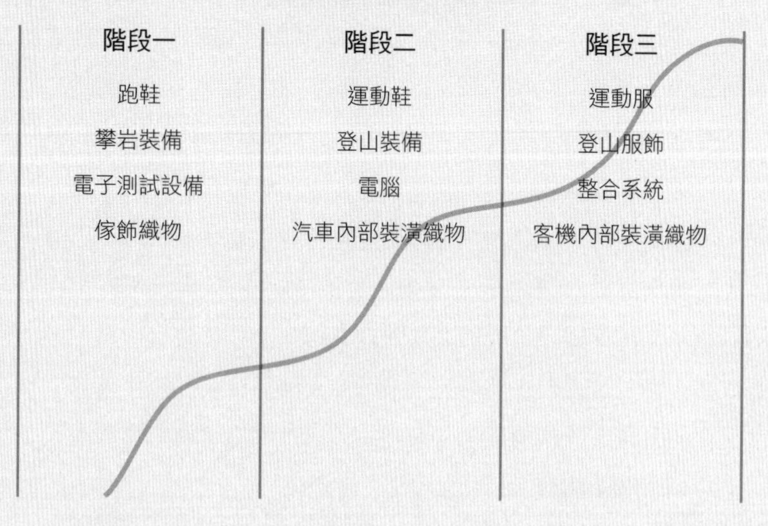

分階段多角化的例子
階段一
跑鞋
攀岩裝備
電子測試設備
傢飾織物
階段二
運動鞋
登山裝備
電腦
汽車內部裝潢織物
階段三
運動服
登山服飾
整合系統
客機內部裝潢織物

要不要公開發行股票

大多數的傑出企業終究會到達某個階段，需要考慮公開發行股票的可能性（也就是將公司股份賣給一般大眾，藉以籌資）。對許多公司而言，股票上市的魅力及帶來的流動性（有機會「套現」）都十分誘人。

不過，大家常常誤以為，一旦公司達到某個規模或歲數，股票上市是自然而然的下一步。但其實企業不是非公開發行股票不可，不是註定如此。

比方說，明尼蘇達州的卡吉爾公司（Cargill）在南北戰爭期間創立，1990年的營業額達420億美元（足以在1990年《富比士》雜誌年銷售額五百大上市公司排行榜名列第九），但卡吉爾公司始終沒有公開發行股票。

在躋身上市公司之前，最好針對公開發行股票的利弊得失，好好做策略性思考。也許沒有任何策略性決策像股票上市一般，一旦實施之後，會為公司帶來如此重大且持續的影響。

公司努力朝願景邁進時，股票上市或許是有用的策略，可以提供公司擴張及開發新產品所需資金，同時也能為股東提供流動性，有助於解決大股東過世引起的遺產稅難題。

但股票上市有一些重大缺點：

- 股票上市前後會消耗管理階層大量時間。IPO（首度公開發行股票）之前一個月內，公司高層通常都快被股票上市流程壓垮。無論是法人說明會、全員大會、撰寫募股說明書、和媒體打交道，還有其他各種活動，往往占據了管理階層大部分時間。股票上市後，還需花時間應付金融界的要求，準備季報和年報，和媒體溝通。

- 所費不貲。法律費用、會計費用、印刷成本和建檔費就會花掉將近五十萬美元。還有承銷費（付給協助企業股票上市的投資銀行）可能是很大一筆數字，占總價款的7%不算罕見。對大多數公司而言，應該假定IPO的總花費會遠超過一百萬美元。
- 有如在金魚缸中經營公司。你們必須揭露財務資訊。你們必須揭露薪資資訊。你們走的每一步都會被投資分析師詳細檢視，競爭對手也會更清楚你們的動向。
- 面臨追求短期績效的壓力。每一家上市公司都會感受到來自金融界的壓力，每季收益都必須愈高愈好。不利於公司為了追求長期健康而忍受短期虧損。
- 可能失去對公司的控制。如果有表決權的股份半數都掌握在外部人士手中，任何人只要有財力收購股票，都可以買下公司。
- 可能和公司目的相衝突。大眾持股人將手中股票視為財務投資。只要股價表現優異，他們並非真的在意公司的經營方式。因此，如果你們的目的不純然是擴大股東財富，也許會與股東意見不一致。大眾持股人通常不關心願景，只關心資本利得的前景。

範例

天索公司

傑伊．孟羅（Jay Monroe）在1960年創立天索公司（Tensor Corporation）。孟羅很有創意又熱情認真，他的主要目的是設法將自己的構想推到市場上，並且樂在其中。他為公司設定的願景是，產品決策不只要根據短期投資報酬率，也要考量美感。他覺得公司生產的產品也許短期財務報酬不見得最佳，但能為市場帶來更好、更有趣的貢獻。

他做了一個影響重大的決定：讓公司股票上市，將自己的持股降到50%以下。大眾持股人的投資動機（追求短期投資報酬率）直接與孟羅的願景相牴觸。孟羅最後面臨雙輸的局面——不是讓公司落入企業併購客之手，就是改變公司願景。

反之，L.L.Bean公司始終沒有上市，決心保持私人持有的狀態。他們的決策有很大部分是希望維持極高的顧客服務水準，儘管有時候，這樣的高標準會影響公司短期獲利。1989年，比恩決定將二百萬美元的盈餘投注於顧客服務改善計畫時，充分顯示不上市的決定帶來的好處。

總裁高爾曼在接受《華爾街日報》訪談時論及不上市的決定：「我們並非上市公司，是一件好事。我們不必擔心收益的問題。」

外部投資人的策略性決策也和IPO的決定相關。某些型態的投資人（例如大多數的創投家）是以「套現」價值為主要考量。如果你尋求創投資金挹注，或向其他投資人募資，而他們的主要動機是幾年內就可套現，你必須明白，你等於同時在做是否要股票上市或出售公司的策略性決策。

大多數由創投資金支持的公司都假定未來一定會上市（或遭到收購），只是早晚的問題。因此，如果因為上述種種原因，股票上市並不符合貴公司的願景，那麼或許不應該尋求創投資金的挹注或其他以「套現」為導向的資金。

領導市場，還是跟隨市場

一般而言，市場創新者或先行者會得到巨大利益。然而先行者優勢並非卓越的保證，市場創新者也必須付出某些代價。

證據顯示，先行者通常能取得市場優勢：

平均市佔率 *
市場先鋒、早期跟隨者、晚期跟隨者

	消費性產品	工業產品
市場先鋒	29%	29%
早期跟隨者	17%	21%
晚期跟隨者	12%	15%

* 根據 1,853 家企業樣本數得出的數據，由羅賓森（W.T. Robinson）與佛梅爾（C. Fornell）分析，發布於 1985 年 8 月《行銷研究期刊》（*Journal of Marketing Research*）。

上圖還無法呈現市場競爭的全貌。有許多例子顯示先行者喪失原本的優勢，通常是因為競爭對手推出更好的產品，行銷做得更好，或兩者皆是。的確，早期跟隨者往往趁機搭便車，藉著先行者的勢頭，進攻已準備好的市場。李柏曼（Marvin B. Lieberman）及蒙哥馬利（David B. Montgomery）在史丹佛企管研究所研究論文 #10084〈領先或跟隨？進入順序的策略〉（To Pioneer or Follow?: Strategy of Entry Order）提供了以下案例，以及其他許多例子。

- Bomar 推出第一個手持計算機，並以大量電視廣告刺激市場，後來卻被德州儀器和惠普超越。
- Visicorp 發明 Visicalc 試算表軟體，塑造新的市場面貌，但是等到行銷策略完善、功能也更厲害的軟體 Lotus-1-2-3 上市，Visicorp 就一敗塗地。
- Docutel 是自動櫃員機的先鋒，然而當競爭對手推出的自動櫃員機擁有 Docutel 的機器沒有的功能時，Docutel 只能拱手讓出市場地位。
- 奧斯本電腦公司本是可攜式電腦的先驅，後來競爭對手推出更好的產品，奧斯本卻提不出因應之道，只能吞敗。
- 福特汽車在 1920 年代被迫讓出汽車業的龍頭寶座，因為還在市場上辛苦掙扎的通用汽車推出更優質、更有特色的汽車，福特卻無法快速調整腳步因應。福特從此再也無法重返汽車業龍頭的地位。
- 英國航空（British Air）推出第一架商用噴射客機，卻不敵波音 707 更優越的設計。波音從此稱霸商用噴射客機市場。

看了上述例子之後，應該如何看待扮演市場先鋒或市場跟隨者兩種不同的策略？顯然，當市場領導者有其優勢，可以鎖定顧客，及早建立市占率，並取得主導性的商標名稱。沿著學習曲線往下走，有時候還可獲得專利保護，受益於高獲利，將累積的現金流量投入未來產品開發和行銷。

不過──這是關鍵──單靠市場先鋒的策略還不夠，先行者優勢無法永遠保護你，更何況，好的策略還必須有好的執行力配合。

當然，許多公司努力追求的理想地位是，既是第一，又是最好。如果你們沒辦法跑第一，那麼就持續努力，改善產品、行銷和服務，那麼仍然可以取得強勢地位。

因此接下來要討論的就是企業躍升卓越的最後兩個關鍵要素：創新與卓越的戰術執行。

關於策略，千萬要避免將所有的時間全部投入規劃，結果反而沒有充足的時間創新和執行。清楚的策略思考能幫助你們步上正軌，但正如威爾．羅傑斯（Will Rogers）所言：「即使已步上正軌，如果你只是坐著不動，仍然會被超越。」

沒有任何企業能制定完美的計畫。沒錯，企業應該有清晰的願景和達成願景的基本策略指引。然而你們不可能鉅細靡遺嚴格規劃每一個行動步驟，這麼做十分荒唐，完全在浪費時間。卓越公司都必須容許某種程度的創造性混沌。最重要的是，公司不能坐著不動。員工必須動起來、採取行動、嘗試、失敗、再度嘗試、努力奮戰、辛苦拚搏、勇於創新、認真執行細節。

回到本書的核心主題，沒有任何單一因素足以造就卓越企業。不只是策略，不只是領導風格，不只是願景，不只是創新，不只是卓越的戰術執行，而是所有這一切協調一致、完善運作多年的成果。

以下幾頁包含一個小公司策略形成的範例。這個例子描繪了從願景、內部評估和外部評估到策略及一整套策略要務的流程。本章最後則針對產業演化分析階段提供了一些警示。

策略形成範例
硬石產品公司（Hardrock Products, Inc.）

公司願景

核心價值與信念

我們重視高績效。
我們相信應該發揮你最大的潛能。
我們重視良好的實體環境。
我們只想參與我們能表現卓越的市場；如果我們在市場上無法名列第一或第二，我們就不想投入這個市場。
我們重視努力工作的價值。
我們重視工作的樂趣，和工作之外的休閒時間。

目的

協助愛好戶外運動的人充分發揮運動潛能，為在我們熱愛的運動領域謀生的人提供工具。

目前的使命

在 1997 年前成為全球第一的攀岩硬體裝備供應商。

內部評估

長處

尖端技術及硬體設計技巧
有本事創造出有多種副產品的「核心」產品
有能力催生大量新構想和創新產品
密切了解攀岩世界
在可靠性、品質和服務上聲譽佳
我們懂得設計很棒的產品目錄

弱點

缺乏財務或控管能力
從設計到生產到市場的協調很差
跨部門溝通很糟糕
員工訓練不佳
產品很棒，但製造成本高昂

資源

資產負債表很強
沒有負債；需要時有能力借貸
公司理念為保持密切控管；沒有外部投資人

創新

發明新的螺栓技術
新的凸輪技術
產品代號：Wildcat

外部評估

產業趨勢

市場接近成熟，每年成長 15%
市場規模為美國約有五萬名攀岩者，全球約有五十萬名

市場區隔為運動型、傳統及大牆攀登市場
運動攀岩市場成長最快
成長的驅動力包括：

- 因為新科技的發明，攀岩變得更安全
- 攀岩競賽及電視報導
- 嬰兒潮世代的中年危機

科技趨勢
凸輪裝置
螺栓裝置
更輕、更堅固的原材料

競爭者
市場區隔化；沒有單一霸主
來自歐洲的競爭愈來愈激烈
主要的直接競爭對手：黑鑽（Black Diamond）

社會環境與法令規章
因恐損害岩壁，國家公園管理局限制螺栓的使用
預計 1993 年通過 ISCC 安全標準
產品責任險成本暴增

總體經濟情勢及人口結構變化
休閒時間增多
嬰兒潮世代到達中年，尋求新挑戰

國際情勢
德國、法國、義大利和澳大利亞的市場均有成長

三個主要機會
1. 運動型攀岩
2. 國際市場
3. 攀岩競賽

三個主要威脅
1. 未達到 ISCC 安全標準
2. 國際競爭者
3. 產品責任險的成本

策略 1991-1993

概述

為了達成公司使命，成為全球首屈一指的攀岩硬體供應商，我們的策略是聚焦於攀岩硬體裝備，並將重心放在擴大運動型攀岩的區隔市場。我們將以優越的創新、設計、品質、服務水準，在市場上競爭。

產品

我們只製造攀岩的硬體裝備。在完成使命之前，我們不會為其他運動項目製造產品，也不會進入「軟性商品」的市場。

我們會以優越的技術、品質和服務，在市場上競爭，而非進行價格競爭。我們的定價將符合高端市場的價位。

我們將開發核心產品群，因此可以輕易就為特殊需求而量身打造。如此可壓低庫存成本，並保持高品質。

我們會好好把握運動型攀岩及速度攀岩興起的趨勢，因此會將產品開發的資源集中投入於這些日益擴大的市場。

我們製造的所有產品將符合規劃中的 ISCC 安全標準，因此一旦安全標準通過，我們將占據絕佳地位。

為了保護公司免於遭到產品責任訴訟，我們會為了確保安全而「過度設計」產品。

我們將專注於新產品創新，每年推出兩個新產品。我們將善用螺栓與凸輪科技的新趨勢，並從中獲利。

新產品問世時間：

1991：Ultra-light Bolt Drill、Quick Clips

1992：Hardcam、El Cap Pins

1993：Power Cam Unit, Wildcat

顧客

相對於競爭對手，我們自我定位為認真攀岩者的卓越產品供應商。

我們主要經由自己的郵購網路配銷產品，同時也透過零售專門店銷售。

我們與攀岩顧客接觸的方式，是透過自家的產品目錄以及攀岩雜誌上刊登廣告，邀請運動員推薦，以及贊助攀岩競賽。

我們盡量藉由知名攀岩者使用我們的裝備，獲得「免費廣告」。

我們透過卓越的顧客服務，培養顧客忠誠度；顧客的訂單會在 24 小時內處理完畢，讓顧客的訂購過程輕鬆愉快。

未來三年，我們至少會在三個國際市場推出我們的產品。
1991：法國
1992：德國
1993：義大利、澳大利亞

現金流量

我們主要透過營運挹注資金，因此我們的產品定價至少提供 50%的毛利率。

我們將維護銀行關係，規劃信用額度（以備不時之需）；但我們會盡量減少借貸。

我們將以可控的速度成長；最多每年成長 15%。

銷售額	毛利率	稅後淨利
1991：450 萬美元	55%	10%
1992：510 萬美元	50%	8%
1993：580 萬美元	50%	10%

人員及組織

我們將任用經驗老到的財務總監。
我們將建立設計－生產－行銷團隊來負責每個新產品；避免過去從設計到生產到行銷碰到的問題。
我們將持續培訓工程及設計人員。

我們將持續雇用熱愛戶外運動的人。
我們將增強我們的零售專門店銷售人力。
我們將設立海外事業部。
我們將發展員工訓練計劃。

基礎建設
我們的新設施將更有助於跨部門溝通。我們將購買自己的設施，而非租用，地點將鄰近山區。

1991 策略要務

1. 及時將新產品 Ultra-light Bolt Drill 及 Quick Clips 推出上市，進攻夏季市場。（主要負責人：喬伊）
2. 在歐洲取得一席之地；簽下兩位歐洲攀岩界超級巨星為產品背書（男女各一）；建立郵購系統並雇用法國業務代表；設計法國產品目錄。（主要負責人：貝斯）
3. 延攬經驗老到的財務總監。（主要負責人：比爾）
4. 執行產品從設計到生產到行銷的團隊運作。（主要負責人：蘇）
5. 確定新設施地點，並購買新設施；在 1992 年之前做好搬遷準備。（主要負責人：鮑勃）

針對產業演化分析的幾點提醒

以下關於產業演化分析的評論來自於我們自己的觀察和麥可・波特的著作《競爭策略》。

產業演化的四階段（萌芽期、快速成長期、成熟期、衰落期）可能是最常見的演化型態，卻不見得適用於所有產業。

波特提出四件事情，做為運用概念時的提醒：

1. 各階段持續的時間會因產業而異，而且往往很難決定目前產業究竟處於哪個階段。
2. 產業成長不見得遵循 S 曲線。有的產業可能跳過成熟期直接走向衰敗。有的產業似乎連萌芽期都跳過。
3. 企業能透過產品創新和重新定位，影響成長曲線的形狀。如果某公司完全遵循上述的演化階段，反而會成為自我實現的預言。
4. 與每個演化階段相關的競爭本質也會因產業而異。有的產業保持聚焦，有的產業開始區隔和合併，有的則保持區隔。

針對以上四點，我們要加上第五個提醒。我們認為許多產業都包含多個 S 曲線。換句話說，某個產業可能在創新產品推出時，經歷多個 S 曲線，從萌芽期到接受期到衰落期。這就是所謂的「創新採用週期」，羅傑斯（Everett M. Roger）在突破性著作《創新擴散》（*Diffusion of Innovation*）中有詳細描述。對有興趣了解某個群體如何採用創新的人而言，這本書是必讀的傑作。

總而言之，產業分析階段是很有用的工具，但使用時應該經過深思熟慮，而不是把它當成福音，盲目相信。

第8章

創新

……所有的進步都仰賴不理性的人。

—— 蕭伯納，《人與超人》

好點子從來不缺。

的確，要建立創新的組織，最大的問題不是如何刺激創造力，而是如何讓周遭瀰漫充沛的創造力，如何化創意為行動，轉變為創新的產品或服務。（你可以將創新視為創意實現後的成果。）

本章要談的正是這個問題。我們相信，恆久卓越的組織必能持續創新，新構想會源源不絕冒出來，而且其中某些創意還能完全實現。我們說某些創意能完全實現（而非全部創意），是因為卓越企業手中的好點子總是超過他們的資金能負擔的程度。

大多數公司都始於一位創造力豐富的創辦人。不過，他們面臨的挑戰是如何成為有創新力的公司，而不是一味仰賴創造力豐富的領導人。

我們列出創新公司需具備的基本要素：

1. 歡迎來自四面八方的創意
2. 把自己當顧客
3. 不斷實驗和犯錯
4. 延攬有創意的人才
5. 充分自主與分散管理
6. 獎勵

我們會一一說明這六個要素，搭配實際案例並提出建議，最後提供能激發創造力與創新的管理技巧。

企業創新要素 1：歡迎來自四面八方的創意

比起創新能力差的競爭對手，高度創新的公司不見得能激發出更多創意（每家公司其實都有源源不絕的好點子），但高度創新的公司更懂得從善如流，不只樂於接受自家員工提出的想法，也歡迎來自四面八方的創意，而且他們會針對這些構想採取行動。創新公司並不會把每個構想都付諸實現，但他們比較容易對還不成熟的構想快速採取行動，而不是花大把時間想出一堆行不通的理由。

悲哀的是，我們大多數人受的訓練恰好相反。我們從小被教導要擅於批評。我們很懂得想出一堆理由，說明某個構想很愚蠢或注定失敗，藉此顯示自己是多麼聰明。

比方說，我們發現，許多初出茅廬的 MBA 見到某個商業構想時，很懂得在裡面挑出各種毛病，卻不擅於想辦法讓構想變得可行。我們經常在討論中見到這樣沾沾自喜的人，他們剛剛把別人的新產品構想批評得一無是處。我們會問：「沒錯，我們知道這構想還不完美，但世上沒有完美的點子，即使有這麼多缺點，你打算如何成功實現這個構想呢？」有些人一旦了解到，目標不再是靠挑別人毛病來顯示自己的聰明時，就能欣然接受挑戰，表現出色。有些人卻不然。他們從小訓練有素，批評的習慣早已根深蒂固，要建立卓越的企業，必須設法克服這種負面的訓練。

別誤解，我們的意思並非每個構想都是很棒的創意，或每個新產品構想都能大獲成功。事實上，不少創意最後都以失敗收場。然而，就如我們之後會再詳述的，即使是失敗的經驗，久而久之都會帶來可觀的紅利。

很重要的是記住，許多很棒的點子起初都被當成笨主意。表 8-1 列的許多例子都是歷史上的重大創新，最初卻被所謂的專家（我寧可稱他們為「愛潑冷水的傢伙」）斥為笨主意。

建議各位不妨將這份清單發給所有員工。將清單貼在牆上或放在辦公桌上，以便隨時都看得到，也請其他人跟著做。公司應該歡迎各種創意構想，這份清單是很好的提醒。

所以，要增強公司的創造力和創新能力，第一個要素是歡迎四面八方來的創意，還有最重要的是，營造出歡迎新構想的氛圍。我們要再度強調：**好點子從來不缺，缺的是樂於接受各種想法的態度。**

表 8-1　歷史上那些愛潑冷水的傢伙

- 「這個『電話』有太多缺點，我們不會認真考慮拿它當溝通工具。基本上這東西對我們沒什麼價值。」1876 年西聯公司（West Union）在內部備忘錄如此評論貝爾的電話。
- 「你的想法很有趣，形式也很完善，但要拿到比『C』更高的成績，你的構想必須行得通。」史密斯在論文中提議建立可靠的隔夜快遞服務時，耶魯大學管理學教授如此回應他。史密斯繼續努力，創立了聯邦快遞公司。
- 「我們沒有教你該怎麼當教練，你也別來教我們怎麼做鞋子。」一家大型運動鞋廠商對耐吉共同創辦人及 waffle 鞋發明人比爾．包爾曼這麼說。
- 「於是我們跑去 Atari 跟他們說：『嘿，我們做了這個不可思議的東西，甚至還有用一些你們的零件，你們有沒有興趣投資我們？或者我們也可以把東西給你們，我們只是想做這件事，只要付我們薪水就好，我們會為你們工作。』但他們說：『不。』所以我們跑去找惠普，惠普說：『嘿，我們不需要你們，你們根本還沒讀完大學呢。』」賈伯斯談到當初試圖向 Atari 和惠普介紹他和沃茲尼克的個人電腦。

- 「『你們應該把它變成連鎖商店，』我告訴他們。『我們可以當你們的白老鼠。』他們只是火冒三丈！完全不明白背後的想法……被他們拒絕之後，我和巴德只好自己想辦法。」沃爾頓描述他在 1962 年向班富蘭克林連鎖事業（Ben Franklin）推銷他的折扣商店概念。沃爾頓只好自行創立沃爾瑪商場。

- 「誰會想聽演員開口說話啊？真是見鬼了。」華納兄弟公司（Warner Brothers）的哈利．華納（H. M. Warner）1927 年曾說。

- 「我們不喜歡他們的聲音，而且吉他音樂已經快過時了。」迪卡唱片（Decca Recording Company）1962 年拒絕披頭四時是這麼說的。

- 1984 年，約翰．派特森（John Henry Patterson）花 6500 美元買下收銀機的權利時，商場上的朋友都嘲笑他，他們認為收銀機沒什麼市場潛力。派特森後來創辦了 NCR 公司（National Cash Register）。

- 「你到底想把什麼電腦玩意兒引進醫療界啊，我對電腦毫無信心，也不想和電腦扯上任何關係。」英格蘭一位醫學教授談到電腦斷層掃描器時 對約翰．艾菲爾．鮑爾（John Alfred Powell）這麼說。

- 「鑽油？你是說在地上鑽洞，試圖找到石油？你瘋了！」1859 年，艾德溫．德瑞克（Edwin L. Drake）為他的石油鑽探計畫招募有經驗的鑽探工人，不斷聽到這樣的話，後來德瑞克成為第一個成功鑽探油井的人。

- 「這是很不錯的活動。但是對軍隊而言，飛機毫無用處。」第一次世界大戰時在西線指揮大軍的協約國最高統帥費迪南．福煦（Ferdinand Foch）表示。

- 「電視絕對不可能流行起來，你必須在陰暗的房間裡看，而且要一直很專心。」哈佛大學教授切斯特．道斯（Chester L. Dawes）在 1940 年評論道。

來自外部的構想

不要以為唯有公司內部產生的創意才值得推動，有些極富創意的公司非常仰賴外部創意。

麥金塔電腦背後的基本概念並非蘋果電腦原創，這些想法已經萌芽多年，最初出現於美國國防研究專案，後來又在全錄發展。一群蘋果主管到全錄公司參觀滑鼠和圖示技術的演示（全錄是蘋果的投資者），把基本概念帶回蘋果公司。

第一家麥當勞餐廳是由麥當勞兄弟在加州聖伯納迪諾市創立的，後來是麥當勞公司的創辦人雷伊．克洛克（Ray Kroc）把麥當勞兄弟的想法轉化為連鎖餐廳，克洛克純粹是從既有的創意成果中看到更大的潛能。

T/Maker 公司沒有設計 Personal Publisher（最早問世的桌上出版套裝軟體）的最初產品原型，這套軟體其實是一位外部程式設計師自發努力的成果。

泰諾（Tylenol，突破性的非阿斯匹靈止痛藥）不是嬌生公司發明的，而是麥克尼爾實驗室（McNeil Laboratories）的心血，後來嬌生收購了麥克尼爾實驗室。寶僑沒有發明 Oxydol 洗衣粉或 Lava 肥皂，而是透過收購威廉瓦克肥皂公司（William Waltke Soap Company）取得這些產品。3M 公司沒有發明他們的第一個指標性產品 Wetordry（一種防水砂紙，在 1920 年代問世），年輕的費城墨水商法蘭西斯．歐奇（Francis Oakie）發明這項創新產品後，把權利賣給 3M。

我們必須防止「非我發明症候群」蔓延整個公司。應該保持心胸開放，經常向外尋求創意，最好全世界都成為你們的研發實驗室，讓世界上成千上萬個很棒的點子都能輕輕鬆鬆穿越公司的外膜，滲透進來。

以下是你們可以考慮的活動：

- 樂於接受外界人士提出的創新構想，讓這件事成為每位員工的責任。指派專人負責回應外界提出的創意。許多想法或許不見得符合你們的使命或可能缺乏可行性，但別忘了，切斯特．卡爾森（Chester Carlson）曾向二十家公司提出影印技術，卻遭冷眼相待，他在心灰意冷之下，創辦了全錄公司。
- 安排一位員工和其他產業中備受推崇的公司交流，讓員工待在那家公司幾個星期，他們的員工也待在你們公司一段時間。這種交互培育員工的方式能激發出很棒的洞見。
- 聘用外部設計師。許多最富創意的設計往往出自外部設計師之手（例如麥金塔電腦的外觀設計）。外部設計師的客戶來源廣泛，他們為客戶設計不同類別的產品、解決不同問題的過程中，往往會激發出各種想法，因此能提出極具價值和啟發的建議。（同一原則也適用於其他型態的外部顧問。）
- 鼓勵員工參加技術性、產業界、同業的社團或其他團體，可以藉此接觸到許多有趣的人和有趣的概念。公司可負擔入會費。領導人也應該參加一些社團。
- 容許員工到外地參加活動，或花時間走出辦公室，多接觸新觀念、新想法。舉例來說，耐吉撥出一部分設計預算，讓員工可以不受限制的旅行。耐吉希望設計師走出辦公室，增廣見聞，激發創意火花。

- 公司出錢訂閱能激發新洞見、新觀念、新技術和研究成果的期刊和出版品。同理，在公司設立圖書室，准許員工買書、讀書，增添公司藏書。
- 邀請觀念先進的人來公司演講或開研討會。鼓勵外部人士參加討論及辯論。
- 挑選部分員工，讓他們以公費參加培訓計畫、研討會和大學贊助的活動；請他們回公司後對其他員工（也許在全員大會中）發表在活動中聽到的「最有趣的想法」。
- 鼓勵員工閱讀與工作無關的紀實文學作品，並分享心得。《追求卓越》（*In Search of Excellence*）的作者華特曼（Bob Walterman）告訴我們，他的許多想法都是透過廣泛閱讀而來，他的閱讀範圍從建築到世界史，可說兼容並蓄，不拘一格。事實上，針對創造力的研究顯示，重要的創意人才通常興趣很廣，能包容各種不同觀點，而且追求新奇與多樣性。**能在不相干的概念之間看到關聯性，並將不同的概念融合在一起，往往能迸發創新。**
- 讓顧客輕而易舉就能提供你們上千個點子（我們真的是指幾千個點子）。在服務據點設置意見箱。效法史都雷納乳品公司（Stew Leonard's Dairy）的做法。史都雷納是康乃狄克州諾華克市的一家乳製品專賣店，他們是家族企業，年營收一億美元。史都雷納的意見箱每天平均都會收到一百個評論或建議。為了激發顧客更多想法，他們收到每個建議後，都會在二十四小時內回函感謝。

內部提出的構想

當然，好點子不會都來自外部，許多最好的構想和創新往往來自公司內部。組織是非凡創意與創新的天然孵育器。

就在你們閱讀本章的當下，公司內部也有許多很不錯的創意正四處流轉。正如同公司應該廣納外部的各種想法，公司也應該聆聽公司上上下下、不同職位的員工提出的建議。好點子可能來自公司最遠的前哨站，例如大麥克滿福堡加蛋是麥當勞加盟店的點子，也可能來自內部的科學實驗，例如 3M 的 Post-It 利貼便條紙（3M 有一位研究人員做了各種化學實驗，意外發現這種獨特的黏膠，促成這個產品）。

還記得顧客意見箱嗎？你們也應該想辦法讓員工透過內部程序，提出建議。沃爾瑪有個政策叫「改變的低門檻」。分店經理定期請現場人員提出改善與創新的建議，員工的建議如果特別出色，有時候還會獲頒獎金。

公司領導人也可以成為創新的主要來源。的確，我們注意到許多新產品的創新構想都來自組織高層。

- 吉洛的許多新產品都是創辦人甘提斯及設計團隊的心血結晶。甘提斯曾在一次企劃會議上提出三十多個新產品點子，供公司評估。
- 索尼隨身聽的原始構想來自名譽會長井深大。
- L.L.Bean 早期許多創新都直接來自比恩。

圖 8-1

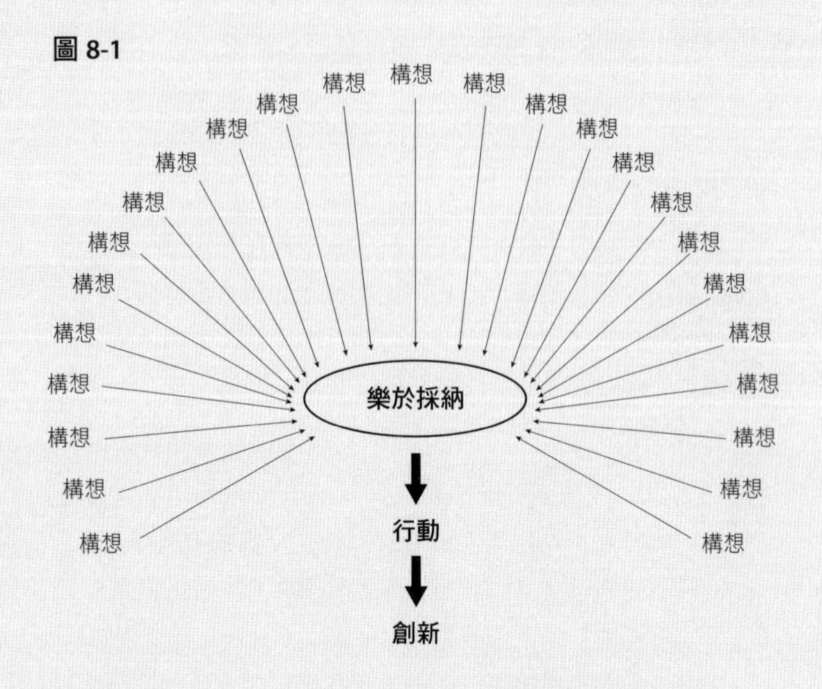

並不是說創辦人和執行長一定比其他人更有創意，而是他們在背後推動構想時，會大大降低（或完全消除）可能碰到的阻力。索尼唱片部門的人原本認為隨身聽的點子很瘋狂，如果構想不是源自榮譽會長井深大，還會有生路嗎？也許會，但機率當然會低很多。

因此，我們要重申本章的核心重點，你的主要挑戰不是表面上提升創造力就好，而是公司要能廣納早已存在的大量創意。重點不在於你創立的公司以你為創新泉源，而是要持續推動組織聆聽採納各種新構想，彷彿這些想法全是你提出來的。

創意的推力，還是市場的拉力？

在往下討論之前，我們必須先討論一個令人頭痛的弔詭。

一方面，典型的商學院教條主張，必須先界定市場需求（透過市場研究或其他分析顧客效益偏好、價格敏感度的方法），然後才開發符合顧客需求的創新產品（市場拉力，有時稱市場焦點）。這個教條表面看來很合理，畢竟企業應該開創符合顧客需求的產品或服務，而最好的方法莫過於找出顧客需求，然後一切創新努力都以滿足這些需求為目標。

不過，另一方面，許多在市場上非常成功的創新都不是因市場拉力而誕生，也不是經過典型市場研究之後開發的新產品。的確，如果企業創新一味依賴市場拉力，那麼許多突破性產品根本不會問世。

- 傳真機是美國人發明的，不過一直到 1990 年，市面上銷售的傳真機沒有一部是美國製造。原因何在？根據杜拉克的說法，由於美國人相信市場研究，認為這樣的機器缺乏市場需求。
- 3M 利貼便條紙使用的獨特黏膠，最初並不是先定義市場需求，再交由研究人員進行黏膠實驗。科學家史賓塞・席佛（Spencer Silver）不是因為知道這種獨特黏膠會有市場，才展開研究。相反的，他的黏膠是一個尋找問題的解方。席佛花了五年時間，踏遍 3M 各部門，問大家能否想到這種黏膠有何用途。席佛描述：

  我們必須辛苦爭取專利（經費），因為看不出明顯的商業用途……這黏膠就是你看到之後會說「一定有什麼用途」的東西……有時候我很生氣，因為這東西顯然很獨特。我對自己說：「為什麼你連一個產品都想不出來？」

甚至，在我們想到可以用來做利貼後，新產品仍未通過四個城市的市場研究測試！直到他們密集送出新產品供大家免費試用，讓許多人愛上這小小便條紙，產品的地位才終於穩住。

- 史密斯想到聯邦快遞的點子（隔夜送達的全國快遞服務）時，UPS、艾莫瑞空運（Emery Air Freight）和美國郵局都想過這件事了。但他們認為缺乏市場需求而沒有實行。因為從來沒有顧客要求這樣的服務。
- 黛比．費爾茲創立餅乾連鎖店（費爾茲太太餅乾公司）時，有人警告她，她擅長的是製作香甜美味、熱烘烘的軟餅乾，但市場研究報告說，大家都喜歡脆餅乾，而非軟餅乾。根據市場研究專家的意見，她的概念註定會失敗。
- 1920年代，大衛．沙諾夫（David Sarnoff）試圖籌募資金，推動無線電廣播時，一再吃閉門羹，因為當時完全看不出傳送訊息給非特定對象，會有什麼市場。直到產品問世後，人們才開始體認到無線電的價值，沙諾夫為無線電的用途創造了市場。
- 發行商和唱片市場專家都告訴溫翰希爾唱片公司（Windham Hill Record Company），鋼琴獨奏唱片不會有市場。當時市場上毫無跡象顯示這樣的製作概念可能成功。但溫翰希爾公司仍然推出創新的喬治·溫斯頓（George Winston）鋼琴獨奏唱片，結果唱片狂銷五十多萬張。

- 1946 年，採用英國輸入的雷達技術、在美國製造的第一部微波爐誕生。當時微波爐毫無市場需求。事實上，根據引進微波爐的愛瑪（Amana）資深行銷副總裁傑克·凱莫若（Jack Kammerer）的說法：

> 如果這個計畫當初是呈給組織嚴密的公司，花一年的時間和數十萬美元來做市場研究，他們可能早就把它扔進垃圾桶，永遠不會實踐。這純粹是少數幾個人的直覺判斷，在對的時機碰到對的產品。

而且，有些高度創新的公司還清楚表明，他們在產品創新上，刻意強化創意的推力。索尼的盛田昭夫寫道：

> 我們希望用新產品領導大眾，而不去問他們想要什麼產品。與其做一大堆市場研究，還不如自己在產品上精益求精，藉著教育大眾，為產品創造市場。

這種領導市場（或創造市場）的觀念對突破性的創新至關重要。出現戲劇性創新時，顧客往往無法告訴你他們想要什麼（因為他們也不知道有什麼可能性），直到你讓他們看到可以買的產品，3M 利貼、無線電、傳真機都是如此。

了解這點非常重要，否則貴公司可能錯失重要機會。經驗老到的法國設計師尚皮耶．維特拉（Jean Pierre Vitrac）曾說：「面對原創的新事物時，消費者可能會禁不住誘惑，而違背過去秉持的一切原則。」

拿雅克和凱林漢在傑作《創意成真》中研究了十六個重大商業突破，他們的結論是：「有人說，許多成功的商業創新都來自『市場拉力』，而不是『技術推力』，這樣的說法完全錯誤。」書中十六個案例都沒有做典型的市調，反而成為激發突破性創新的要素。拿雅克和凱林漢指出，創新的動機往往來自發明者個人的好奇心或想要解決問題的欲望。

> 當然，最初的動力是解決問題，之後很快接踵而至的是尋找市場。在某些情況下，兩者齊頭並進。但我們沒有發現任何例子，是發明者發現潛意識裡有些想法蠢蠢欲動之前，市場就需要這種突破性的創新。

且慢！在產品開發過程中，市場當然有它的角色。我們並不想完全拋棄市場研究，對不對？至於接近顧客，聆聽消費者對產品的建議，要怎麼說？還有，像寶僑之類擅於消費者行銷的公司，認為能找出顧客需求，並開發適當的產品來滿足顧客需求，是他們成功的重要原因，又怎麼說呢？

至於天索這樣的公司呢？天索創辦人孟羅因為不願聆聽顧客的聲音，天索檯燈終於喪失市場地位？還有 Visicorp 的試算表套裝軟體 Visicalc 原本在市場上熱賣，但是當顧客要求試算表功能更強時，Visicorp 無法快速因應，終於被新崛起的蓮花軟體擊潰？還有，福特汽車在1920年代末期被通用汽車超越，因為當顧客大聲抱怨，希望福特汽車的風格和顏色更多樣化時，亨利·福特卻充耳不聞，只回應：「只要車身是黑色，他們想要什麼顏色都成。」

要解決這個難題，我們必須先快刀斬亂麻，釐清問題。

問題不在於創新是否應該滿足人類真正的需求（為了獲取商業上的成功，創新最好能滿足某種需求），問題在於：創新應該如何產生？公司應該怎麼做，才能確保創新如泉湧般不斷冒出，還能出現一些重大突破，滿足人類真正的需求？

本章將探討這個問題，但首先我們必須明白，公司既需要創意的推力，也需要市場的拉力。不應該盲目地將商學院的市場拉力教條當成鐵律。但市場資料當然重要，忽視顧客心聲可能會錯失大好商機，或釀成災難。不妨這麼想：**原創性突破主要來自於創意的推力，後續的漸進式創新則來自於顧客的回饋**。兼容並蓄，不要只仰賴單一力量，可以促成最多的創新。

我們應該拒絕太過偏激的看法，例如：「永遠都要先問市場需要什麼。」切記，只因為顧客尚未要求這樣的創新，不見得表示當你提供這樣的東西時，顧客不會喜出望外。也要拒絕恰好相反的極端意見：「我們這麼厲害，根本毋須在意市場說什麼，我們總是知道怎麼做最好。」應該歡迎四面八方來的創意和想法，無論來源為何。

針對這個弔詭，還有一個答案是：有些情況從表面看來純粹是創意的推力，其實恰好相反。即使發明者完全沒有做一般的市場分析，他其實離顧客說多近，就有多近，因為他就是顧客！這正是接下來要談的第二個企業創新要素。

企業創新要素 2：把自己當顧客

最終，我們做衣服是為了滿足自己，因為我們會穿這些衣服。

帕塔哥尼亞公司產品目錄，1989 年

要培養和增進公司創新力，一個最好的方法是讓員工為自己的問題或需求想出解決辦法。換句話說，把自己當顧客，先想辦法滿足自己。如果無法這樣做，如果在你們的產業，你無法把自己當顧客，那就想辦法從顧客的角度體驗世界。

解決自己的問題，滿足自己的需求

概念很簡單。假如你們公司裡有人發明一種創新的方式，來解決自己的問題，或滿足自己的欲望，那麼世界上可能還有其他人也會受惠於他的發明。

回到 T/Maker 和 Personal Publisher 的例子。T/Maker 總裁兼執行長海蒂．羅伊真（Haidi Roizen）有個特殊需求（她想在自己的電腦上製作派對邀請函），因此激發了 Personal Publisher 這項創新。她原本想用自己平常慣用的 IBM 個人電腦來製作邀請函，卻因為缺乏 IBM 繪圖軟體，不得不改用麥金塔電腦。她心想：「沒辦法在 IBM 電腦上完成一些圖形導向的工作，真是太可惜了。」Personal Publisher 專案也因為她的個人經驗而誕生，促成第一個可在 IBM 個人電腦上使用的桌上排版軟體。

吉洛公司的甘提斯並非坐在辦公室裡望著窗外，就想出好點子，而是午餐時間騎著單車出去，辛苦逆風而行。「騎著單車上路是我最好的實驗室。我總是想弄清楚有什麼方法可以少費點力，但騎得更快。」甘提斯說。

即使最初的個人電腦本身都是為了滿足個人需求而發明的。賈伯斯被問到他和沃茲尼克怎麼會想到要發明個人電腦，賈伯斯回答：

> 跟大多數很棒的點子一樣，這個點子突然就在我們面前蹦出來。我們設計電腦是因為我們買不起電腦，我們想要自修關於電腦的事情，所以我們自己是最初的市場。第二個市場是我們所有的朋友。漸漸的，需要的人愈來愈多，擴大發展似乎很不錯，我們愈來愈興奮。我們不是坐在椅子上想：「天哪，市場調查顯示十年後每個人都在用個人電腦。」不是這樣，而是漸進的過程。

1920 年，羽翼未豐的嬌生公司有個叫厄爾．狄克森（Earle Dickson）的員工，發明了名為 Band-Aid 的 OK 繃。狄克森的妻子經常在廚房割傷手，由於意外發生的次數過於頻繁，他決定設計立即可用的繃帶，讓妻子受傷時可自行包紮。他把長條的外科用膠帶攤在桌上，把小片紗布間隔放在膠帶上，讓黏膠不那麼黏，上面再罩一層棉襯。狄克森上班時跟同事提起他的發明，史上最成功的商品於焉誕生。

潛在顧客浮現效應

不妨把它想成「潛在顧客浮現效應」。替自己解決問題之後，其他有相同困擾的人也會紛紛冒出來（但透過傳統市場研究很難找出這群人）。

「潛在顧客浮現效應」最初是由史上最成功的處方藥泰胃美（Tagamet）的發明團隊提出來的（服用泰胃美可以不動手術就治好潰瘍，永遠改變了一般人因應潰瘍的方式）。美國的泰胃美團隊召集人湯馬斯．科林斯（Thomas Collins）表示：

> 在我這個年齡層，我碰過各式各樣得胃潰瘍的人，但他們不會積極治療，只做必要的處置。所以在我看來，我總是說，我不認為有人曉得市場規模會有多大。這是「潛在顧客浮現效應」。他們都是我的朋友，我可以想像病人會一個個冒出來。

羅伊真、甘提斯、賈伯斯、狄克森也經歷過相同的「潛在顧客浮現效應」。事實上，惠普著名的「下一張凳子症候群」也是同樣的意思。

如果你想要刺激公司員工把自己當顧客，並且複製「潛在顧客浮現效應」，以下是可能的做法：

- 雇用顧客。比方說，耐吉雇用很多運動員。我們在產品開發階段訪問耐吉公司，發現行銷主管湯姆．哈特吉（Tom Hartge）是狂熱的跑者，他和設計團隊一起創造出自己跑步時會穿的運動鞋。耐吉聘請菁英運動員當他們的產品測試顧問，這些顧問會在最嚴苛的環境下測試新產品，並回報他們的想法和發現的問題。

- 讓員工花時間實地測試產品或服務。比方說，在 L.L.Bean 公司，任何主管都可以額外休一星期的假去測試新產品，即使那表示他們要去阿拉斯加釣魚，去安大略參加野鴨季和野雁季開季活動，或在卑詩省試穿 Danner Yukon 冷天狩獵靴，都沒問題。
- 發給員工一本空白年度「個人點子日誌」，鼓勵他們把在工作和生活中碰到的問題和想法記錄下來。
- 傳達「潛在顧客浮現效應」。在內部刊物或通訊中寫一些故事，描述個人或團隊如何發明滿足個人需求的成功產品。員工可以從中學習。讓「潛在顧客浮現效應」成為公司神話的一部分。

如果公司製造的產品或提供的服務，你和員工平常都不會使用，那怎麼辦？「潛在顧客浮現效應」同樣行得通嗎？是的，但過程會大不相同。

模擬顧客的經驗

假如在你從事的行業，你無法真的成為自家產品的顧客，可以試著模擬顧客的經驗。有兩種基本方式。

第一種方法是解決某個顧客的特殊問題或滿足他的特殊需求——不是針對某個顧客群，我們指的是單一顧客。我們的想法正如同前面所說：如果你為某個顧客的問題發明了解方，很可能還有其他看不見的潛在顧客，也對你們的創新感興趣。

舉例來說，嬰兒爽身粉是在1890年發明的，當時一位醫生寫信給嬌生實驗室的佛瑞德．基爾默（Fred Kilmer），說他的病人抱怨藥膏會刺激皮膚。為了解決這個問題，基爾默寄了一小罐義大利爽身粉給顧客。嬌生後來決定在藥膏類產品中附加爽身粉。很快的，幾百名顧客突然冒出來，想要購買更多爽身粉，嬌生的嬰兒爽身粉於焉誕生。

第二種方法是盡可能接近顧客，讓你能和顧客感同身受。不要只是知道顧客是誰，而要真正了解他們。關鍵在於，不要收集一大堆市場數據，然後忙著分析、歸類、詮釋。關鍵在於，你必須在事情發生的當下，直接觀察顧客真實的體驗。當顧客碰到問題，或嘗試使用你們的產品或服務時，最好你就在現場，而不要事後再請他回想當時的經驗。我們稱這種方法為「接觸與體驗」。

案例

接觸與體驗範例：貝拉德醫療產品公司

貝拉德醫療產品公司（Ballard Medical Products）1987年銷售額近一千萬美金，他們的策略是開發大公司忽略的利基市場，並藉著不斷創新，推出多種新產品，成為市場龍頭。

根據《Inc.》雜誌文章描述，貝拉德達成目標的第一個前提是，必須讓顧客成為產品創新過程中不可或缺的一部分。第二個前提是，直接和顧客打交道的業務員也必須參與創新流程。業務員在推銷產品時，會在第一線直接和和顧客互動，一位貝拉德的業務員描述：「你不能只問呼吸治療部主任或護士長有沒有什麼問題，你必須自己到處走動……問現場護士有沒有碰到什麼困難。」

第三個前提是，研發人員必須對業務員提出的產品構想有所回應。有一次，銷售部門副總裁提出自己的產品構想，幫忙設計產品，並和研發人員合作，推動產品問世。整個產品創新週期（從構思到出貨）只花了幾個月的時間。

產品創新的頂尖高手都努力實踐這種即時接觸與體驗的做法。企業還可以更進一步，將研發人員輪調到銷售部門，讓他們親身參與產品銷售一段時間，或至少派他們到銷售現場，直接與顧客互動。（順帶一提，我們認為身為公司領導人，花點時間親身接觸和體驗顧客碰到的問題，也是好主意。）

耐吉、赫門米勒、鉑傲（Bang and Olufsen）、BMW、奧利維蒂（Olivetti）、帕塔哥尼亞都期待設計師能和產品的終端使用者保持密切聯繫。奧利維蒂的設計經理帕羅．韋提（Paulo Viti）表示：「當然，這種行銷方式不太科學，但能更有效激發設計師的想法和直覺，比沉悶的文字報告好多了。」

但這樣做真的不科學嗎？雖然看似如此，但我們可以先想一想，科學的本質是什麼？科學家都在做什麼？他們只閱讀沉悶的報告，靠別人蒐集資料嗎？不是。他們會設法親身接觸和感受世界，觀察才會準確。他們會走到外面，親自觀察世界。

而且他們會做實驗。

企業創新要素3：實驗與犯錯

重要的是實驗。我只希望有一成到兩成的成功率。我嘗試很多不同的做法，純粹是運氣好，有些成功了。

昇陽電腦共同創辦人維諾德·柯斯拉（Vinod Khosla）

到目前為止，希望你們因為廣納四面八方來的新構想，兼顧創意推力和市場拉力，把自己當顧客，而深受啟發。但可能有個問題一直縈繞不去：你怎麼知道哪個點子是好點子？前面舉的例子純粹是運氣使然嗎？那些沒能創造出「潛在顧客浮現效應」的創意推力和單一顧客解方，又怎麼說？實際採取行動前，有沒有辦法預先去除所有風險，判斷這是不是好點子？

悲哀的是，創新的本質就是充滿未知。想知道某個構想究竟好不好，最好的方法就是實驗，先試試看。當然，如此一來就會犯錯，因為有些構想其實沒那麼高明。但是，犯錯原本就是創新流程的一部分。要創新，就必須實驗和犯錯，不可能只想創新，卻拒絕實驗和犯錯。

愛迪生在成功發明燈泡之前，反覆做了九千多次實驗。同事問他：「你為什麼要堅持做這種笨事情？你已經失敗九千多次了。」愛迪生用不敢相信的眼神望著他：「我根本一次都沒失敗過，我從九千多次經驗中學到哪些做法行不通。」愛迪生「實驗－犯錯－修正」的哲學正是創新的核心觀念。

我們很喜歡影像藝術公司（Video Art）共同創辦人約翰·克里斯（John Cleese）寫的短文〈高登導彈〉（Gordon the Guided Missile），這篇文章生動體現了上述觀念：

高登導彈發射升空，朝著目標飛去。它很快發出訊號，確定是否在正確航道上，可以命中目標。回覆的訊號顯示──「不對，你沒有在正確航道上，需要調高一點，而且要稍微偏左一點。」

高登改變飛彈航道，它是個理性的小傢伙，所以又送出訊號。「這次航道正確嗎？」回覆的訊號表示：「不正確。不過如果你把目前的航道再往左偏一點，就沒問題了。」飛彈再度調整航道，再送出訊號，要求資訊。得到的回覆是：「不對，高登，還是不對。現在得往下一點，然後往右一呎。」

我們從導彈的理性和堅持學到一課。於是這導彈一而再、再而三的犯錯，反覆接收回饋，不斷根據回饋而自我修正，直到最後終於一舉命中可惡的敵人。

於是大家鼓掌讚美導彈的高超技術。倘若這時有人批評：「這導彈一路上犯了不少錯。」我們會回答：「是啊，不過那不重要，對吧？最後還是命中目標。過程中犯的都是小錯，因為可以立即改正。發生幾百個小錯誤之後，導彈最後成功避免了真正嚴重的大錯誤──未擊中目標。」

有時候，錯誤驅動的創新過程是意外發生的。舉例來說，1980 年代造成 Reebok 運動鞋需求大增的皺紋鞋面，並非計畫下的產物，而是生產出錯的結果。

的確，許多創新都來自「做就對了」──試試看，做個實驗，看行不行得通。回到 3M 利貼便條紙，席佛描述這種特殊黏膠最初是怎麼誕生的：

> 利貼黏膠誕生的關鍵是做實驗。假如我當初曾坐下來好好想一想，根本不會做這個實驗。假如我曾經認真翻書，查遍文獻，我早已放棄了。文獻上充滿各種例子，叫你不要這樣做。
>
> 像我這樣的人喜歡研究材料的新特性。稍微擾動一下物質的結構，看看會發生什麼事情，那帶給我莫大的滿足。我費盡唇舌才說服其他人做這件事。根據我的經驗，大家通常不願意嘗試，不願做個實驗、看看會發生什麼事。

用微波爐烹調食物，也是透過簡單的實驗發現的。研究微波技術的工程師列斯．范特（Les Vandt）買了一包爆米花，站在微波電管前面，另外一位工程師談到這個實驗時描述：「（爆米花）開始跳動，弄得到處都是。這實驗完全沒有驚動董事會或所有那些麻煩事；只有范特，和一袋爆米花。」

透過實驗而創新的案例中，我們最喜歡的例子是加州一家小公司——威力食品公司（Powerfood, Inc.）。威力食品公司發明了能量棒這種革命性的新產品，從此跑者、登山客、單車騎士和游泳選手在運動前，甚至運動時，都能吃能量棒，而不必擔心胃不舒服。多年來，運動員深為「運動前三小時不進食」的規定所苦。有了能量棒之後，問題迎刃而解，全世界成千上萬運動員的生活也從此改變。

能量棒發明的經過說明了前面敘述的許多概念。能量棒的概念最初來自布萊恩．麥斯威爾（Brian Maxwell）。麥斯威爾是奧運馬拉松選手，他長期受一個問題困擾，賽跑過程中會因缺乏能量而「撞牆」（他就是顧客，設法解決自己的問題）。麥斯威爾之所以創業，是因為他向大公司提出能量棒的構想時，他們都說：「我們不可能生產這種東西，即使我們做得出來，市場也太小了，我們沒興趣。」（再次提醒了大家，歡迎四面八方來的構想是多麼重要。）最後，麥斯威爾經由大量實驗找到解決辦法，他描述：

> 珍妮佛、比爾和我在我們的柏克萊廚房中，到處都是裝了白色粉末的袋子和一瓶瓶棕色液體。餐桌上擺著天平秤，訪客乍看會以為我們是非法販毒組織的首腦。然後他們會注意到，所有檯面上都鋪滿烘焙紙、錫箔紙、蠟紙，還編了號碼。細看會發現每張紙上都放著顏色古怪、看起來黏答答的麵團。訪客在奪門而出之前，至少會嚐個四、五種麵團，並且在卡片上寫下他們的評語。經常運動的人離開時，都會拿到一袋用玻璃紙包起來的樣品，「下一次運動前可以嚐嚐看。」

麥斯威爾和朋友忙著調製數百份實驗樣本，范特爆開的爆米花散落微波電管四周，席佛在實驗室混合各種化學物質，愛迪生做九千次燈泡實驗，當你思考如何讓公司保持創新時，可以把上述景象牢記在心。

我們在教學時發現，我們最好的創新來自於課堂中的實驗。我們只是不斷嘗試新東西。有的實驗成功了，成為課程內容的一部分，有些失敗了，嘗試一次後就立刻放棄。我們在教學上有許多創新，因為我們願意把不同的東西丟到牆上，看看哪些會黏在牆壁上。你必須願意做這樣的實驗，即使有時候一敗塗地（我們已嚐過太多次失敗的滋味了）。

做就對了

我們發現，在努力維持創造力的過程中，「做就對了」這句簡單的話，對我們幫助很大，我們也努力把訊息傳遞給企業。例如在一家企業，我們還拿到一堆印著「做就對了」的貼紙、筆記本和鑰匙鍊，是發給全公司所有員工的。大家需要被提醒，他們可以「做就對了」。直接採取行動，不需經過層層批核。事實上，我們一直提醒大家，祈求原諒遠比請求批准容易多了。做就對了。

除非必要，不要輕易擴大實驗規模

成功的實驗需要輕鬆收尾。換句話說，你必須願意多方嘗試，保留行得通的方案，對於可行性不高的方案，則要快刀斬亂麻。

實驗計畫愈小愈好，等時候到了，「好吧，既然這樣行不通，我們試試其他法子好了」，這樣的話才比較容易說出口。如果實驗計畫太快變得太大，我們就會開始為生存而奮力一搏，即使明知結束實驗、展開新計畫，可能是更明智的做法。「嘿，我們已經指派十七個人，花了一年時間在這上面，可不能說不做就不做。」

小型半導體設備商諾發系統公司（Novellus Systems）在開

發新產品時，經常以這種「少就是多」的思維，智取比他們大十倍的競爭對手。諾發系統在產品設計初期，只讓三、四名主要工程師投入開發，等到清楚知道新產品可行後，才投入更多人力。

產品失敗時

實驗之路需要走多遠？應該一路實驗，直到產品上市嗎？我們可以接受在實驗室做實驗，但推動產品上市的過程呢？萬一實驗失敗了，耗費的成本豈不是更高？

這是難以取捨的兩難困境。如果要百分之百確定產品會成功，否則絕不推出新產品，那麼你們永遠不會有任何創新產品上市（而且只會被其他更懂得創新的公司拋在後頭，望塵莫及）。當然，另一方面，失敗的產品會損耗大量金錢、時間、聲譽，而且打擊信心。這個難題有兩個解方。

首先，有時可以在正式推出產品之前，先進行小型市場測試。例如先在一些地區推出，或針對某些顧客分群進行產品測試，看看反應如何。也就是持續實驗、錯誤、學習、修正的流程，但都是小規模進行。就像我們的朋友高登導彈總是從幾千次錯誤中自我修正，最後終於命中目標，擊敗可惡的敵人。

其次，高度創新的公司都不怕產品失敗。不是他們樂見產品失敗，而是他們願意承擔市場失敗的風險，希望從中學習。

舉例來說，Apple II 電腦之後的兩個後續產品（Apple III 和麗莎）都慘敗，但蘋果把失敗中學到的知識全部投入新產品研發，打造出超級成功的麥金塔電腦。亨利．福特曾推出無數新產品（包括許多著名的失敗產品，例如最初的 B 型車），他從每一次推出新產品（和產品失敗）的經驗中學習，最後終於設計出革命性的 T 型車。摩托羅拉也從一連串產品失敗中得到寶貴教訓：Model 55 收音機（1933 年）、第一個按鈕式汽車收音機（1937 年）、汽油暖爐（1947 年）、第一部彩色電視機（1957 年），都是摩托羅拉的失敗產品。

好吧，你可能會說，但這些都是大公司，他們經得起產品偶爾失敗。如果是小公司呢？說得好，不過再想想，上述例子中，產品失敗都發生在公司創立初期，當時公司的體質比現在脆弱多了。的確，他們之所以能度過草創時期的難關，邁向卓越，部分原因正是他們很早就經歷過產品失敗。

目標是要經歷好幾個產品週期 —— 把產品推到市場上，很快得知產品有什麼缺點，根據市場回饋，持續創新和改進。（請注意：上述做法在推出新服務時也適用。）日本人在突破性創新方面，雖不如美國人知名，卻深諳漸進式改善的流程，這是日本人在某些產業稱霸（例如汽車業）的重要原因。

圖 8-2 及 8-3 顯示突破性／漸進式的創新週期如何運作，以及如何在蘋果電腦創立初期發揮作用。

〔註：由於蘋果公司從 1985 年起經歷變局，我們曾思考過是否應將蘋果公司納入本書案例。蘋果展現了四個卓越要素中的三個（績效、影響力、聲譽），但我們對第四個要素感到懷疑（長壽）。蘋果到 2040 年，仍會是一家卓越公司嗎？蘋果從 1984 年（麥金塔電腦誕生）到 1991 年期間，都沒有出現重大的突破性創新，由於蘋果高層打擊士氣的領導方式（直到 1990 年代初期大裁員之前，蘋果高階主管一直領取高薪，備受批評），我們擔心蘋果無法永續卓越。

圖 8-2　產品創新週期

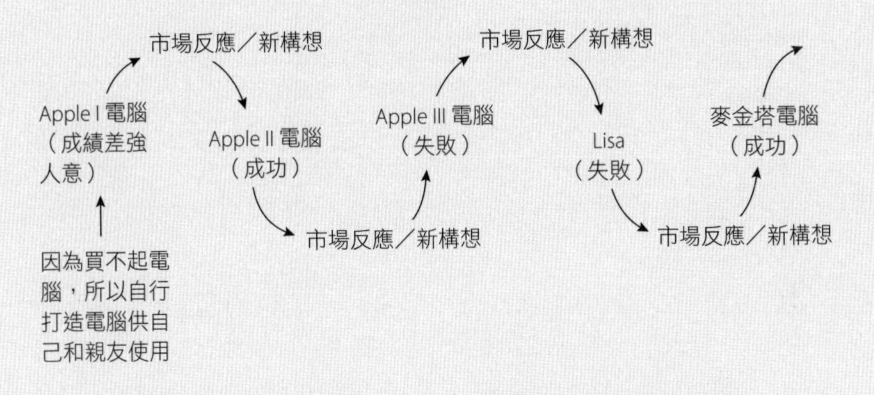

儘管如此，我們認為蘋果公司從 1970 年代後期到 1980 年代中，曾對世界帶來非凡的影響，因此仍從蘋果早期歷史中引用幾個例子。各位會注意到，我們引用的每個蘋果案例都發生於 1985 年之前。〕

好錯誤與壞錯誤

你應該容忍所有的錯誤嗎？所有的錯誤都是好的嗎？

如果你努力嘗試，並認真執行，即使錯了，也是好的錯誤。但如果構想失敗，主要是因為你們草率、漫不經心、大意，那麼就是壞的錯誤。「錯誤很寶貴」不應被曲解為「我們不需盡最大努力」。把錯的產品推到市場上是一回事，但草率地把產品推出上市又是另一回事了。

不過，最糟的錯誤是一再犯相同的錯誤。錯誤之所以寶貴，是因為我們從中學到教訓，而不是錯誤本身很寶貴。

圖 8-3　突破性創新的週期

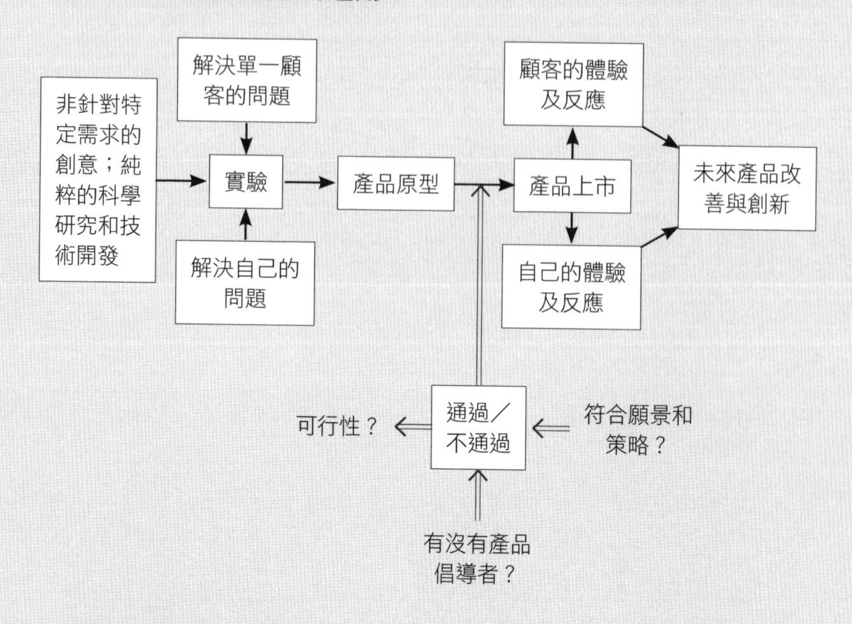

爆米花的意象

我們喜歡以爆米花的意象來想像創新的公司。你可以把組織想成爆米花機，尚未爆開的玉米粒就是好點子的種子。創新的組織就像正在爆玉米粒，把一大堆好點子放在有利的環境，就會「爆發」成在各處進行的實驗。下一次去看電影時，觀察一下爆米花機器，把這幅圖像牢記在心。

我們造訪帕塔哥尼亞的主要設施時（設計、生產、研究、行銷和財務部門都常駐在此），感覺有如置身於爆米花機器的中心，周遭的人不停走動、試作、談話、設計、繪圖、撰稿、開會、做決定，非比尋常地活躍。那裡沒有人午後昏昏欲睡，沒有沉悶無聊的會議，沒有沮喪的員工坐等上級批准他們採取行動。那裡看不到時鐘，更看不到有人盯著時鐘，大家在下午四點半行動和上午八點剛上班時一樣快速。大家說話都很急，帶著一種「我們快點講一講，我正在忙一個計畫，我想回去弄……」的風格。

還有一個辦法是為內部產生的構想，設立無指定用途的內部基金。每年撥一定數目的預算做為內部風險性資金，提供想要開發新構想的員工使用。指派某人或一群人做公司內部的創投家，由他們決定要撥款資助哪些計畫。

能堅持到底者勝出

我們有位同事曾詢問英特爾執行長葛洛夫，當公司裡富有創業精神的工程師提出各種新產品構想時，英特爾如何從中選擇？葛洛夫回答：「我們從不叫任何人閉嘴，但他們必須提出更好的論點。我們容許員工堅持到底。」

這句「我們容許員工堅持到底」真是太棒了，完全點出「達爾文式」或自由市場式環境的概念，也就是說，你絕不會直接扼殺任何構想，但唯有最適合的構想才能存活下來。

有一次，英特爾一群中階主管想要開發個人電腦擴充板，但最初英特爾的產品策略並沒有納入這個構想。於是，這群中階主管從公司內部的風險性投資計劃拿到一筆資金，把個人電腦擴充板變成另外一個事業。

實驗家和發明家的公司

為了保持創新活力，必須鼓勵員工經常嘗試，動手做，不斷修補改善，創造爆米花效應。怎麼做呢？如何打造這樣的環境？以下提供三個答案，我們接下來會詳細討論：

- 延攬創意人才
- 不要干涉他們
- 獎勵創新表現

企業創新要素 4：延攬創意人才

要保持企業的創新活力，公司員工必須很有創意才行。

且慢！在你覺得這個道理太明顯，不值得讀下去之前，請先耐住性子。這個觀點其實不像初看時那麼明顯。

的確，關於企業創新的文獻大都把焦點放在結構性解決方案上。儘管我們同意，要保持創新的確有結構性的要素（我們會在下一章討論），但創新之所以發生，終究是因為人們在這些結構中發揮創意。

不幸的是，一般人都認為創意人是與眾不同的獨特群體，而且唯有這群人才擁有創造力。換句話說，世上有兩種人，有創意的人和沒有創意的人，而缺乏創意的人注定一輩子都缺乏創意。

胡說八道！

每個人都擁有創造力。沒有人天生缺乏創意，創造力是每個人與生俱來的能力。沒有一群特別天賦異稟的人，擁有上天賜予的創作天分。大多數人也並非生來就沒有這樣的福分。

所以，如果你想讓公司每個員工都具有創新能力，第一步就是相信每個人天生都有創造力。畢竟，如果你根本不相信員工有這樣的能力，如何期望他們有辦法創新呢？

幫助員工發展創造力

第二步是幫助員工發展創造力，請思考下列步驟：

- 提供教育訓練。透過創造力訓練課程和研討會，讓員工明白自己也有創造力，以及如何變得更有創意。耐吉這類高度創新的公司都極力推廣這類訓練。
  有一次在創造力課程開課前，我們問耐吉：「你們為什麼希望我們來教你們如何創新？感覺有點奇怪，要我們來教耐吉如何創新，有點像要我們教傑西．歐文斯[1]田徑運動。」耐吉的教育訓練主管彼特．施密特（Pete Schmidt）回答：

  創新是我們公司最重要的事情，隨著公司變大，我們必須保持創新。隨著員工變多，我們希望他們明白創新的重要，為了支持這樣的理念，我們要幫助員工變得更有創意，不能理所當然認為員工自動就能充分發揮創造力，必須不斷刺激他們往這個方向發展。

- 提供有關創作過程的教材。聘用新進員工時，提供有關個人創造力的書籍。購買並發放關於創造力的讀

1 傑西．歐文斯（Jesse Owens, 1913-1980）被譽為奧運史上最偉大的田徑運動員之一，曾在 1936 年夏季奧運會的田徑運動項目獲得四面金牌。

物，甚至每年挑一本創造力相關書籍，當作禮物送給員工。以下是我們推薦的創造力相關讀物：

- 《商業創意》（*Creativity in Business*），瑞伊（Michael Ray）和邁爾斯（Rochelle Myers）著
- 《突破思維的障礙》（*Conceptual Blockbusting*），亞當斯（James Adams）著
- 《解決問題的藝術》（*The Art of Problem Solving*），艾可夫（Russell Ackoff）著
- 《水平思考》（*Lateral Thinking*），狄波諾（Edward deBono）著
- 《當頭棒喝》（*A Whack on the Side of the Head*），羅傑・馮・歐克（Roger von Oech）著

- 寫下自己的「創新宣言」，發展你對公司創新的想法，利用本書的概念、自己的經驗和其他作者的想法，寫下一頁宣言，發給所有員工。宣言可能只是簡單的清單，上面列出十個重要觀點，例如：

1. 我們絕不說：「這是個笨點子。」
2. 我們會先實驗，再評斷。
3. 我們要從顧客那裡拿到一千個點子。
4. 我們每年營收將有25%來自過去五年推出的產品。
5. 我們會聆聽所有人的構想。
6. 我們絕不做「跟風產品」，每個產品都必須在某個層面有所創新。
7. 以此類推……

寫下你自己的清單。這樣做很好玩，也很重要。

雇用並培養與眾不同的人

找一些曾做過有創意的事情，或曾有過不一樣的有趣經驗的人 —— 例如曾在大學時代創業，或擁有豐富多樣的經驗，或展現積極主動的精神，或沒辦法把他歸到任何現有類型中。

案例

大雜燴般的工作經歷

比爾．瑞斯（Bill Wraith）發明許多非常創新的金融證券商品，解決了多數金融專家認定解決不了的長期問題。你問，比爾．瑞斯是什麼人？他是極有創意的金融設計師。

故事最有趣的部分是瑞斯發明這些創新產品的契機。他的履歷上有一堆雜七雜八的經歷，看起來毫無重點。他曾經當過設計師、行銷經理、業務員，從積體電路業跳槽到個人電腦公司，後來又加入工程工作站公司，而且這一切都在三十歲之前發生。瑞斯說：「招聘人員看著我的履歷，心想：『天哪，真是大雜燴，做什麼都不適合，只是漫無目標地跳來跳去。』」但有個共同點貫穿了瑞斯所有的工作經歷，他的本領是能想出極具創意的解方，解決困難的問題。

所以，有一家投資銀行決定雇用瑞斯，他們認為瑞斯既聰明又有創意，雇用他之後，就放手讓他解決棘手的難題。

你不只需要雇用少數很有創意但「格格不入」的人才，還得容忍他們偶爾作怪。有些極具創意的人就是沒辦法當個傳統乖乖牌。他們往往很叛逆，惹人生氣，甚至有些失控。

柯林斯剛出社會時，曾在麥肯錫顧問公司工作過。麥肯錫是非常保守的組織，員工都穿灰色西裝，非常嚴肅。然而同時，麥肯錫也不斷推出重大創新，包括《追求卓越》這本書。柯林斯談到他在公司碰到《追求卓越》其中一位作者湯姆．畢德士（Tom Peters）的情形：

> 他的辦公室就在我的辦公室對面，裡面亂七八糟，到處都是各種滑稽的帽子：消防員的帽子、一次大戰的頭盔、棒球帽等等。那地方完全不像麥肯錫辦公室。然後，在平常工作日，有陣旋風從我辦公室經過，穿著鬆垮垮的短褲，踩著破舊的網球鞋，T恤上印著：「不要問我任何問題，因為我真的不在乎……」那是湯姆，他衝進辦公室拿幾份文件。

畢德士顯然從沒完全融入麥肯錫的風格。不過公司一直容忍他，在他和華特曼合寫《追求卓越》時，任他撒野。

昇陽電腦的共同創辦人柯斯拉談到如何讓昇陽保持創新時表示：

> 你必須設法在這些「怪胎」和組織之間取得平衡。你必須願意容忍一些與眾不同的人，因為最有創意的人往往與眾不同。我們公司有位男性工程師總是穿著像洋

裝的長袍來上班，有點像那種穿起來很寬鬆舒適的孕婦裝。而且他不算特例。重點在於，他們有能力創造出我們在市場上競爭需要的產品。

那麼，所有創新都來自怪胎嗎？當然不是。事實上，我們認識一些最有創意的人其實作風頗保守。但如果你希望公司不斷創新，最好容忍少數難以駕馭的瘋子。正如同赫門米勒的帝普雷所言：「如果你希望公司能呈現最好的狀況，就必須寬容對待與眾不同的員工。」

隨著公司成長，受公司吸引的人才也會改變。在意工作穩定度的人增加，能創新的人變少了。要對抗這樣的傾向，就必須不斷雇用少數野鴨。

延攬多樣化的人才，但價值觀必須一致

廣度和多元往往能孕育出深具創意的洞見。經驗不同、背景迥異的人一起解決相同的問題時，通常能產生更有創意、也更好的解決方案，勝過經驗類似的人想出的解方。所以我們呼籲企業用人時應廣納各種人才。

吉洛體育用品公司總裁漢納曼很堅持高階經營團隊的背景必須非常多元，他們過去各自擔任過教師、廣告主管、學術主管、電玩設計經理，還有一位是全錄的前設計師。不過，吉洛同時審慎過濾過他們的核心價值。

應該學習吉洛的榜樣，促進公司內部的多樣性，但仍堅守核心價值。

圖 8-4 規模／創新演化型態

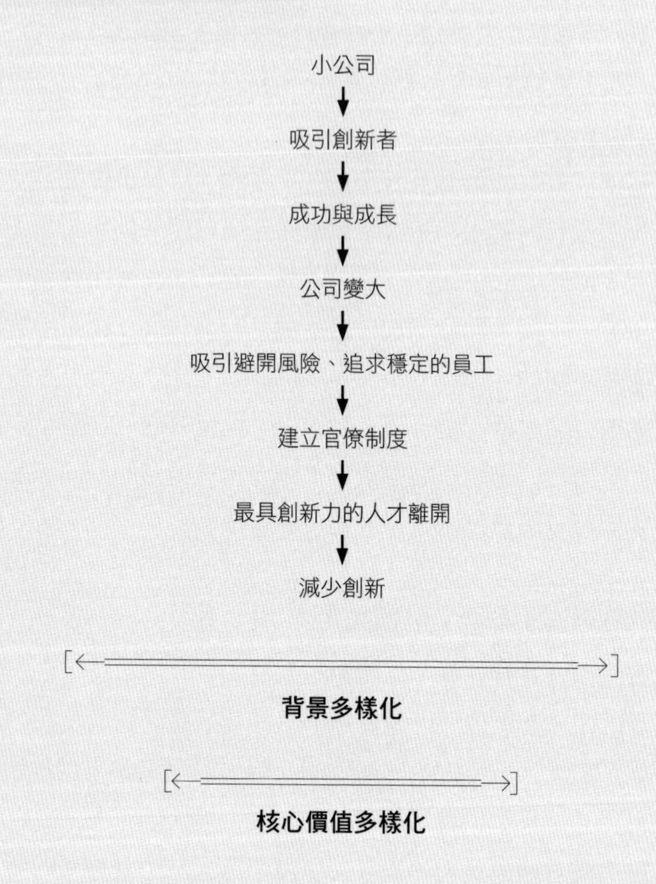

雇用「懂得不多的人」

丹尼爾·布爾斯丁（Daniel Boorstin）在劃時代的鉅著《發現者》（*Discoverers*，探討人類發現與發明的詳盡歷史）中提出他的觀察，人類許多重大貢獻都是因為天真無知所致。例如，布爾斯丁在描述富蘭克林發現電力的經過時指出：

> 事實上，他（富蘭克林）的成就說明天真戰勝了知識……他的外行和非學術的思考框架是他最大的優勢；就像其他許多美國發現者，他眼中看到更多，是因為他對於究竟應該看到什麼，所知不多。

企業界也是如此。滿腦子都是傳統智慧的人十分危險。許多商業上的創新都是因為願意試試看，因為你不知道這樣做違背了傳統智慧。蘋果公司資訊系統和技術副總裁黛比．柯曼（Debi Colman）指出：「我在企業界碰到的創造力和創新的最大障礙，就是傳統智慧。」

回到瑞斯的例子（大雜燴般的經歷），在嘗試解決棘手的雙債券選擇權定價問題時，他刻意沒有研究別人曾嘗試過哪些做法。上司對他說：「我們有一些精通合約問題的學術專家，你可以和他們談一談。研究怎麼解決問題時，你需要參考任何期刊或出版品都沒問題。」

「不必了，謝謝。」瑞斯說：「我看問題的時候，寧可完全天真無知。我怕看到他們走過的死巷，反而會阻礙我的思路。」

所以瑞斯把自己關在陰暗的房間裡幾天，獨自思考問題，最後用前所未見的方式來表述問題，終於找到創新的解方。「如果我預先知道傳統方式，我永遠也解決不了這個問題。」瑞斯說。

並不是說每個員工都應該對你們的產業一無所知。知識和經驗都是寶貴資產，但也可能是負債。重點在於，你必須在經驗老到、知識淵博的專家和天真清澈的心靈之間求取平衡。只因為某人不是從事這一行，或剛從大學畢業（或甚至沒上過大學），不是將他拒之門外的好理由。

善用設計師

設計人才是產業界最未被充分利用的創造力資源。這裡所謂設計人才，是指受過設計技巧的訓練，並有設計才華的人。和大多數企業相關的設計包括平面設計（或稱圖形設計）和產品設計。設計師受的訓練除了需發揮高度創意外，最重要的是必須將創造力用在實際問題。

想一想所有非凡的產品：例如BMW汽車、麥金塔電腦、鉑傲唱盤、赫門米勒家具，有沒有注意到，這些產品都展現非比尋常的優雅、美觀與功能，設計正是他們與眾不同的關鍵。

即使是比較平凡的產業，設計仍是產品差異化的關鍵要素。例如，瓊恩紡織公司能稱霸傢飾市場，有很大部分要歸功於設計品質。瓊恩前執行長安辛表示：

> 不要低估了風格的重要，我們就是靠卓越的設計人才建立獨特的風格。傳統的老牌企業往往認為設計不重要，其實不然。我們的成功有很大部分是設計人才的功勞。

應該雇用設計師。請平面設計師來幫忙設計公司標誌、行銷資料、商品目錄、產品包裝等等。請產品設計師參與產品開發的過程，不是僅僅讓產品更「美觀」，而是從產品開發週期最初的概念發想階段，就讓設計師參與。

例如柏朗（Braun）、吉洛體育用品、帕塔哥尼亞、瓊恩紡織等公司都雇用設計師為公司正式員工。其他公司（例如赫門米勒、奧利維蒂、鉑傲、山葉等等）也廣泛利用外部設計顧問或設計公司。無論走哪條路線，我們都大力建議你在企業經營的每個層面，從產品開發到市場行銷，都要採取「設計思考」。公司應該到處都看得到好的設計，無論在公司的建築物、流程、結構、產品，所有的一切。

企業創新要素 5：充分自主，分散管理

自由、缺乏效率和繁榮經常都一起出現。

山謬・艾略特・莫里森（Samuel Eliot Morison）

1998 年，波士頓塞爾提克職籃隊教練瓊斯（K. C. Jones）接受 CBS 體育節目訪談時提到：「在球場上，我給球員很大的自由度，讓他們充分發揮想像力和創造力。」

「這樣不會帶來一些問題嗎？」記者問。

「不會。」瓊斯回答。「過去五年來，我們四度打進決賽，贏了兩次冠軍。」

瓊斯的教練風格正說明了創造力的核心真理：必須擁有自主權。

信任、尊重、膽識

史丹佛企管研究所一向享有盛名，被視為全球最創新的教育機構。我們有幸親身體驗史丹佛如何運作，柯林斯針對他在史丹佛首度執教鞭的描述，充分反映了史丹佛的風格：

> 我當時三十歲，過去完全沒有在大學教書的資歷。所長羅伯茲卻聘我去教書，而且只說了一句：「告訴我們你想在哪個時段開課，祝你好運。」他給我的指示僅止於此。沒有人問我在課堂上會怎麼做，沒有人給我具體指示，甚至沒有人看看我的教學大綱。我完全自由，幾乎是想怎麼做都成。當然，我可以請教經驗老到的同事，還有一些已開發的教材。不過，基本上他們任憑我自行決定，想做什麼，做就對了。

兩年後，柯林斯和羅伯茲所長共進午餐，慶祝柯林斯因為在教學上表現優異，得到表揚，柯林斯問羅伯茲：「你真的為我擔下很大風險，你為什麼要這樣做？」

「我們這裡的做事方式就是這樣，」羅伯茲回答：「而且我不是真的把它看成風險，反而比較看成機會。我們讓你盡情發揮，相信你會盡最大努力，有最好的表現。當然，這樣的待人方式不是每次都行得通，但是通常能透過這種方法，激發創新和好表現，我認為還是很值得。」

考慮到當時柯林斯真的懵懵懂懂，不太知道自己在做什麼，我們不完全同意羅伯茲的看法，他的做法並非毫無風險。但羅伯茲說明了一個關鍵要素：信任與膽識。他願意冒險試試看，相信柯林斯可以成功克服挑戰。

基本訊息是，應該雇用優秀人才，塑造好的環境讓他們安心工作，然後不要干預他們。

這正是崔西．基德（Tracy Kidder）在他的傑作《新機器的靈魂》（*The Soul of a New Machine*）中描繪的神奇力量，基德描述催生新電腦的設計團隊背後的動力：

> ……他們以非凡的精神，以及大多數商業環境覺得不可思議的純潔動機，來做這件事……二十幾個人超時工作了一年半，毫無希望能獲得任何物質報酬，但事成之後，多數人還覺得很高興。他們感到開心，是因為魏斯特和其他主管在發明工作上，賦予他們充分的自由，同時又引領他們邁向成功。

保持創新的公司都能妥善因應員工對自由和自主的需求。赫門米勒允許設計師離開辦公室，在他們認為有益創作的環境中工作。默克是最懂創新的製藥公司之一，他們延攬頂尖科學家，讓他們自行選擇研究目標（而不是由行銷部門或公司來決定），完全不介入。

以上原則適用於人類種種探索與努力，從五人籃球隊到整個社會皆然。的確，西方經濟之所以比共產集權國家享有更大優勢，行動的自由（容許實驗的空間）正是主要因素。羅森堡（Nathan Rosenberg）與伯澤爾（L. E. Birdzell）在兩人合著的《西方致富之路》（*How the West Grew Rich*）中指出，自發性實驗產生的大量創新，是西方經濟發展的潛在資源。而這些實驗之所以發生，是因為人們可以採取行動，他們在主動嘗試時不會受到限制。想像一下，假如每個新創事業都必須經由政府的中央商業管控部正式核准，美國經濟會變成什麼樣子。（事實上根本毋須想像，看看蘇聯的經濟狀況就曉得了。）

然而人類組織往往反其道而行：一味追求控制與秩序，盡量減少意想不到的驚奇。想要持續創新，就必須抗拒這樣的傾向，而且保持高度警戒。

不惜犧牲生命力與靈魂，換取沉悶與秩序，就像頑強的藤蔓持續攀附著組織往上爬，包覆著組織的軀幹，直到整個組織再也無法敏捷行動。如果任憑事態發展下去，藤蔓最終會掐住組織的咽喉，收緊對組織的掌控，扼殺公司的生命力。

的確，幾乎所有的新公司最初都很會創新，然而等到公司逐漸成長、老化後，許多公司喪失了原本的創新力，早期推動公司發展的精神，陷入糾結扭曲、令人窒息的官僚藤蔓和中央管控，難以發揮，這是企業演化過程最大的諷刺。

千萬不要讓同樣的事情發生在貴公司身上！

該怎麼做呢？當公司逐漸變大時，如何防止這種情況？

切割鑽石：權力下放，分散管理

基本的解決辦法是分散管理，我們稱之為「切割鑽石」。許多公司在規模變大時仍想維持創新火花，例如嬌生和 3M，他們都採取這個基本解方。

概念很簡單：持續把公司分割成一個個半自主管理的小團隊，公司整體仍然可以變大，但又保有小規模的許多優勢。在這樣的小單位中工作的員工有捨我其誰的責任感和擔當，同時又掌握自主權，就好像在公司整體大傘之下創業一樣。

賽默電子公司（Thermo Electron Corporation）執行長喬治．哈索波勒斯（George Hatsopoulus）接受《Inc.》雜誌採訪時曾說明為何這種做法能奏效：

> 你必須為美國產業找到一種新架構，能充分融合小公司的優勢和大公司的支援。我的答案是在企業大家庭中建立許多小公司，企業大家庭能提供財務資源和經營管理上的協助，以及策略上的指導。但同時，小公司的運作方式則有如獨立公司。目前〔1988年，年營收四億美元〕我們有十七個事業單位。

瑞侃公司（Raychem）是另一家藉著持續切割鑽石，保持高度創新的公司。創辦人保羅．庫克（Paul Cook）表示，隨著公司成長，他們持續將公司分割成「一系列小群體」：「如果你們一直在持續開發數百種產品……就必須建立一種較鬆散的組織型態，不再是緊密控制的結構。我們是非常強悍的競爭對手。」

什麼時候該分散管理？

公司何時應該實施分散管理模式？應該一直朝此方向前進，容許員工自主管理，給他們自主行動的空間。有個很好的經驗法則是，當你們達到一、兩百人的規模時，差不多該是認真思考分割鑽石的時候了。

如何推動分散管理？

本書沒有足夠的篇幅來探討分散管理的大量細節。儘管如此，要成功推動分散管理，仍有一些可以依循的一般原則：

- 與願景相連結。如果你們有清楚的願景（價值、目的、使命），自主營運的個人或群體就可根據共同的願景自我調節。大家都仰望同一顆指路星，只是經由不同途徑，往星星指引的方向邁進。**共同願景是分散管理得以成功的關鍵連結**。
- 加強溝通與非正式協調功能，克服缺乏中央管控的缺點。員工需要知道其他分散管理的單位在做什麼，才能採取一致的行動。舉例來說，帕塔哥尼亞的產品線主管每個月至少開一次協調會議。還有一個方法可以促進溝通和協調，而不至於增加行政作業的負擔——善用電子郵件、語音信箱、網路、電話會議等。
- 促進次級單位之間的知識交流。舉行內部研討會，讓不同單位的人觀念交流，報告論文，學習彼此的經驗。頒獎給提出重要觀念、發明或對其他單位有重大幫助的人。
- 建立開放的系統。唯有當公司提供員工好的資訊時，自主管理的員工才能做出好的決定。而最好的辦法就是容許員工取得大量資訊，連傳統的敏感資訊都不例外。舉例來說，在 NeXT，任何員工都能接觸到所有資訊，甚至包括員工的薪資等級和內部財務資訊。雖然做到這麼極端的地步可能令你感到不安，我們還是勸你往這個方向走。不妨比較一下美國的開放系統和蘇聯這類中央集權、總是遮遮掩掩的社會（你看他們是多麼沒效率）。相同的原則也適用於企業。
- 避免採用矩陣結構。有的公司為了兼具兩者之長，而犯下打造矩陣組織的錯誤。千萬不要這樣做。矩陣結構會澆熄勇於當責的精神。

你可能很納悶：「但是在分散管理的環境，大家不是很容易重複做相同的事嗎？難道不需要中央控管，避免過度重疊，浪費資源？」

好問題。我們再思考一下中央集權的蘇維埃式經濟和權力分散的市場經濟之間的差別。乍看之下，市場經濟似乎比較不可取。畢竟，有三十六家不同的電腦公司都投身相同的產業，每一家公司都各自負擔管銷成本，投入行銷推廣和產品研發，這不是很沒效率嗎？如果由一家國立電腦公司從中央控管所有功能，不是更好嗎？當然，大家都不樂見這樣的做法。一個產業中有三十六家類似的公司，投入的心力和資源必然會大量重複，儘管如此，仍會比只有一家公司創造出更多財富，激發更多創新。

我們並不是建議你們採取完全自由放任的作風，讓所有部門相互競爭（雖然 IBM 和寶僑都曾在公司發展過程中刻意提倡內部競爭）。我們只是邀請你重新思考，造成重複投入的分散式管理，是否真的比中央集權更缺乏效率。

這就要提到一個關於組織的真理：**組織從來都是亂糟糟的**，沒有萬靈丹能解決所有的問題。如果企圖完全消除組織混亂，註定會失敗。雖然分散管理會有缺乏效率的代價，個人勇於承擔的精神（這是我們自己的小小事業）卻能以一種混亂而威力強大的方式，提振工作動機，並激發創新。

美國總統杜魯門曾說：「民主制度當然是一種混亂而沒有

圖 8-5　分散管理

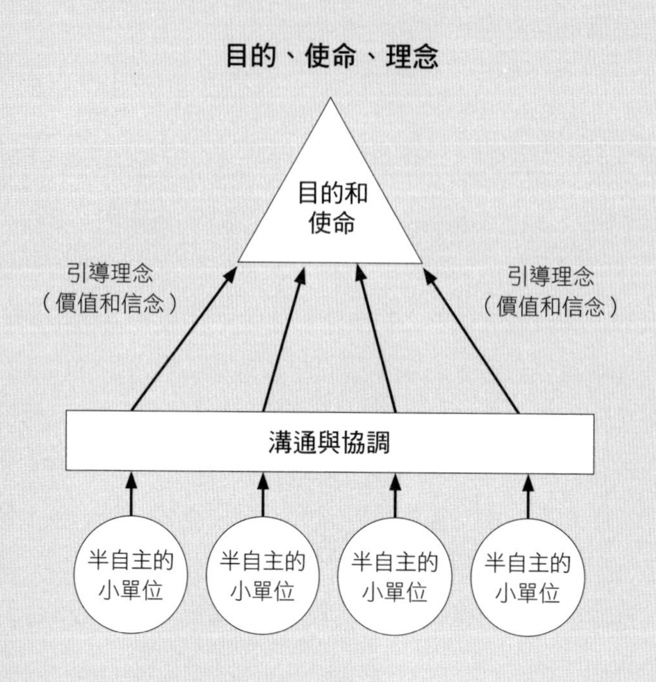

效率的制度，但仍然勝過其他制度。」

權力下放與自主管理正是如此，看似不受控制又缺乏效率。而且就某個程度而言，也確實如此。工作會重疊，顧客會感到混淆，分享技術會變得困難，如此效率低落，然而就像自由與民主一樣，還是比其他制度好得多。

如果你們想要讓創新的靈光一再閃現，就必須忍受效率低落。你們必須在基本理念上做出取捨，為了創新的效益，忍受效率低落和混亂失序，仍是值得的。

組織不可能同時享有分散管理激發的火花和熱情，同時達到中央控管的高效率。應該選擇分散式管理，並貫徹實施，盡量忍受其中的難處。一旦試圖妥協，就有如一個國家試圖從靠右行駛改為靠左行駛，卻又只是部分實施一樣。

企業創新要素 6：獎勵

有一天，我們耐著性子，聽一位中型軟體公司的執行長感嘆員工沒辦法更創新、更有創業精神。「我真的很希望他們提出新產品和新事業的構想，而且主動想辦法實現。但他們把所有時間都花在部門管理上，沒有時間開發新東西。」

「他們的薪酬都怎麼計算？」

「他們有基本薪水，加上每年依部門營收分到的紅利。」

「如果他們把時間花在開發新產品或新事業上面，會不會分散他們的心力，沒法專心衝刺營業額？」我們問。

他承認：「會。」他很快就意識到裡面的衝突。

在另一個場合，一家電子公司拋給我們的問題是：為什麼公司裡最有才華的工程師和科學家紛紛跳槽到其他公司。我們訪談一些已離職的頂尖人才，得到的評論如下：

> 對我來說，唯一能向上升遷的管道就是轉管理職，但我不想當主管！當設計師，貢獻我的創意，我真的很開心。設計是我最擅長也最喜歡的工作。他們告訴我，如果我想提高薪資等級（還有相應而來的聲望），唯一的辦法是當主管。所以我決定辭職到新創公司上班，在這裡，只要我的設計在市場上很暢銷，我就會領到豐厚的獎金，而且被視為英雄。

以上兩個例子說明一個簡單的重點：獎勵制度應該公開肯定創造力的貢獻。

並不是只有金錢、權力或聲望才能激勵創意人才。事實上，創意人才的工作動力往往來自於對工作的興趣、解決難題的挑戰、能有所貢獻的喜悅或滿足感。儘管如此，仍應公開獎勵創新。**無論工作動機多麼單純，每個人都受組織的獎勵制度影響。獎勵很重要。公司想要保持創新，就必須獎勵創新。**

獎勵創新時可能需要考慮幾件事情：

- 透過各種獎項、榮譽和肯定，將創意貢獻者塑造成英雄。為技術或商業構想貢獻非凡創意的人，應該得到殊榮。可能的話，不只頒獎給個人，也要頒獎給團隊。可以考慮為新產品或新事業設立獎項，同時也設立內部流程創新獎。在公司內部刊物或雜誌，介紹在工作上力求創新的人，甚至設立「很棒的嘗試」獎項，不只表揚成功，也表揚勇敢而有益的失敗嘗試。
- 設定可衡量的創新目標，並根據量化目標來評估成效。可以規定年營業額的某個比例（25%是不錯的數字）必須來自過去五年推出的新產品或新服務。不管對公司或對任何部門而言，這都是好方法。
- 為不想當主管的創意人，規劃不同的職涯發展軌道，而且讓他們可以和高階主管一樣獲得豐厚報酬。為什麼財務副總可以領取頂尖設計師三、四倍的薪酬？毫無道理，然而多數公司都是如此。反之，赫門米勒公司連續十年，每年都預付頂尖設計師十萬美金的聘任費，其他設計師則因豐厚的權利金而致富。在赫門米勒的文化中，設計師是公司的英雄，和公司副總享有同等的聲望和尊敬。

- 獎勵員工的重要創意貢獻。如果某個員工想到降低生產成本的新點子，而且被公司採用，何不發一筆獎金，獎勵他的貢獻？假如某個團隊發明了深具價值的新產品，何不特別獎勵他們的貢獻？例如付他們權利金，或讓他們分享創新帶來的利潤。
- 讓員工在彈珠台打彈珠。對某些創意人而言，最大的鼓舞來自於對工作充滿熱情，以及有機會從事具挑戰性的有趣工作。個人或團隊在創新上有所貢獻時，最好的獎勵是讓他們有機會投入重要且刺激的新事物。在基德的著作《新機器的靈魂》中，湯姆．魏斯特（Tom West）稱之為「在彈珠台打彈珠」：

  「贏一次，就可以再玩一次。你用這台機器贏了，就能打造下一台機器。」重要的是打彈珠……「我願意做這份工作，我很想做。我從一開始就知道這工作並不容易，我必須很努力才行，但如果做得好，就可以再做一次。」

最重要的是必須明白，在真正的創意人才眼中，有機會休息或放鬆一下，不要太拚命，並非他們主要的工作動機，反而是他們最不想要的情況。因為他們希望有機會發揮創意、有所創新、承擔新挑戰、不斷學習，工作表現充分受到重視。

不只是產品，還包括流程

本章大部分篇幅都在談產品和服務的創新，但我們也希望強調，創造力對企業營運的所有層面而言，不管是行銷、生產、組織，都非常重要。

創意行銷也是公司能否成功的重要因素。市場上有無數產品和大量雜音，必須設法穿透顧客的過濾系統，在他腦中留下深刻印象。中小企業沒辦法像大企業那樣砸大錢打廣告，因此創意行銷尤其重要。我們稱之為「游擊行銷」──用很少的資源創造巨大影響力。

帕塔哥尼亞以令人驚豔的產品目錄，取代了砸大錢打廣告，目錄裡面有令人身歷其境的探險照片和引人入勝的文字。多年來，帕塔哥尼亞的產品目錄一直深具美感，顧客都會期待閱讀。帕塔哥尼亞也和雜誌攝影師建立密切關係，而攝影師會影響人們拍照時的穿著。一般企業無論預算數字多麼龐大，都無法在《戶外探索》雜誌（*Outside*）的封面刊登廣告，但探險家為雜誌封面拍照時，經常穿上帕塔哥尼亞的服飾。其實帕塔哥尼亞的平面媒體廣告預算少得可憐，只占銷售額的 1/3%。

大學遊戲公司（University Games）執行長鮑勃．穆格（Bob Moog）為了提升自家遊戲產品的知名度，甚至到廣播電台主持遊戲節目，讓聽眾透過來電直播玩遊戲。聽眾玩得開心之餘，不但記得穆格，也會去買他們的遊戲產品。

即使你的行銷預算充裕，千萬記得，創意比金額重要多了。讓我們回顧麥金塔電腦剛上市的情形。如果你曾在 1984 年 1 月 25 日觀賞超級盃美式足球賽，你絕不會忘記那個超現實的詭異畫面：數百個溫馴順從的灰色身影魚貫走出，表情空洞呆滯，聆聽「老大哥」一遍又一遍的訓話。這個著名的「1984」廣告出現在電視螢幕上，完全抓住我們的注意力。不管當時是在自家客廳或酒吧，歡樂的足球迷全都靜下來，不由自主地緊盯著電視螢幕上的奇觀。這個廣告只播出一次，卻讓人留下無法抹滅的印象。還有人記得那天播放的其他任何一則廣告嗎？

創新的產品　＋　創意行銷　＝　魔法

不止如此。即使在財務這類被認為缺乏創意的領域，仍有發揮創意的大好機會（我們指的是合法的創意）。比方說，班恩與傑瑞冰淇淋公司避開公開發行股票的傳統麻煩，而採取深具個人風格的股票發行方式。他們沒有借助收費昂貴的華爾街承銷商的協助，而是透過口號「來一勺行動吧」（印在冰淇淋紙盒蓋上面，還附上800開頭的免費電話號碼）。結果本地民眾（主要是班恩與傑瑞的顧客）紛紛搶購他們的股票。

在日常生產及營運作業中，創新也同樣重要。聯邦快遞有個好例子，說明企業如何將創造力應用於日常營運上。有一度，聯邦快遞的包裹處理落後進度，許多包裹都積壓在孟斐斯的主要分揀站，缺乏控管系統來解決這個問題。然後有人注意到兼職員工為了提高工作時數（為了拿到更多工資），會拖慢包裹處理流程。

想想看，你會怎麼做？

最明顯的答案是訂出標準處理速度，並且透過複雜的衡量方式和獎勵制度，強力實施新標準。不過，聯邦快遞公司採取更有創意的簡單做法：他們向員工保證每天至少可拿到的薪資金額，然後宣布提早做完的人可以先下班。不到四十五天，問題就完全解決了。

本章描述的組織創造力基本要素——包括廣納創意、替自己解決問題、實驗與犯錯、雇用有創意的人、容許員工自主、獎勵創新等——適用於企業各個領域，請善加運用這些基本要素，並教育每一位員工。處處都要激發創新。世上從來不缺好點子。

激發創意的四個管理技巧

本章大部分的篇幅都在描述能保持創新的公司具備哪些特質。現在我們想探討個別經理人應如何激發創意：

1. **多鼓勵，不要雞蛋裡挑骨頭**。切記，行得通的好點子從來不缺，極度缺乏的是能廣納各種想法的心態。千萬別學那些將無線電、電話、聯邦快遞、個人電腦、耐吉運動鞋斥為「笨主意」的掃興傢伙。

   麥克奈特是塑造3M早期創新力的最大功臣，他一直遵循「多鼓勵，不要雞蛋裡挑骨頭」的原則。他以身作則，願意聆聽任何人提出的構想，並把它變成3M的慣例。每當年輕發明家提出各種「稀奇古怪的點子」，麥克奈特會側耳傾聽，然後回答：「聽起來挺有趣的，你就試試看吧。立刻開始做，動作要快。」

在新構想未經試驗前，不要吹毛求疵挑毛病，讓構想胎死腹中。世上充滿喜歡批評的人，他們從來不曾激發真正偉大的發明，千萬不要變成其中一份子。

2. **不要妄加評斷**。嚴厲的批評會摧毀創造力和進取心。害怕遭到批評或深恐看起來像笨蛋，是阻礙人們實驗、嘗試、或積極開創的最大絆腳石。問題不是員工缺乏創造力，而在於他們不敢發揮創意，擔心被嘲笑、奚落、抨擊，或心理受創。就像國中一年級時，數學老師在全班同學面前數落我們之後，這種根深柢固的恐懼就一直揮之不去。

   所以，關鍵字是「尊重」，尊重別人的心理狀態，不要讓別人覺得自己很笨或一文不值。如果有人犯下無心之過，不要攻擊他，把事情解決就好。（請參閱第三章〈軟硬兼施〉的部分）

   你面對錯誤和失敗的態度會大大影響員工的創造力。不斷自問：「假如我犯了這個錯誤，或那件事失敗了，我希望別人怎麼對待我？別人怎樣待我，才能讓我從錯誤中學到教訓，而且仍渴望繼續嘗試？」

3. **幫助害羞的員工**。有些好點子一直無人知曉，因為想出點子的人太害羞，不敢說出來。事實上，有些最好的構想是沉默寡言的人想出來的，安靜的人通常擅於觀察和思考，他們就像貓一樣，總是保持警覺，全神貫注，而且有強烈的好奇心，但他們通常也害怕說出自己的想法。

   我們發現，有些最有見地的觀點往往來自比較文靜的學生。沉默寡言的人一旦覺得可以安心和別人分享觀點時，就會提出很棒的想法。不時可見向來安靜的學生終於舉起手，用微微顫抖的聲音發表驚人的洞見。其他學生忍不住讚嘆：「哇，他是怎麼想到的？」

為了善用這樣的資源，讓害羞的人更容易有所貢獻，也許單靠鼓勵還不夠。可以設置意見箱，並表明任何人都可用書寫方式提出想法（匿名也無妨）。收到好提議時，應該和每個人分享，也許可以在員工大會上說：「有人透過意見箱提出一個很棒的構想，我想和大家分享一下。」

4. **刺激好奇心**。強烈的好奇心，單純渴望了解事情，想測試一下、看行不行得通，都能增強創造力。最有創意的人通常問很多問題，彷彿他們永遠保有孩子般的天真好奇，一心想了解為什麼。塑造容許問問題的環境。自己也多問問題，但不是批判性的問題，不要潑冷水，而是抱著探詢的精神，提出開放式的問題。我們很喜歡問一個問題：「你從這個經驗學到什麼？」

瑞吉・麥金納（Regis McKenna）的公司為蘋果電腦、英特爾等知名公司規劃極具創意的行銷活動，麥金納認為有創意的組織都很會問問題。「我要員工參加任何會議之前，都至少寫下兩頁的問題。實際列出問題時，你會發現，那些問題又會帶到其他問題。」

回答問題時，絕對不要說：「這是個笨問題。」不要鄙視任何問題，要以開放的態度回答：「這是個好問題」或「我很高興你問到這件事」或「嗯，很有趣的觀點，那麼你自己是怎麼想的呢？」在任何情況下，都不要讓對方因為問問題而覺得自己很蠢。

5. **創造需要**。人類有驚人的能力，能在看似不可能的情況下，想到新的出路。有一句老話說：「需要乃發明之母。」不管是否老生常談，這句話都很有道理。事實上，許多非凡的構想之所以誕生，完全是因為公司缺乏資源來完成原本想做的事。

案例

吉洛用創意化解難題

1985 年，吉洛創辦人甘提斯知道自己發明的單車安全帽可能在產業掀起一場革命。他設計的安全帽非常輕（只有 7.5 盎司），而且通過所有的安全標準。這種用發泡聚苯乙烯做的安全帽沒有硬塑膠殼。

不過，甘提斯碰到一個問題，如果沒有裝飾性的外殼，這種安全帽看起來很醜，就好像騎自行車時把保麗龍啤酒保冷盒戴在頭上。另一方面，如果採用標準的硬式外殼，新產品就失去原本的輕量優勢。甘提斯想到的解決辦法是：為安全帽包覆一層超輕薄的塑膠外衣。

很棒的解方，對不對？也對，也不對。因為還有一個問題，要做出這種又輕又薄的外衣，需要花十萬美金來打造模具，吉洛當時還是小公司，負擔不起這筆費用。甘提斯的解決辦法是設計色彩豐富、可以緊貼在安全帽上的萊卡

（LYCRA）帽。萊卡帽可以摘下來洗乾淨，或換成其他顏色的萊卡帽。注重時尚的單車騎士可以用萊卡帽搭配自己的服裝，團隊還可以購買客製化的萊卡帽，上面有團隊標誌和贊助者名稱。

這種安全帽非常成功，而且上面包覆的萊卡帽真的為安全帽業掀起一場革命。甘提斯指出：

> 萊卡帽是很棒的點子，真的對產品有幫助，吸引大家注意。諷刺的是，如果當初我們有足夠的錢來打造模具，可能永遠不會想到用萊卡帽來解決問題。

（順帶一提，由於萊卡帽非常成功，吉洛因此有足夠的資金開發薄外殼技術，得以在三年後把產品推到市場上。）

你可以用各種方式複製吉洛經驗。在有些情況下，你甚至可以刻意限制資源。事實上，我們認為即使在資源充足時，也應該厲行精簡管理。我們注意到，許多矽谷公司籌到太多創投資金後，反而喪失了追求卓越所需的創新火花。舉例來說，蓋維蘭電腦公司（Gavilan Computers）雖然籌到幾千萬美元的創投資金，卻沒辦法堅持到找出致勝之道的一天。

設定幾乎不可能達到的目標，也能創造需要。例如，摩托羅拉還是努力奮鬥的小公司時，創辦人蓋爾文會設下荒唐的目標，強迫員工創新。有一次，他叫員工設法把產品成本降低30美元，員工跟他說不可能，他回答，他很確定他們一定可以找出方法——結果，員工不得不想方設法。十天後，他的兒子鮑伯（他一直參與這項專案）難為情地向他報告，他們已經達成目標了。

6. **容許員工有一段時間遠離紛擾**。有些創意人很需要有自己的時間，遠離辦公室的紛紛擾擾，靜靜思考。耐吉創辦人奈特相信，很多人都是在辦公室以外的地方，想出最棒的點子，可能在海灘上，或在慢跑的時候，這也是為什麼許多耐吉園區都有慢跑小徑、網球場、籃球場、舉重室、有氧舞蹈教室。赫門米勒公司的設計師可以自行選擇要在哪裡創作，有的人選擇大半時間都居家工作或在辦公室以外的地方工作。

應該容許員工有幾天「居家上班」，或可以有一段時間躲在安靜的房間裡專心工作，不受干擾。羅森堡資本管理公司（Rosenberg Capital Management）的創辦人克勞德．羅森堡（Claude Rosenberg）刻意在辦公室設置兩個安靜的房間，「……我一直叫大家多多利用，因為我真的相信，一個人最有創意的時候，不是坐在辦公桌正常工作的時候。」羅森堡因此推論，應該要求員工休假。「我認為休假時應該完全脫離工作，看到合夥人度假的時候還打電話回公司，我真的很難過。如果能屏除雜念，拋開煩惱，你可能會變得更有創意。」

帕塔哥尼亞的紙樣製作單位（屬於設計部門）的

附近掛了一個牌子：

請遵守安靜時間 部門從 8:00 到 12:00 不開放

7. **鼓勵集體解決問題**。帕塔哥尼亞激發創意的方法還不止如此，除了讓員工享有安靜獨處的思考時間，眾人腦力激盪產生的創意火花也很重要。腦力激盪和其他團體活動往往能產生非凡的創意。

   帕塔哥尼亞的辦公桌是凌亂地拼湊起來的，擺在大開放空間裡。公司期待員工在工作上緊密合作，不管是自動自發的合作或依照工作需要而安排，都能激發出許多創新構想和問題解方。

   根據我們自己在企業界和學術界的工作經驗，最有創意的解答通常結合了遠離辦公室紛擾的安靜思考和團體中的腦力激盪。就激發創意而言，一加一往往遠遠大於二。

   警告：**團體裡不能有愛潑冷水的傢伙**。創意討論會中不能有人吹毛求疵，老是挑剔別人提出的點子。即使團體中只有一個人會過早批評別人的想法，都會澆熄創意火花。一定要除去那些喜歡在雞蛋裡挑骨頭的傢伙！

8. **必須覺得好玩**。「對我個人而言，最重要的是覺得好玩。」丹斯克國際設計公司（Dansk International Designs）創辦人泰德・奈倫伯格（Ted Nierenberg）表示：「如果你不覺得現在做的事很好玩，就停下來不做，試試其他更好玩的事情。」

我們認真覺得工作應該好玩，才能產生創意。問別人：「你覺得好玩嗎？」也問問自己，把能不能享受工作，當成選擇工作的必備條件。如果工作一點也不有趣，就不太可能激發什麼創意。你有沒有注意到，很多最有創意的人都像小孩子一樣？他們喜歡玩耍，對他們而言，工作就是遊戲。

但開心遊戲和努力工作並不衝突。創造是辛苦的工作，但也應該玩得開心。

在創造過程中保持信心

我們已經完整概述企業創新的重要觀念，但還有一個要素：在創造過程中保持信心。

沒有人確切知道創造過程是怎麼回事，往往很痛苦，充滿不確定。經常在長時間的辛苦、挫折和醞釀後，創意才突如其來，靈光閃現。我們沒辦法說：「明早十點鐘，我會想到一個很棒的點子。」我們可以這樣說，但很可能不會發生，創意原本就不是這個樣子。當我們正在洗澡，或行駛在公路上，或在花園蒔花弄草，或在健身房汗流浹背，或在山上健行，或在高爾夫球場揮桿，或正在讀一本書，或剛醒來，或在千千萬萬種其他狀況下，創意的靈光會出乎意料，突然閃現。

關於創造力，真正瘋狂的是，只要環境有利於創造，創意必然會迸發，我們也許不清楚創意會如何迸發，或在何時、以何種方式出現，但它一定會出現。

公司想要保持創新，必須有放手一搏的信心，相信每個人都擁有創造力，相信到處都有很多好點子，相信潛在想法會浮現，相信實驗，相信應該讓員工自由採取行動。人類天生就喜歡發明、發現、和探索，我們擁有想要創造的強烈衝動，也有相應的創造力。

創造新事物是令人興奮的經驗。每當有新的發現，我們都感受到莫大的歡欣喜悅。發明新產品或找到更好的做法時，我們似乎也略微體會到哥倫布發現新大陸或伽利略發明望遠鏡時的感受。

的確，創新不但能促進公司的健康與繁榮，也能滿足人類基本的創造慾望，同時推動人類持續進步。還有什麼事情能更令人感到滿足呢？

新觀點

創造力還算是容易的部分

回想一下自己五、六歲大的時候。玩耍時，你是不是會做一些很有創意的事情，也許你會畫畫、自己發明遊戲、在後院打造什麼東西，或其他充滿想像力的活動？我問大家這個問題時，幾乎每個人都會舉起手。孩提時代，大家自然而然就會創作，這是人類的天性。叫別人「發揮創造力」，就好像跟他說：「一定要呼吸」一樣。你活在世上，就一定有創造力。

接下來，問自己第二個問題：你五、六歲大的時候，會嚴守自我紀律嗎？當我提出第二個問題時，舉手的人寥寥無幾。創造力是與生俱來的豐沛、可無限再生的能力，紀律則否。真正的挑戰不是如何提升創造力，而是如何在充分發揮天生創造力的同時，也能嚴守自我紀律。

更何況，創新本身只能帶來有限的競爭優勢。泰利斯（Gerard Tellis）和高爾德（Peter Golder）在《意志與願景》（*Will and Vision*）書中指出，新商業領域的創新先驅幾乎都不是最後的大贏家（勝出的機率不到10%）。同樣的，我們在嚴謹的企業配對研究中發現，企業能否恆久卓越和他們是否是業界先驅，缺乏系統化的相關性。

我們對卓越企業研究得愈多，愈得到一個結論：美國企業的主要長處不只是強大的創新力，美國真正的優勢其實是能延展創新的能力。雖然拔得頭籌或許能取得最初的優勢，但建立一家經營完善的公司，能夠一再創新，並大規模實現創新，才是更重要而持久的優勢。

許多創業家傾向做創造性的工作，因為他能從中獲得深深的滿足感，就好像作家必須寫作，畫家必須畫畫，作曲家必須作曲，雕塑家必須雕塑一樣。但如果想讓公司成為恆久卓越的企業，你不只要將心力投入好玩的創造性工作，也必須花費相同心力打造有紀律的組織，能一再創新，延展擴大創新，並持續卓越的執行創新。長遠來說，最好的必將打敗最早投入的。

第9章

戰術執行

上帝藏在細節裡。

——路德維希．密斯．汎德羅

（Ludwig Mies Van der Rohe）

打造卓越公司就像在酋長岩峭壁開闢新的攀岩路線，我們到目前為止討論過的要素都不可或缺：目標清晰（共同願景）、團隊運作的能力（領導風格）、攻堅計畫（策略）、以創造力克服過程中無數挑戰（創新）。還有一個重要元素：實際攀登峭壁。過程中，如果你沒有落實許多小細節（例如把繩結綁對）或密切注意手和腳的動作，都可能命喪黃泉。對企業而言，也是如此。

再思考一下另一個比喻。打造卓越公司也像撰寫一部偉大的小說 —— 需要有整體構想（願景）、情節（策略），以及推動情節發展的創意。你必須絞盡腦汁，字斟句酌，一行行、一頁頁寫下去。曾經有人問海明威為何將小說《戰地春夢》（*Farewell to Arms*）最後一頁改寫了三十九次，海明威只簡單回答：「要用對字。」

對於追求卓越的企業而言，密切注意願景和策略實際的戰術執行面（「把繩結綁對」或「用對字」）非常重要。你們也許擁有最懂得激勵人心的領導人，懷抱宏大的願景，擬定出色的策略，還有上千個很棒的點子，但如果沒辦法好好執行，永遠無法真正躍升為卓越企業。想想奧林匹克跳水選手葛瑞格．洛加尼斯（Greg Louganis）如何始終如一，穩定展現優美的跳水動作，這是你應該努力的目標。或想想海明威如何三十九次改寫小說結尾。

事實上，許多傑出企業都因出色的執行力而成功。《Inc.》雜誌曾調查五百家成長最快的私人企業，結果顯示，88%的執行長都將公司的成功主要歸功於能完美執行構想，只有12%的執行長主要歸功於構想本身。

吉洛體育用品公司創辦人甘提斯很喜歡指出，他相信願景和創造力，但也深信「把安全帽做對」的重要性。他喜歡說：「嘿，其實我沒那麼特別，我有個構想，而且我會好好落實構想。」

甘提斯延攬漢納曼擔任吉洛總裁及營運長，漢納曼後來解釋，由於吉洛致力於達到卓越的戰術執行水準，他才會在吉洛只有單一產品、還是一家尚待考驗的小公司時，就決定冒險加入吉洛：

> 吉洛當時在市場上率先推出這類型產品，但你永遠要問：「跑第一的意義何在？」如果你不能致力於達到卓越的戰術執行，領先者優勢很快會蕩然無存。我最佩服甘提斯的就是這點，在落實構想時，他絕不抄捷徑。

想想康柏電腦公司（Compaq Computer Corporation）好了。康柏曾是全球名列前茅的個人電腦製造商（與 IBM 及蘋果公司齊名），但令人訝異的是，康柏製造的是 IBM 相容電腦（複製 IBM 的個人電腦架構）。康柏之所以成功，是因為康柏比 IBM 更懂得完美執行 IBM 電腦的相容策略。（順帶一提，康柏電腦的價格並沒有比 IBM 低廉，康柏只不過把相同的產品做得更好罷了。）有趣的是，在 1990 年，康柏每位員工平均稅前純益已是電腦業最高，達 62,579 美元，相較之下，蘋果只有 53,608 美元，而 IBM 更只有 26,955 美元。

再想想沃爾瑪好了。平價商店並非沃爾頓發明的，事實上，1960 年代初期，沃爾瑪剛起步時，許多公司都在做相同的事。根據崔姆博對沃爾瑪的分析：「關鍵在於沃爾頓執行構想的精湛水準……其他零售商都試圖和他做一樣的事情，但他做得更好。」

相反的，一家西岸連鎖餐廳雖有很棒的產品概念：有益健康的墨西哥速食（低脂的健康飲食）。我們知道開了這家新餐廳時，都很雀躍（我們很愛吃墨西哥食物，但又不喜歡吃進太多脂肪，而且永遠時間很趕）。不過，唉！我們不再光顧那家餐廳了。

為什麼？因為一些小事情。收銀員不擅於操作電腦訂位系統，所以餐廳總是大排長龍。有一半的時候，送來的餐點都不符合我們的點餐內容。食物有時又熱又辣，有時又冷又淡而無味。如果你在餐廳快打烊時才去用餐，會看到服務生開始把椅子放在桌上，因為你吃得太慢而瞪你。我們撰寫這段內容的時候，他們在我們這區已關閉兩家分店，其他分店的來店人數也比餐廳剛開張時少了很多。

簡而言之，

偉大的概念 ＋ 糟糕的執行 ＝ 自掘墳墓

也許話說得重了點，但這樣的企業頂多只是平庸的公司。

新觀點

截止期限：框架內的自由

有一次，我找人來施工，領頭的包商對工程品質要求細膩。但我們碰到一個問題：夏季的幾個月，工程進度十分緩慢，而原本夏天正是快馬加鞭趕工的時候（因為冬天一到，施工速度一定會慢下來）。

於是我對包商說：「我們必須設定完工的最後期限。你要不要花一個星期想一想，下星期五回來時告訴我，你可以承諾在哪一天之前一定完工？然後我們再談一談。」

他回來後提議：「最後期限訂在 10 月 31 日如何？」

「我沒法接受這個日期。」我回答。

「但這個日期已經訂得非常緊了，」他反駁，「我的意思是，要在 10 月 31 日前完工，我們必須盡全力才辦得到。」

「你誤會我的意思了，」我說：「你訂的最後期限太大膽了。你我都知道，你們在 10 月 31 日之前完工的機會幾乎等於零，所以訂這個期限根本毫無用處。」我讓他慢慢明白，「你要不要重新思考一下，再提出一個你百分之百辦得到的日期，無論天氣狀況如何，無論發生什麼意外，你們都絕對可以準時完工，而且保持完美的施工品質。」

他再提議：「好吧，那明年 3 月 31 日如何？」

「3 月 31 日的什麼時候？」我問。

「要訂出確切的時間嗎？」

「對啊，否則怎麼能百分之百確定你達到目標了。」

「好吧，那就 3 月 31 日下午 5 點整如何？」

「聽起來好多了。」我心知肚明，即使訂在 3 月 31 日，都是難度頗高的目標（不過是可行的目標）。「那麼，你可以百分之百承諾，你們會在期限之前完成。」

「可以。」他說：「沒問題。」

於是他們繼續施工。在一個天氣晴朗，攝氏 21 度左右的九月天，我注意到，下午 3 點之後，都沒什麼進度可言。

我緩緩走出去問包商：「進度如何，可以在期限之前完成嗎？你知道，再過些日子，天氣就會開始轉變。」

「我們正努力在你的截止期限之前完工。」

「不對，這不是我的期限。」我回答，停頓一下再說：「這是你的期限。」

施工速度加快了。施工團隊最後果然趕上最後期限，在 3 月 31 日下午 4:45 完工，只提前了 15 分鐘。

訂定截止期限能刺激進度，但唯有當事人願意有所承諾，訂截止期限才有效。趕上截止期限代表達到目標時，成果絕對達到 A 級水準，絕對百分之百完成，絕對準時，毫無抱怨，絕對如此。如果你訂了一個人人都知道不可能達到的截止期限，就等於沒有截止期限可言。

在有紀律的文化中，無法在截止期限之前完成，只有在下列兩種情況下，才可以接受。第一種情況是，你承諾的對象主動修改截止期限，而不是你提議修改；或第二種情況，由於摯愛的親人發生變故（生病、意外、悲劇），使你無法正常工作，這種情況下逼你遵守最後期限，太沒人性了。

訂定截止期限是一門藝術。有的領導人喜歡直接規定截止期限，有的則寧可讓對方提出截止期限。我會根據狀況，兩種方法並用，但主要方式仍是請對方提議截止期限，然後引導他訂出切合實際的日期，如果未能如期完成，絕不會有絲毫寬貸（如同我對包商的要求）。但無論你怎麼做，關鍵在於，對方必須對截止期限毫無疑義，而且承諾會致力達成目標，同時絕對沒有「錯過期限」這個選項。換句話說，員工必須有充分的紀律，面對明知無法達成的截止期限，能勇於拒絕。如果趕不上截止期限成為常態，那麼訂截止期限就弊大於利。但如果你用對人，他們對截止期限也認真承諾，那就可以給他們很大的自由度，容許他們自主管理。

在最好的情況下，有紀律的文化是在價值和責任的框架下擁有自由。重點不在於約束他人，施以紀律，而在於找到能充分自律、總是履行承諾的人才。不是期待對方盲目遵從規定或順從高層，而要找對人，這些人渴望擁有充分的自由以發揮才華，會盡力做到最好。

別忘了我們從卓越企業的成功要素中學到的重要一課：每家公司都有自己的文化，有紀律的文化卻很少見，而能塑造有紀律的文化，同時又兼顧創業精神的企業更是少之又少。如果能將這兩個互補的力量融合在一起，有紀律的文化加上創業的精神與倫理，就等於擁有持續產出超凡績效的神奇煉金術。許多新創公司的成長過程，都缺乏這種兼容並蓄的精神。截止期限可以成為魚與熊掌兼得的有力機制，可以在自由與結構、創造力和紀律之間，取得罕見的平衡，而這些都是真正卓越企業的顯著標誌。運用截止期限來達到兼容並蓄的目的，否則就不要設截止期限。

從願景和策略到戰術

一旦有了願景和策略，就必須轉換成扎實的戰術執行。

第一步是確定所有關鍵人員隨手都有一份願景和策略及今年的策略要務，而且每次開員工大會都要帶去，經常提及。

吉洛的漢納曼總是隨身帶著一份公司的策略要務，而且每次開員工大會時必定提及，他說：「我總是設法確定員工會努力用各種方法，執行我們的策略要務。」

里程碑管理

最重要的是，每一項策略要務都要能拆成數個吞得下去的小塊——里程碑。回想一下前面提過的攀登艾卡皮坦峭壁的比喻。你不會想要一舉攀爬 3,500 英尺的峭壁，而會分成一段段你應付得來的小段距離，每次只爬一百英尺（稱為「繩距」）。要靠著每次專心攀爬一個繩距，你才有辦法成功攀登 3,500 英尺高的花崗岩壁。

每個里程碑都應該有人負責達成，而且有具體的完成日期（這點至關重要）。

不過，我們不該單方面設定日期和里程碑。人們對於自己參與設定的目標和時程，總是更全力以赴。我們建議透過以下流程，讓員工和主管共同討論，發展里程碑，而且可能的話，應該由員工挑選完成日期（當然必須是主管接受的日期）。接下來由員工（而非主管）將雙方同意的日期和里程碑寫在紙上。這個「簽約」步驟會在心理上形成堅定的承諾。

將宏大的願景和策略轉化為具體里程碑，並讓負責人承諾

圖 9-1　將策略拆分成數個里程碑

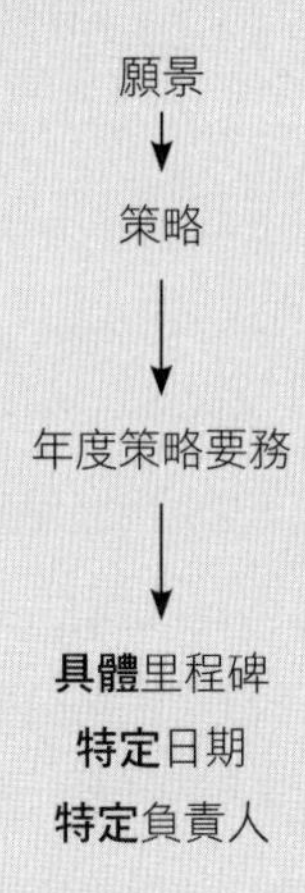

在一定的日期前完成，對於完成任務至關重要。

當然，完成工作還不夠，要把事情做好才行。卓越企業必須持續把事情做好，持續改善，因此必須建立適當的環境。

新觀點

SMaC 心態

「SMaC」是在執行戰術時持續展現卓越水準的關鍵。SMaC 的意思是「具體明確、有條理、有方法，同時始終如一」（Specific, Methodical and Consistent）。

你可以把 SMaC 拿來描述某人很有紀律，例如「梅麗莎很

SMaC」。

你可以把 SMaC 當動詞使用，例如「我們來好好 SMaC 這個計畫」。

也可以把 SMaC 當形容詞，例如「我們來打造一個 SMaC 系統」。

還可以拿來當名詞，例如「SMaC 挽救性命」。（事實上，在博德市的辦公室裡，我們把 SMaC 漆在牆上，讓每個人都看得到，經常提醒他們：要 SMaC ！）

但 SMaC 不只是個可以琅琅上口的有用詞彙，SMaC 代表一種心智模式，也是一種思考方式、行動方式，在混亂中仍能善用機智和保持執行力，以及專注於對的細節、並將對的細節做對。

我們的研究團隊之前有一位組員曾在美國海軍陸戰隊服役，他跟我們講過一個海軍陸戰隊直升機技師的故事，正好完美說明了 SMaC 心態的本質。想像一位身處戰地的直升機技師，碰到直升機出問題，沒辦法升空。迫擊砲在附近連連爆炸，周遭都是子彈咻咻呼嘯而過。在這片失序、吵雜、煙霧、喊叫、混亂中，技師打開引擎蓋，快速解決問題，爬回地面上。他面對更多子彈、更多迫擊砲、更多嘈雜聲、更深的恐懼。但技師先不忙著對直升機駕駛豎起大拇指放行，他條理分明地把所有工具攤在地上，一一清點，他要確定自己沒有在混亂和焦慮中，不小心把任何工具遺留在引擎箱中，害直升機墜毀。SMaC ！

我和瓊安曾經在克利夫蘭診所觀察一場心臟手術，親眼目睹充分發揮 SMaC 精神的流程。不但後備系統、檢核清單、溝通規範一應俱全，而且手術助理和直升機技師[illegible]樣，[illegible]一清點手術用具。SMaC 可以挽救生命。

攀岩時，許多致命的意外或功虧一簣的情況都是因為沒能落實 SMaC。我十九歲時，有一次沿著酋長岩峭壁下降時，因為沒有落實 SMaC，幾乎喪命。SMaC 錯誤一：我和攀岩夥伴沒有對東岩架下降路線的垂降地點做過完整研究（垂降是指在岩壁援繩滑降，借助摩擦裝置來控制下降速度），結果在錯誤的位置開始垂降。SMaC 錯誤二：沒有為長時間攀岩攜帶頭燈，只好在黑暗中垂降。SMaC 錯誤三：沒有在繩子末端綁繩結，作為防止失手的保險裝置，以免在繩子沒有抵達固定點時，我會從繩子末端滑脫。SMaC 錯誤四：萬一被困在空白岩壁上，我沒有攜帶可以讓我援繩回升的機械裝置。於是，我在黑暗中援繩垂降時，驚恐領悟到：沒有固定點。我在一片空白岩壁的中間，如果我垂降時把登山繩用盡，就會墜落幾百呎，一命嗚呼。幸好我還有殘餘的力氣，可以一手接著一手，拉著繩子爬回岩架，一路上心知肚明，只要一鬆手，我就會砰然墜落。整個晚上，我們都在岩架上發抖，等待黎明，到時候在陽光照射下，就可以找到正確的下降路線了。假如我那天死掉，絕不是因為發生了什麼奇怪的意外，完全是因為我沒有遵照 SMaC 原則。

真正落實 SMaC 包含四個要素：

1. 可重複的具體步驟和機制，而且始終如一，有強大的連貫性。
2. 建立查核和交叉查核制度，避免災難性嚴重錯誤。

3. 嚴謹思考各種應變計畫和後備計畫。
4. 了解 SMaC 流程背後的為什麼，並持續演進。

最後一個要素（了解「為什麼」之後才能求新求變）說明了為何進步的 SMaC 心態有別於純粹的作業程序和官僚制度。如果你們公司的員工開始告訴新人：「這就是我們的做事方式。」而不是說：「這是我們這樣做的原因。」那麼你們正在從有紀律的文化，逐步退化為官僚文化。盲目堅持照章行事，會腐蝕真正的 SMaC 心態，公司必然走上失敗之路，和一開始就沒有 SMaC 沒什麼兩樣。

我在美國軍校教學和工作期間，充分領悟到「行動後檢討」（After-Action Review，AAR）的威力。每次任務結束後，都要撥時間討論、檢討，從經驗中學習。哪些行動奏效？我們學到哪些東西，可以用在未來的任務？為什麼行不通？我們在哪些方面準備不足？然後把我們從 AAR 學到的東西，融合到因應未來的準備中。如果能系統化落實「行動後檢討」，AAR 將成為訓練計畫的一部分，能持續發展和提煉出最有效的 SMaC 配方。

我們在「從 A 到 A+」專案中，也採取 AAR 的模式。團隊要完成 AAR，從中學到教訓，並據以做出調整，融入原本的 SMaC 配方，否則任務就不算結束。如果能有紀律的花一小時進行 AAR，就能為之後的流程省下十小時的時間，而且還能直接幫助到我們期望達到的卓越戰術執行。經過一段時間，我把 AAR 的步驟簡化為三個重要問題：

AAR 問題 1：我們從進行順利的計畫中學到什麼可複製的新教訓？

AAR 問題 2：我們從不順利的計畫中學到什麼可複製的新教訓？

AAR 問題 3：根據問題 1 和問題 2，應該如何調整 SMaC 配方，才能系統化改善我們的戰術卓越性？

你可以把它想成一再循環的環路：把檢討後得到的教訓回饋到系統化的訓練和準備中；採取新的行動；行動時保持 SMaC 紀律，為了學習和改進，進行 AAR，然後回到環路頂端。一而再、再而三，不斷重複，成為有紀律的文化中核心的習慣。

塑造持續卓越戰術執行的良好環境

低品質和低生產力的原因多半都是系統的問題（由管理階層造成），員工根本無能為力。

戴明（W. Edwards Deming）

我們在《華爾街日報》上看到李察・巴爾伯（A. Richard Barber）寫的好文章，標題是〈L.L.Bean 怎麼樣修好我的鞋，溫暖我的心〉，他描述 L.L.Bean 的員工費了九牛二虎之力，替一雙穿了三十年的輕便休閒靴修復鞋底，由於 L.L.Bean 已經沒有這種尺寸的靴子，沒辦法透過標準程序換鞋底。

巴爾伯描述 L.L.Bean 每個員工如何勇於為顧客的問題負起責任，他們會告訴顧客自己的名字（瑪姬、安、史帝夫），然後承擔個人責任：「我叫史帝夫·葛拉罕，分機號碼是4444，有什麼問題，可以找我。」巴爾伯描述他們說話的語氣「清晰明快」，還有他們如何為意外的延誤真誠致歉。他寫道：「知道有這麼多人關心（我的靴子），真是安心不少。」

他在文章結尾寫道：

> 希望三十年後的今天，還能和瑪姬、史帝夫和安談話，他們讓我的心情整個好了起來。在我們開心相遇的一周年後，我要祝他們三位佳節快樂，就像他們去年給予我的一樣。

巴爾伯的文章引發一個問題：在 L.L.Bean 工作的人和其他人有什麼不同嗎？ L.L.Bean 公司所在的緬因州自由港，有什麼不尋常之處嗎？

應該沒有。L.L.Bean 不見得接觸到特別多忠誠善良的人，至少不會比你們公司接觸到更多。只不過在比恩塑造的工作環境，員工都能把任務執行得很好。

這就要談到卓越戰術執行的核心原則：員工的執行成效不佳，不是他們的錯。

而是你的錯。

卓越公司的領導人相信一般人都有能力展現非凡的績效。他們知道真正懶惰散漫、漠不關心的人其實不多，只要有好的環境，多數人都會表現出色。員工績效不佳通常起因於公司用錯人、對員工訓練不足、沒有清楚告知公司的期望，領導力不佳、沒有對員工表達欣賞與感謝、工作設計不佳，或其他的公司缺陷，不是員工的問題。

有下列五個基本條件，員工通常能把任務執行得很好：

1. **他們很清楚自己需要做什麼**。如果員工不清楚「做得好」是什麼意思，如果沒有清楚的目標、標竿和期望，他們怎麼可能做得好呢？
2. **他們擁有工作所需的適當技能**。適當的技能來自於天分、性情和適當的訓練。
3. **公司給予他們充分的自由和支援**。沒有人受到嚴密監督時，還能表現優異。如果你把員工當孩子對待，他們就會降低自己的水準來符合你的期望。提供員工適當的工具和支援，他們才能把工作做好。舉個極端的例子，想想看，如果沒有可靠的卡車載運，聯邦快遞的員工怎麼可能準時將包裹送到顧客手中。
4. **他們的努力能得到賞識**。所有人都希望自己的努力被看見。我們刻意選擇「賞識」這個詞，而不是「獎勵」，因為「賞識」更能準確說明表現卓越的員工把尊重和賞識看得和金錢一樣重要，甚至更重要。
5. **他們明白自己的工作是多麼重要**。

最後一種情況非常重要，需要更詳細的說明。

有一次，我們在舊金山機場候機時，順便擦擦皮鞋。我們注意到那位擦鞋達人費了很大心思，要把我們的鞋子擦得恰到好處，一一檢查各種角度，看看是否達到他對自己手藝堅持的品質標準。

「你們趕不趕時間？」他問，「我想多花幾分鐘處理這個磨損的痕跡，然後再替鞋子多上一層鞋油。」我們時間很多，所以欣然同意。

他一邊努力擦鞋，一邊談起他的工作。「好好處理顧客的鞋子，真的很重要。我們的顧客都是為了重要會議出差的人，他們絕對不希望自己的皮鞋看起來很糟糕。我希望他們走進會議室時，皮鞋光亮如新。有時候別人對你印象不好，只是因為一些細節（例如沒有好好擦皮鞋）。」

這正是卓越戰術執行的本質：人們在意自己的工作，是因為他們了解這份工作為什麼重要。

二次大戰期間某飛機零件製造商的經驗，正是有力的例證。根據杜拉克描述，這家公司的人力運用出現嚴重問題，員工缺勤、罷工、生產力降低、工作馬虎等問題層出不窮。

那該怎麼辦呢？把員工逼得更緊？不對。開除爛蘋果？不對。提高工資？不對。這些方法都無法根本解決問題。

公司從來不曾告訴員工，他們的工作為何重要！他們從來不曾看過製造完成的轟炸機，更沒看過自己製造的零件裝在轟炸機的哪個部分，也不了解這些零件對轟炸機的效能有多重要，或轟炸機對於戰事的重要性。於是公司在工廠中放了一架轟炸機，請幾位轟炸機機組人員告訴大家，轟炸機對於贏得戰爭是多麼重要，以及他們生產的零件對於轟炸機又有多重要。根據杜拉克的說法，「原本士氣低迷、動盪不安的情況立刻不見了。」

上述例子很有趣的地方是：機組人員現身說法。工人不再只對轟炸機的某個零件有責任，而是必須對特定的人負責，對喬治、約翰和山姆負責，他們的生命就取決於轟炸機能否發揮性能。機場的擦鞋達人也是如此，他覺得自己對每一位顧客都直接負有個人責任。

當人們知道自己受到許多人仰賴時，他們了解到自己的工作是多麼重要，就會努力做好自己的工作。

美國前衛生福利教育部部長及共同目標協會（Common Cause）創辦人約翰．嘉德納（John Gardner）曾經參與有關英雄主義的有趣研究。這項研究提出一個問題：什麼動機會促使一個人展現英雄行為？結果壓倒性的答案不是榮耀、國家、愛國精神或其他類似動機，純粹因為他們相信同志仰賴他們，不能讓同志失望。

如果你能塑造一種氛圍，讓大家相互依賴，他們心想：「我不能讓其他人失望」，那麼員工就會展現非凡績效。

你是否也感到好奇，聯邦快遞一方面快速成長，同時又能履行「絕對、肯定隔夜送達」的承諾，究竟是怎麼辦到的？聯邦快遞的辦法正是設法打造一個員工相互依賴的組織。（順帶一提，我們認為聯邦快遞是絕佳案例，因為他們成功的主因是高品質的執行，而非聰明的構想。全國性的隔夜快遞並非嶄新的觀念，其他公司也曾想過。但實際做到，而且做得很好，是一大挑戰。）

聯邦快遞的創辦人史密斯深受自己過去的越戰經驗所影響，當時他曾擔任連長和偵察機機員。他在越戰中觀察到，當同袍的生命交付自己手中時，「平凡人」會做出非比尋常的大事。他想以這基本真理為基礎，打造他的連隊。

史密斯在接受訪問時告訴比爾．莫耶（Bill Moyer）：

> 聯邦快遞是越戰的產物，（假如沒有越戰經驗），我不認為我會做出這樣的大事。只要給人們機會，他們就會挺身而出，因應變局。只要給他們挑戰，許多人都有基本的智慧和看法來完成任務。

阿爾特．貝斯（Art Bass）是聯邦快遞早期的營運長，他解釋：

> 我們聚集一批為自己的作為感到驕傲的人，他們一輩子鮮有機會為任何事情感到自豪。無論你開貨車或貨機或在轉運站工作，你雖然獨自工作，但每個人都仰仗你。你一定要挺住。

「你一定要挺住」這句話說得太好了，充分抓住你們想要塑造的氛圍，每個人都仰仗其他人的表現。

這正是為什麼 L.L.Bean 公司溫暖了李察．巴爾伯的心。L.L.Bean 公司的瑪姬、史帝夫和安都深信他們必須為李察而挺住，李察不是消費者，李察不是訂購號碼 3365，李察不是提出該死的靴子問題的那個麻煩傢伙。他是李察，而他想要（需要）重新換鞋底，絕不能讓他失望。

身為公司領導人，你有責任讓公司每一位員工都做重要的工作，而且也都了解為何他的工作如此重要。

新觀點

期望

想像一下，夏日午後，大雷雨即將侵襲丹佛國際機場，航管人員決定暫停所有空中交通，有兩架飛機正在跑道上等待起飛，甲飛機和乙飛機。

甲飛機：「各位乘客，我是機長。航管人員因為天氣因素，延遲我們起飛。他們說，我們應該三十分鐘後可以出發。」你在座位上坐好。三十分鐘過去了，你們還在跑道上。三十五分鐘過去了。四十分鐘。機長再度廣播。「看起來我們還得再等一下。希望再過十分鐘或十五分鐘，我們可以起飛。」十分鐘過去了，又過了十五分鐘。最後，在六十五分鐘後，你聽到引擎發動的聲音，感覺飛機就定位，準備沿著跑道呼嘯而去。

乙飛機：「各位乘客，我是機長。航管人員因為天氣因素，延遲我們起飛。他們說，我們應該三十分鐘後可以起飛。但這裡是丹佛，根據多年經驗，我發現這裡的暴風雨有時會持續很久，可能會出現風切，而我們希望保持安全。所以，請各位稍安勿躁，也許會等久一點，我不認為我們可以在八、九十分鐘內出發。」機艙內一陣嘆息，於是大家往後躺，或是小睡片刻，或看看電影，或打電話、傳電子郵件，或閱讀書籍。時間一分一秒過去。六十五分鐘後，機長再度廣播。「各位乘客，看起來天氣變好了，比我們預期的還快，我們要準備出發了。」你聽到引擎發動的聲音，感覺飛機就定位，準備沿著跑道呼嘯而去。

甲飛機和乙飛機都在六十五分鐘後起飛，但哪一架飛機的乘客覺得更開心？

和願景的連結

前面說過，公司願景的一項主要功能是增加意義，成為激發非凡的人類努力的驅動力。要讓員工了解工作的意義，清晰動人的公司願景非常重要。如果各位尚未讀過本書第四章，請好好閱讀。如果你們尚未設定願景，請趕快設定。

還有，別忘了好的願景應該有一套核心價值和信念，以及一套引導原則。這套潛在的核心價值在引導員工的日常行為及標準上，扮演重要角色。事實上，價值和戰術執行有直接的關聯。舉例來說，如果你們的核心價值是「以客為尊」，如果你們在公司裡反覆灌輸員工這個觀念（和 L.L.Bean 一樣），那麼員工自然會以客為尊。

持續改善的心態

卓越的戰術執行不是重點，只是途徑，是持續改善的途徑。想一想日本奇蹟。「日本製」過去一向代表低品質，今天卻大不相同。日本人已經在世界上建立起高品質的名聲，是持續展現卓越戰術執行的大師。究竟是怎麼回事？日本人為何能成功完成如此非比尋常的轉型任務？

部分原因要歸功於戴明博士對日本的影響，他傳授日本管理階層品管的技術（由於戴明對日本貢獻卓著，被授予勳二等瑞寶章，是第一位獲此殊榮的美國人。日本為獎勵全面品質管理而設立了一個聲望崇隆的獎項 —— 著名的戴明獎，正是以戴明為名）。戴明在著作《轉危為安》（*Out of the Crisis*）中說明他的核心理念是持續改善。

改善無法一次到位。持續改善的整體觀念是必須衡量自己目前的情況，評估有哪些地方可以做得更好，擬定改善計畫，並執行計畫，然後再度衡量，重複上述步驟，無限循環下去。

絕不要原地踏步，永遠都還可以更好。今年認為卓越的水準如果和五年後的水準相比，應該顯得平凡無奇，五年後的水準和十年後相比，又變得平凡無奇。永遠如此，沒有終點，沒有停下來的一天，沒有「已經辦到了」這回事。

新觀點

戰術上的膽大包天目標

想達到卓越績效，最好的方法是在單位層級建立「戰術上的膽大包天目標」，將全公司的膽大包天目標拆解成許多小目標，成為各單位的膽大包天目標。

我們一直想方設法，希望執行從 A 到 A+ 的專案活動時，能不斷刺激進步。多年來，我們學會在舉辦活動的三週前，將所有的後勤作業大致安排妥當。所以，我們設計了「T-3」機制，在活動日至少三週前進行完整的簡報與發表會檢核，迫使我們提早準備，預留活動前的調整時間。我們注意到，有時候我們的檢核時間會少於活動前三週，只提前了二十天或十六天或十四天。總是會出現一些可以諒解的情況，例如出差行程、很難跟外人拿到資訊等。不過，當我們堅持「T-3」的紀律時，仍然能得到最佳執行成果。

所以，我們的團隊想出戰術上的膽大包天目標：連續一百次成功執行「T-3」機制，不能有一次做不到。我們稱之為100-0 目標（連續一百次成功，沒有一次失敗），把它寫在白板上，讓每個人都看到，旁邊記錄著到目前為止的連續成功次數。**關鍵詞是「連續」**；即使只失敗一次，計數就會回歸到零，從頭來過。每當完成一次「T-3」，修改數字的時候（例如從 30-0 改成 32-0）就是我們的歡慶時刻。每個人都知道，只要我們失誤一次，即使只遲了一天，計數器又會重新設定為0-0。無論誰是這次的負責人，都會感受到愈來愈大的壓力：「我不能失敗，讓計數器又回到 0-0。」但其他人也會提供支援和協助，確保我們絕不會失敗。戰術上的膽大包天目標迫使大家向前邁進，建立時間緩衝，把失敗的機率降到最低，也增進團隊成員之間的革命情感。

2018 年 3 月 22 日下午 3:03，我們的團隊聚集在會議室，把白板上 99-0 的數字擦掉，改成 100-0。連續一百次達標，沒有一次失敗。在我寫下這段時，也就是時隔兩年多以後，我們仍然保持完美的紀錄，達成「T-3」，已經成為我們根深柢固的紀律和習慣。

六步驟流程

塑造適當的環境，讓員工可以持續達到卓越的戰術執行，包括以下不斷循環的六步驟流程：

- 聘雇
- 文化薰陶
- 訓練
- 設定目標
- 衡量
- 欣賞與感謝

1. 聘雇

一切都從聘雇決定開始。好人才會吸引其他好人才加入，於是又吸引更多好人才，以此類推。想要雇用好人才，需要投資大量時間。我們看過無數公司因為沒有好好投資聘雇流程，讓自己陷入麻煩。

要解雇糟糕的人選（然後找到適當的新人）需要付出的代價，甚於從一開始就找對人。

那什麼是好的選擇？這裡所謂的「好」人才，不應純粹從教育程度、技能或過去資歷的角度下定義（雖然這些都是考量因素），主要應該評估「這個人是否符合我們的價值觀？他願意接受我們的理念嗎？他有可能遵守我們的規矩嗎？」正如同帕塔哥尼亞的麥狄維特所說：

圖 9-2　塑造卓越執行戰術的環境

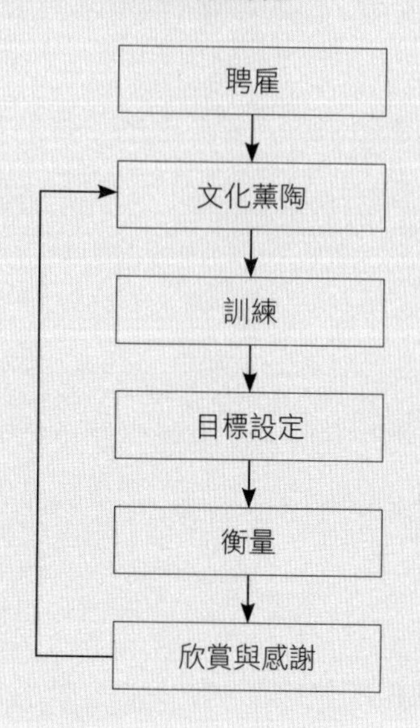

> 我雇了很多缺乏傳統資歷的人，結果他們表現很好。我也雇用一些資歷顯赫的人，卻沒有表現得那麼好。我主要尋找價值觀一致，尤其是熱愛戶外活動，又很敬業的人。我們非常堅持產品品質，希望我們聘雇的人也有相同的堅持。

吉洛體育用品公司用的人都經過嚴格篩選，他們挑選很在意品質與創新，有良好職業道德的人。廚具供應商威廉索諾瑪公司（Williams-Sonoma）尋找對精緻廚藝興趣濃厚的人。L.L.Bean 希望雇用會使用自家公司產品的人，且待人正面積極。「我們想找喜歡助人的人。」

想找到適當人才，必須在決定聘雇前審視大量應徵者資料，這會耗費很多時間。史都雷納乳品公司在每二十五個應徵者中，只錄取一人。（公司近半數員工都有親戚在史都雷納上班，更強化了價值觀篩選的效應。）萬豪酒店非常強調找到合適人才，他們為新旅館的一千兩百個職缺，面談了四萬人。

絕對不要單憑一次面談就做決定，決定聘雇前，至少要經過兩個人面談。

一定要查核工作資歷。這件事非常重要。許多公司聘雇過程的問題，都是沒做應徵者資歷查核。應該和應徵者過去的上司、部屬、同事等等查核他的資歷。沒有做過兩次資歷查核前，絕對不要雇用任何人，而且我們建議最好做五次以上的資歷查核。

最後，要避免引進外部人士空降到高階職位，盡可能從內部升遷。這樣做有兩個理由，第一，延攬外部人士可能打擊士氣：「我何必辛苦工作，反正他們都從外面請人來當我的上司，我從來沒有機會升上去。」第二，員工需要融入公司文化，如果先擔任基層員工，再一步步升上去，會比較容易適應公司文化。

2. 文化薰陶

即使你做了很好的聘雇決定，新人仍需要適應組織文化。談到「文化薰陶」，我們的意思是灌輸公司願景，強化他們對願景的認識，尤其是核心價值。你不能假定新人一走進大門就完全了解組織的準則，應該好好教育他們，而且要盡早教育。

事實上，文化薰陶應該始於聘雇過程。可以發一些資料給應徵者，說明公司理念，要求公司代表在面談應徵者時，談一談公司願景。

柯林斯剛出社會時，曾經應徵羅盛諮詢公司。他從加州飛到紐約，和創辦人雷諾茲見面。整個面談過程都把焦點放在個人與公司的理念。柯林斯離開前，雷諾茲給了他一份文件，讓他進一步了解公司理念。任何專業人士在拿到羅盛的聘書前，都必須和雷諾茲或其他高階主管來一場面對面的「理念會談」。

新人開始工作以後，應該進一步教育他們公司的價值。可以考慮採取下列具體步驟：

- 給每位新進人員一套「新人手冊」，規定為必讀。裡面顯然應該包括你們的願景宣言，還要特別強調核心價值。例如，泰勒凱公司的巴卡就會將公司價值影印後發給所有新進人員。

  總部設於奧斯汀的全食超市（Whole Foods Market）創辦人約翰·馬凱（John Mackey）撰寫《全食基本手冊》，說明公司的歷史和價值，建議員工如何發展職涯，以及對同事和上司應抱持什麼期望。有些分店甚至會考一考新人，看看他們是否了解公司理念。
- 寫！寫！寫！絕不要低估了書寫文字的力量。很少公司領導人懂得好好利用人類最厲害的工具——筆。好好用筆。員工會讀你寫的東西，因為你是領導人，他們會受你的影響。想想看，如果當初美國開國元勳沒有寫下憲法，美國的國力一定不如現在。

不妨每年都親筆寫幾封信或幾篇文章，談談公司理念。可以將信發給所有員工（而不是特定群體），或發布於員工通訊或公司刊物。L.L.Bean 執行長高爾曼就廣泛運用「比恩現場」（Bean Scene）這份刊物。

以書寫方式持續強調員工工作的重要性。描述員工為了仰賴他們的同事，如何克服萬難。舉例說明某個員工如何改變顧客的人生。把握每個機會強調這份工作的崇高使命感，讓各階層員工都充分感受到。

- 寫下公司歷史，讓每個新加入的員工都拿到一份公司史。公司歷史應該回溯公司的根源、發展階段以及核心價值的起源。麥肯錫創辦人及建構者鮑爾寫了一本了不起的書《我看麥肯錫》，其中幾章的章名為：「決定目的的那些年」、「早期的公司」、「打造一家與眾不同的全國性企業」、「專業精神：公司的祕密強項」、「發展我們的管理理念和制度」。

關於這樣的讀物，有三件事非常重要：

1. 如果你是公司創辦人、總裁或執行長，應該親筆撰寫這本書，裡面的文字直接出自於你，而不是由公關或外面的寫手代筆。讓每一位新進人員感受到你透過這本書的一頁頁文字，和他們直接溝通。鮑爾的書是絕佳範例。
2. 應該為員工而寫，而不是寫給外界看。書寫時彷彿是你和員工的私人溝通。比方說，鮑爾的書裡面附了一段提辭：「本書純為麥肯錫公司員工撰寫及印製」。

3. 不要等太久才動筆。如果公司還很年輕，你可能會納悶，好像沒什麼道理要在這時寫公司歷史。我們同意，為剛滿周歲的公司撰寫歷史，有點不太合適。不過，等到公司五歲大時，就應該草擬一份公司歷史，不需要印製成精裝本，直接影印就可以了。隨著公司不斷成長，你們可以隨時更新和修訂公司史。

- 對所有新進員工說明公司理念。可能的話，盡可能面對面溝通，無論是分批談或個別談話都好。不能面對面說明的話（由於地理限制或公司太大），也許可使用錄影或視訊方式。

  舉例來說，密勒商業系統（Miller Business Systems）是三百多人的公司，專門提供辦公室服務。每位新進員工加入後，總裁密勒（Jim Miller）都會和他們一對一會談，說明公司理念，並發給新人一瓶貼上「熱忱」標籤的綠色液體和一面「我相信自己」鏡子。《辦公室產品經銷商》（*Office Products Dealer*）雜誌 1987 年將卓越顧客服務獎頒給密勒商業系統。

- 建立夥伴制度。為每個新人指派一位公司同仁當夥伴，夥伴要負責輔導他、照顧他，親自講解公司價值並以身作則，同時也指導新人工作上應具備的技能。
- 除了教導新人工作技能外，也要派新人參加傳遞公司價值的培訓課程。IBM 數十萬名員工之所以能成功融入 IBM 的企業文化，關鍵在於 IBM 的培訓課程總是強調 IBM 的價值與信念，甚於管理技巧。

3. 訓練

員工培訓計畫應該包含企業文化薰陶，也需要訓練工作技能。畢竟，員工要知道該怎麼工作，才能把工作做得很好。

不僅主管需要培訓，公司各階層員工都需要訓練。訓練不是員工的額外福利，而是企業的一大優勢。回到 L.L.Bean 的例子，L.L.Bean 的第一線員工剛進公司時都會接受一星期的訓練，教導他們操作電腦化的電話訂購系統，並傳授電話溝通技巧，以及產品相關知識。員工會向顧客報出自己的名字（「我是史帝夫」）並非偶然，他們從一開始就被教導要這樣做。

另外一個例子是零售連鎖系統帕瑞珊（Parisan），帕瑞珊號稱他們的連鎖店每平方英尺平均銷售量是全國平均值的兩倍。帕瑞珊認為他們的成功，主要是因為一線員工在開始應對顧客之前，都先接受四十五小時的訓練，而且九十天後還得去上十二小時的再訓練課程。

你可以採用各種不同的訓練方式：

- 使用文字教材，例如獵頭公司羅聖諮詢的《實務指南》說明了搜尋企業主管的標準作業及技巧。
- 運用影音設備。例如達美樂披薩的每一家分店都裝設錄放影機，讓員工觀看訓練課程錄影帶。
- 制定學徒計畫，讓經驗老到、表現優異的員工指導新人。丹斯克設計公司（Dansk Design）和傳奇的高盛集團（Goldman Sachs）都採用這種方式。

- 利用外界的訓練課程來教導員工特定技能。例如，史都雷納乳品公司送員工去參加六百美元的卡內基課程。家得寶每星期都提供維修工技能訓練。許多頂尖高科技公司都利用大學提供的先進科技訓練。
- 自己開發訓練課程。耐吉為經理人設計了持續多天的全套內部訓練課程。麥肯錫從1940年代，公司規模還很小時，就推出廣泛的顧問訓練課程。
- 你們甚至可以創辦自己的「大學」，例如著名的麥當勞大學。眼鏡連鎖店亮視點（LensCrafters）為主管訓練學校（精密亮視點大學）設立三個校區。蘋果公司也有名為「蘋果大學」的內部培訓機構。這些大學都負責為公司員工設計培訓課程。

不過，無論怎麼做，都不要等太久。許多小公司會抱怨沒有資源來訓練員工。我們會問：如果不訓練員工，你怎麼可能期待公司能發展為卓越企業呢？

4. 設定目標

「你怎麼有辦法讓選手跑這麼快？」一位二級徑賽教練問冠軍教練。

「他們努力練習。」他回答。

「我的選手也很努力，」二級教練說，「我讓他們一直練跑，叫他們要跑快一點。每次練習，我都在場邊大喊大叫，督促他們。」

「我沒有那樣做，」冠軍教練說，「我從不對我的運動員喊叫，我甚至不會叫他們跑快一點。」

「那你怎麼做？」二級教練簡直不敢置信。

「很簡單。每年賽季開始時，我都坐下來和每位選手聊一聊他的抱負，我認為他能做到什麼程度，團隊的目標是什麼，以及他如何為團隊帶來最大助益。然後我們一起擬定他這個賽季的目標，我會提供建議，協助他達成目標。」

「我也一樣。」二級教練說。

「是嗎？舉個例子給我聽聽。」

「呃，你知道，我只是想要他們跑更快，希望他們贏。」

「我明白，」冠軍教練說，「也許你們把目標訂得更清楚的話，會好一點。比方說，珍才剛在州運會跑出一英里 5:28 的成績，她本賽季的目標（她和我一起擬出的目標）是跑進五分半。我不需要大吼或逼她，5:30 的目標每天自動拉著她向前跑。」

想想看，你們公司每個員工都有具體目標嗎？擬定目標時，是否以他的意見為主？他相信這是可以達成的目標嗎？他是否想要達成目標？他有沒有把這些目標轉換為季目標、每週應完成的工作、每天的行動？這些目標是否與公司願景和策略相契合？這些目標是否與他的人生抱負一致？

如果答案是肯定的，那麼你可以直接跳到第五點。

但我們懷疑，你沒辦法直接跳到第五點。大多數領導人如果對自己誠實的話，對上述問題都無法給出肯定的答案，然而他們應該回答「是的。」

目標設定是戰術執行時最受忽視的部分。不管對員工或教練而言，都是很辛苦的部分，需要花時間深思熟慮，反覆討論和協商。但另一方面，一旦設定清楚的目標，你就可以放手了，不需要再嚴密監督和指揮。

如果目標訂得好，傳統的年度績效評估就輕鬆多了。員工很清楚自己是否達成目標 —— 我是否跑得比一英里 5:30 還要快？根本毋須上司告訴他。

這是否意味著年度績效評估根本就是多餘的？不盡然。做年度績效評估時，重點不再是傳統的「以下是你今年的表現」，而應該花時間在目標設定上。從年頭到年尾，主管都應持續給員工回饋（「你在這個專案上表現很好」或「你應該可以表現得更好，我們一起想想該怎麼做」）。另一方面，完善的績效評估應該設定下一年的目標。

大多數的評估流程都缺乏成效，它通常和加薪綁定，會讓人無法認真設定目標和評估績效，或是大家都視之為無聊的行政程序。

拋棄傳統的年度績效評估，以目標設定和檢討流程取代，而且最好每季評估一次。沒錯，每季一次。

唐恩．萊爾（Don Lyle）是一位傑出經理人，我們在不同情況下觀察過他的表現，DEI 公司曾有一段特別艱辛的轉危為安過程，就是出自萊爾運籌帷幄。萊爾的管理方式正是每季設定目標。他先從公司長程願景和策略開始，把願景和策略拆解成年度目標，然後和部屬一起，把公司年度目標變成個人年度目標。接下來，再請每個人為每季列出四、五個季目標。然後他會和部屬一起討論他們的季目標，討價還價，達成共識，最後雙方簽字確認。

每季結束時，萊爾再度坐下來，和每個部屬一起評估他們的績效和目標達成率，然後為下一季設定新目標。他期望每一位部屬都和自己的屬下做類似的評估，而他們的屬下又以同樣方式評估自己的屬下，以此類推。萊爾表示：

> 有了這樣的流程，我們不會因為忙於解決急迫的問題，而忽略重要的工作，會把重心放在優先處理最重要的事。這種做法讓員工掌握客觀一致的評估方式，可以具體了解自己表現如何，是非常有效的做法。
>
> 你訂的目標應該很具體，比如說：
>
> 「在7月31日前開三十五個新顧客帳戶。」
>
> 「在11月30日前開辦歐洲辦事處。」
>
> 「12月31日前，新的凸輪螺栓產品準備就緒，可以投產。」
>
> 「8月1日前設計出新的產品上市流程。」
>
> 「12月31日前完成三篇可以刊出的文章。」

理想情況是，目標設定過程應該融合個人願景和公司願景，然後一層層下推到每季目標、每週任務、每天的行動。

個人願景 ⟶ **個人年度目標** ⟵ **公司願景**

每季目標

每週任務

我今天應該做什麼？

但我們明白，人生總是混沌不明，難以預測，不可能出現完美的線性流程，一路從公司願景和策略，逐步落實到個人年度目標、每季目標、每週任務、每天的行動。跑者努力跑進5:30的過程中，可能會受到很多事情影響，但設定5:30的目標仍然是很重要的一步。

赫茲伯格（Frederick Herzberg）教授在針對激勵的經典研究中發現，能促成最大工作滿意度的激勵因子中，最重要的因子是個人成就（其次是得到的肯定）。員工想要有所成就，想設定目標，然後達到目標。應該好好利用這種激勵人心的天然泉源。

5. 衡量

假定你是徑賽教練，目標是讓團隊賽跑成績躍升到新水準。再假定我們拿走你的碼表，還關閉了周長四分之一英里的跑道。

你會怎麼辦？你或許會開車到街上測量里程數，再去買個碼表。

徑賽教練需要定義怎麼樣算是跑得「快」，而且需要衡量速度，公司也需要定義怎麼樣算是卓越的執行水準，並在具體衡量後，公布結果。

L.L.Bean衡量的是無瑕疵出貨的百分比（1987年的數字為99.89%）。不只經理人，所有包裝工人每天都會收到更新後的正確訂單出貨比例報表。L.L.Bean公司有整套績效衡量標準，從顧客等候時間到瑕疵比例，而且密切追蹤。

L.L.Bean之所以紀錄輝煌，不是因為他們制定標準或配額，關鍵在於他們會追蹤績效，找出阻礙卓越表現的因素，持續尋求改善。

L.L.Bean 不是唯一迷戀衡量標準的公司。

萬豪酒店還是小公司時，創辦人麥瑞特就開始為戰術執行建立衡量標準。（麥瑞特會親自讀顧客意見卡，並將結果製成表格。）即使到今天，萬豪酒店仍堅持這樣的傳統，只要你入住萬豪酒店，幾乎一定有機會填寫評分表，他們會收集評分表，加以核對分析後，組合成「顧客服務指標」（GSI, Guest Service Index）。他們會分析及追蹤每家萬豪酒店的顧客分析指標，並張貼出來給員工參考。最重要的是，他們把顧客分析指標拿來當作持續改善的指引。

卓越的企業就像 L.L.Bean 或萬豪酒店，會定義並衡量戰術執行的卓越水準。密勒商業系統的創辦人密勒制定的標準是必須在 24 小時內完成 95% 的顧客訂單，他會追蹤並公布員工的表現。1936 年，豪華公司（Deluxe Corporation，美國所有支票幾乎有半數由豪華公司印製）創辦人霍奇基斯（W. R. Hotchkiss）設定的目標是：以印刷零瑕疵及兩天的周轉時間為目標，持續自我改善。當然，豪華公司會衡量、追蹤、公布結果，找出缺點，持續改善，追求完美。

你有沒有去鮑勃埃文斯餐廳（Bob Evans Restaurant）用餐過？這家 1940 年代創立的連鎖咖啡廳及餐廳素以卓越的戰術執行聞名，在業界針對餐廳的服務、品質和價值所做的調查中，多項名列第一。

鮑勃埃文斯餐廳設定嚴格的標準。顧客入座後六十秒內，服務生就要送上開水，並愉快問好。顧客點餐十分鐘內，就應送上熱食。顧客離席後五分鐘內，應該將桌子清理好，供下批顧客使用。即使在餐廳最忙碌的時段，都不應讓任何顧客等候帶位超過十五分鐘。而且你應該猜到了，鮑勃埃文斯餐廳持續用這些標準自我衡量，並追蹤員工表現。〔贊克（Ron Zemke）和夏夫（Dick Schaaf）在著作《服務優勢》（*The Service Edge*）中呈現了 101 個案例研究，都是在服務上展現卓越執行力的公司，密勒商業系統、鮑勃埃文斯餐廳、豪華公司都列為範例。〕

人們往往特別注意會受到評估的活動。為什麼大家喜歡參加運動競賽？因為人生中，你只有在少數領域可以客觀了解自己的表現，追蹤自己的進步幅度，運動正是其中之一。

不妨嘗試對自己做個實驗。找出一樣你很痛恨的家事，倒垃圾、修剪草坪、或洗碗，下一次輪到你做家事時，評估一下自己的表現。假定你通常花十四分鐘把垃圾拿出去，現在設定一個新指標，例如只花十分鐘，而且毫無失誤。衡量一下自己的表現，並追蹤進度。可能會發生兩種情況：第一，你可能找到辦法，表現得愈來愈好。第二，倒垃圾變得很好玩，好像玩遊戲一樣。

戰術執行也是如此。先設法定義什麼是卓越的戰術執行，然後加以衡量、追蹤、公告，並從中學習，藉此持續改善。把它變成有趣的商業遊戲。

最初由華特・蕭華德（Walter A. Shewhart）提出的蕭華德循環（The Shewhart Cycle，請見圖表）說明了績效衡量和持續改善之間的關係。日本人在追求卓越的戰術執行時，廣泛運用蕭華德循環。無論改善任何流程，這都是很有用的架構。

圖 9-3　追求持續改善的蕭華德循環

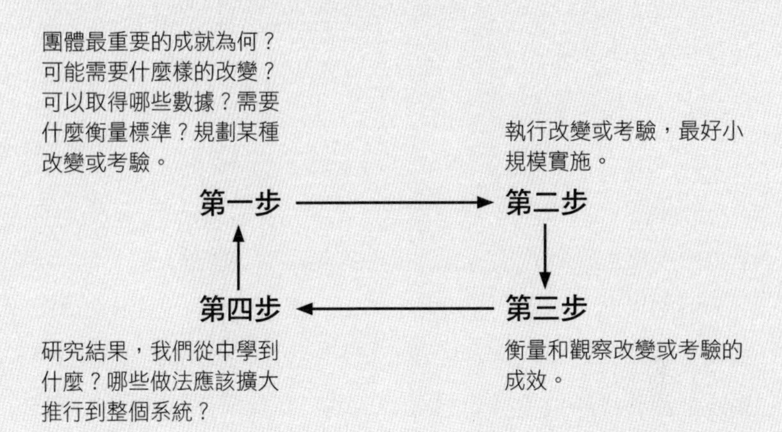

6. 欣賞和感謝

我們受到巴爾伯的啟發（請見本章前面提過的文章），也打電話到 L.L.Bean 公司下訂單並問問題。

「歡迎來電 L.L.Bean，我是泰瑞。」

我們下了訂單後，和泰瑞閒聊春天快來了（當時是三月初），然後我們問：「在 L.L.Bean 工作的人為什麼這麼關心顧客？泰瑞，你為什麼這麼投入這份工作？」

起先她覺得我這樣問很奇怪，彷彿是在問她：「你為什麼呼吸？」但她還是以 L.L.Bean 員工典型的歡樂態度回答我：

> 從我們總裁開始到下面其他人，我知道他們都重視我，他們不會把我視為理所當然。都是一些小事，例如聖誕節購物潮最忙的時候，會提供果汁和餅乾，拍拍你的

背，感謝卡，總裁親自來看我們等等。我是看報紙上的分類廣告找到這份工作的，和其他工作一樣。但這份工作完全不像其他工作，他們真的很在乎我的感覺，我知道自己很重要。

如果你只想獲得平庸的績效，那就視員工為理所當然，完全不表現出欣賞他們的樣子，把他們當雜工般對待。

但如果你希望他們持續展現卓越水準，那麼一定要讓員工感到受尊重和欣賞。這其中沒有奧祕，也不是難懂的概念，不需要拿到博士學位才能想通這個道理。有什麼比單純而真誠的欣賞與感謝更明顯而直接呢？

還有個重要問題：如果我們隨機打電話給你的員工，請他們談談自己與公司的關係，他們的回答會不會和 L.L.Bean 的泰瑞一樣呢？

欣賞與感謝有三種基本的表達方式：非正式的感謝、獎項和肯定、金錢上的獎勵。

- 非正式的感謝。公司各部門領導人都應該力行我們在領導風格那一章中描述的親力親為及軟硬兼施的作風。切記，你是員工的榜樣，他們會受你的行事風格影響。

  應該不拘形式，持續且即時地向員工表示感謝。從年頭到年尾，都應不時向員工表示感謝及欣賞，而非僅在績效評估或年度表揚大會上有所表示。你會等到情人節或生日那天，才讓情人知道他在你心目中有多特別嗎？你會每年只告訴孩子一次他有多棒嗎？當然不會。就像健全的家庭一樣，健康的勞雇關係是建立在日復一日的尊重與欣賞。

- 獎勵與肯定。金錢之外的獎勵與肯定具有莫大威力，絕不要低估。別忘了赫茲伯格的研究顯示，會帶來極高工作滿意度的最重要因素中，受到肯定名列第二（只排在成就感之後）。更何況，要強調某人工作的重要性，最好的方式莫過於公開表揚和頒獎給他。

  設置顧客服務、產品品質、銷售成功的獎項，任何你認為對卓越公司而言很重要的類別，都應設立獎項。

  可以設立特別難得到的崇高獎項，例如聯邦快遞為戲劇性的特殊成就或英雄事蹟而設置「金鷹獎」。每年可獲頒金鷹獎的員工屈指可數，營運長會親自打電話通知他們獲獎。此外也可設立一些較普遍頒發的獎項。聯邦快遞每年都頒發幾百名員工「BZ 獎」，獎勵他們在工作上的優異表現。

  可以頒發設計精美的特殊別針或榮譽獎章給員工。例如亮視點公司收到顧客來函稱讚公司服務時，如果提到員工名字，員工就會獲得一枚特殊別針。下一次你觀賞俄亥俄州立大學足球賽時，也可注意一下球員頭盔上醒目的「七葉樹」標誌，那代表他們表現很好。

  我們也很鼓勵你們公開表揚員工。在公司通訊或刊物上寫文章說明員工的傑出表現，在員工大會或任何會議中肯定他們。找機會說：「他的表現非常卓越。他的工作很重要。」

- 金錢報酬。用金錢報酬進一步強調你對員工盡心盡力的感激。讓公司各階層主管在一年中任何時候，都有權頒發小額獎金或其他財務獎勵給屬下。「一年中任何時候」十分關鍵。員工通常都期望每年獲得加薪或拿到年終獎金。因此，傳統的年度加薪在表達感謝的層面上，沒有太大效果。事實上，當加薪的幅度不如預期時，反而經常造成反效果。

  假設有一位盡心盡力的員工查閱郵件時看到：

  「我們很清楚耶誕節旺季必須超時工作，為妳的家庭帶來很大壓力。我們很感謝妳的辛苦付出。請務必邀請妳的先生和孩子到妳選擇的餐廳，享受一頓大餐，帳單就交給我們來付。妳很棒。」

  或假定一位年輕工程師接起電話，聽到總裁的聲音：

  「我只是想告訴你，你在商展之前及時找出我們的軟體缺陷，實在太優秀了，讓我們的產品看起來很棒。我已經把一百股的股票選擇權撥入你的帳戶。希望你繼續保持優異的工作表現。」

  或假定某個業績超標的業務員聽到主管說：

  「恭喜！你訂下高目標，而且成功達標。我很榮幸通知你，你已經在『先導者』俱樂部中占有一席之地。

你會收到為你特製的『先導者』名片；你可以邀請一位客人和你一起出城共度一晚，由公司付費；明年你的商品折扣會從 20% 調為 33%。」

這樣的做法在金錢上的效果微乎其微，心理層面帶來的影響卻十分巨大。為什麼？因為這些員工因為優異表現而受到特別關注，公司主管親自對他們表達感謝。金錢報酬是他們表達「你表現優異；我們很感謝你；你的工作非常重要」的一種方式。

技術和資訊系統

我們前面主要都在談論卓越戰術執行的人性面和動機面，這是正確的，因為最終完成工作的是人。但我們想岔開一下，談另一個卓越戰術執行要素：如何運用技術與資訊系統。

我們往往把電腦、資訊系統和大量數據，看得比較冷冰冰、沒人情味，和我們在書中強調企業比較溫暖、人性化的一面恰好相反。其實不然，資訊科技是企業應該使用的利器。

傑出企業都想辦法利用科技和資訊系統，例如沃爾瑪先進的結帳櫃檯和龐大的資料庫。L.L.Bean 廣泛利用科技系統來協助顧客，他們的資深營運副總裁表示：「我覺得使用再多科技都不為過。」沃爾瑪和 L.L.Bean 都是以人為本的公司，但他們也是資訊系統的重度使用者。科技與人可以完美結合，就像碼表是田徑教練的利器一樣。

及時流通資訊

下一次你搭飛機時，可以瞄一眼駕駛艙，注意一下裡面的儀表板、螢幕和讀數。機組人員高度仰賴這些儀器，經常監看數據，才能駕駛飛機安全航向目的地。

經營公司時，也要牢記上述畫面。你就像機師，也需要穩定獲得及時的資訊。我們現在的飛行高度是多少？飛行速度呢？還剩多少燃油？引擎運作正常嗎？我們是否符合預定時間表？前面會不會有亂流？

中小企業也應該掌握類似的資訊架構，而且要快速掌握。你們不想耗盡燃油，也不想在燒光燃油後（墜毀後）才收到遲來的報告，告訴你們飛機即將耗盡燃油。你們掌握的資訊應該條理清晰，容易取得。應將飛機駕駛艙的簡單讀數牢記在心。

以下是企業應該追蹤的五種重要資訊：

- 現金流量：包括目前的現金流量和預計的現金流量。現金就像飛機的燃油；你希望在儀表板閃現「警告！燃油快用光了」之前，就早早預測到燃油不夠的問題。和現金流量相關的是應收帳款和應付帳款資訊。許多公司發生嚴重的現金不足問題，都是因為在公司快速成長期間沒有好好管理應收帳款和應付帳款。
- 財務會計資訊（資產負債表和損益表）及財務比率：如果有比較分析的財務報表更佳（本期和上期比，或和上一個年度比）。我們會在後面列出有用的財務比例。
- 成本資訊：許多公司常犯的錯誤是，由於不知道某些產品線正在賠錢，而繼續維持無利可圖的產品線。應該借助資訊系統來分析各產品線（或服務線）的成本和獲利，好好了解你們的成本。

- 銷售資訊：追蹤每一種產品或服務的銷售趨勢，根據和公司相關的面向（地理區域、價格點、配銷通路等）來進行分析。
- 顧客資訊：顧客是你們取得資訊的最佳來源之一，顧客會指出你們的產品有何優缺點，和競爭者的產品相較表現如何，他們為何購買你們的產品，也會建議你們如何改進產品及應推出什麼新產品，顧客會告訴你們，他們怎麼使用你們的產品，還有其他你想問的問題。他們甚至會告訴你，他們是誰，從事什麼行業，收入多少，住在哪裡。最重要的是，當你們錯失重要趨勢或市場需求時，他們也會告訴你。

  想要持續以系統化的方式及時取得顧客資訊，方法很多，包括：

  ¤ 顧客回函卡。請顧客寄回產品保證卡，上面要填上一些個人資訊，包括他們購買什麼產品，為何購買。運用這些資訊來持續追蹤哪些人購買你們的產品或服務，以及購買動機為何。

  ¤ 顧客服務報告。如果貴公司有顧客服務人員，無論他們是現場服務人員或透過電話服務顧客，請他們將顧客意見製表追蹤，並且和公司其他員工分享。每當顧客需要你們的服務時，你們都可以獲得一些資訊。

表 9-1　財務分析比率

用這些比率來追蹤公司財務是否健全。長期追蹤這些比率，並特別注意負面趨勢。拿自家公司的比率和業界平均數字相比也很有幫助。在鄧白氏公司（Dun & Bradstreet Publications Corporation）出版的《鄧氏評論》（*Dun's Review*）中，可在〈企業關鍵比率〉找到業界平均比率。

資產報酬率：稅後淨利／總資產
　　快速評估公司的資產使用效率
銷貨報酬率：稅後淨利／淨銷售額
　　快速評估整體營運的獲利率
股東權益報酬率：稅後淨利／股東權益
　　快速評估股東的投資報酬率
毛利率：毛利／淨銷售額
　　顯示產品線的核心獲利率
營運資金：流動資產－流動負債
　　顯示公司的基本流動性
流動比率：流動資產／流動負債
　　顯示公司的基本流動性
速動比率：（流動資產－存貨）／流動負債
　　減去存貨可以更清楚顯示流動性
負債權益比：（流動負債＋長期負債）／股東權益
　　顯示公司資金對負債的依賴度相對於對權益的依賴度
應收帳款收現期間：（平均年應收帳款 ×365）／年賒銷
　　顯示公司收取應收帳款的天數
應付帳款期限：（平均應付帳款 ×365）／採購的物料
　　顯示公司付清應付帳款的天數
存貨周轉率：銷貨成本／年平均存貨
　　顯示公司存貨周轉次數

- 顧客調查。如果你們知道顧客是誰，就可以請他們回答問題。一般人都樂於告訴你，他們對你們的產品和服務有什麼意見，也樂於分享他們的想法、建議和挫折。定期做顧客調查，持續追蹤你們在顧客眼中表現如何。顧客是生產流程中最重要的一環，顧客滿意度是最重要的。
- 焦點團體訪談。焦點團體是簡單的技巧，邀請一群顧客共聚一堂，請他們回答問題，並對產品有所回應，藉此獲得豐富資訊。

資訊系統是個龐大的主題，無法在此充分討論。我們的目的是強調其重要性，無意深入探討資訊系統的諸多細節。貴公司或許已經具備科技和資訊系統，而且可能是很好的系統，因此我們提出兩個問題留待各位自行斟酌：

1. 你們是否盡可能充分運用科技？我們生活在科技快速進步的時代，企業如果不能持續利用科技創造優勢，會遠遠落後懂得運用科技的對手。
2. 你們取得的資訊是否有用？不要讓「資訊專家」決定如何組合分析資訊。事實上，許多公司的問題不在於缺乏資訊，而是沒能好好組合分析資訊。你們應該持續探索這個問題，直到找出可輕易消化資訊的形式。

信任

你可能注意到，本章沒有花時間討論「控制」的問題——

如何確定員工會做對的事情，如何防止員工占公司便宜。這是因為，花心思「控制」根本沒用。

還記得我們在討論領導風格的那一章曾提到破壞力強大的「微觀管理」經理人，以及這樣的主管如何嚴重打擊員工士氣嗎？想持續達到卓越的戰術執行水準，你或你的公司都承擔不起微觀管理的代價。

員工需要自由行動的空間。如果你好好激勵員工，訓練員工，並協助他們融入企業文化，就不需要「控制」員工。毋須把成年人當小孩對待。沒有人在背後緊盯，大家通常能表現得最好。

你們公司的員工是否有權（毋須經過任何人核准）做出需要花錢的決定？理應如此。

哇！真的可以嗎？我們敢打賭，這句話引起你注意了。

是的，我們果真這麼想。當然，不是所有的員工都有權替公司應承百萬元的合同，或基層職員可以批准購買新大廈的簽呈。但員工應該擁有廣泛的自主權，能承擔責任，確保公司許多事務處理得又快又好。

L.L.Bean 為了處理巴爾伯買了三十年的舊靴子，耗費了時間、心力和成本，L.L.Bean 的員工不必等上級批准，才推翻既定政策，他們直接這麼做了。沒有人在旁邊做成本效益分析，計算花這麼多時間替巴爾伯換鞋底，到底划不划算。

想想看，假定你們的每一項支出，每次想買一部電腦和裝一支電話，都得經過銀行同意，你們能把公司經營得很好嗎？恐怕早就陷入文書作業和等待核准的泥沼中動彈不得了，無法持續展現卓越的戰術執行力。

相同的原則適用於公司各個階層。第一線基層員工的支出權限當然不應該和你一樣，但原則並無二致。下面的簡單一句話適用於組織各階層：「**我信任你會盡最大努力做對的事情。**」

嚴格的標準

信任只是其中一面，另一面是嚴格的標準。

標準可分為兩部分：價值標準和績效標準。

價值標準最嚴格。如果員工漠視公司的核心價值，應該請他走路。也許可先看看他是否不了解公司的價值。如果他了解公司價值，卻完全不顧公司的準則，那麼就不適合待在公司。如果領導人不願淘汰違反公司價值的員工，就不可能貫徹公司的價值觀。

IBM 的老華生有個簡單原則：如果員工做了不道德的事情，無論他對公司有多重要，都應該將他革職。就是這樣，沒有「如果」或「但是」，沒有暫時罰他下場這回事，也沒有第二次機會。直接判他出局，結束。

績效標準比較沒那麼嚴格，但標準仍然很高。如果員工表現很差，公司卻百般容忍，高績效的員工會對公司失去敬意。和員工如家人般親近，與淘汰績效差的員工，兩者之間毫不衝突。吉洛的總裁漢納曼曾說明吉洛公司如何處理這種情況：

> 我們盡心盡力營造家庭般的氛圍，但我們也期待看到員工展現高績效。我們盡最大努力提供工作保障，但並不

表示即使員工表現很差，仍能保住飯碗。

不過別忘了，員工表現不好的原因很多，也許因為訓練不足；也許沒有清楚告訴他公司對他的期望；他目前做的工作或許非他所長，把他調到其他工作崗位就能表現良好（甚至應該轉換到外面的職位）。先探討各種可能性。

不幸的是，有的人對於如何把工作做好，根本毫不在意，他們可能永遠都不在意。有的人不斷錯過自己應達到的里程碑和目標。有的人會利用各種情況，從中取得個人利益。有的人屈服於內心的黑暗面。你們公司應該嚴格去蕪存菁，淘汰掉這些人。處理時要心懷慈悲（別忘了，當初雇用他，是你犯的錯誤），但仍然應該果斷處理。

幸好這樣的人十分罕見。我們會這麼說，不只是基於我們對人性的信任，許多針對工作動機的研究都得到相同結論：

- 1980 年蓋洛普為美國商會進行一項研究，得到的結論是，所有在職的美國人中，有 88％認為努力工作，在工作上盡力，對個人而言很重要。蓋洛普研究還指出，工作倫理不佳並非美國生產力衰退的原因。
- 康乃狄克互助保險公司（Connecticut Mutual Insurance Company）發現，有 76%的美國人經常感受到對工作的強烈使命感。
- 公共議題基金會（Public Agenda Foundation）調查美國各行各業的員工，請他們從下面四項描述中，挑選出最能反映出他們工作觀的描述：

1. 工作只是商業交易；我做愈多，就能領到更多錢。
2. 工作是人生中令人不快、卻不得不做的事；假如可以不工作，我不會工作。
3. 我發現工作很有趣，但我不會讓工作妨礙我的其他生活。
4. 無論薪水高低，我都渴望盡力把工作做到最好。

有八成受訪者把「無論薪水高低，我都渴望盡力把工作做到最好」，列為第一或第二項最能反映出工作觀的描述，超過半數（52％）把它列為第一選項。只有20％的受訪者選擇第一項或第二項描述，而且甚至只列為第二選項。

絕大多數人都想把工作做好，希望能參與一些能引以自豪的事情。他們渴望接受挑戰，也希望有機會展現自己的能力。當其他人仰賴他們時，他們會挺身而出，盡一己之力。如果受到尊重，他們會有非凡的工作表現。

新觀點

捨我其誰的責任感

從 A 到 A+ 專案小組的組員即將去度假，她來找我，提出一個鉅細靡遺的計畫，詳細說明她會如何完美執行每一件與她相關的工作。她打算預先完成所有應該完成的工作，也規劃好等她度假回來會立即處理的事情，可以無縫接軌，趕上截止期限。她也和同事談妥，同事將替她處理所有她無法在度假前後處理完畢的事情。

我稱讚她。「計畫訂得很詳細，很好！」

她說：「我知道自己是最終負責人，這不只是我的工作，而是我的責任。」

不過，專案小組的工作只是她的兼職，她採取彈性上班時間，領的是時薪，然而她的心態（捨我其誰的責任感）卻是A級全職專業人士的心態。她完全掌握到當個「OPUR」的精神。

OPUR（One Person Ultimate Responsible）代表有個人要負最終的責任。**每個重要的工作或目標，都應該有清楚的最重要負責人**。當你問：「這件事情，誰是最重要的負責人？」應該有某個人毫不含糊地明確回答：「我是最終負責人。」

要保持OPUR文化，關鍵在於，每個人都必須懷抱OPUR心態，而且有清楚的OPUR任務。但同樣的，要將OPUR觀念發揚光大，必須營造員工願意挺身而出，為鄰居「打掃門前雪」的文化。

打掃門前雪的比喻是這樣子：想像你居住的小鎮冬天會下雪，每次暴風雪過後，你必須負責把家門前人行道的積雪打掃乾淨。無論你是否在度假，身為屋主，你是打掃家門前人行道積雪的OPUR。如果你家門前的人行道結冰，你不能跟市政府說：「我在外地度假。」假如在你的社區，大家真的重視鄰里關係，你不在家時，或許可以請鄰居幫你打掃門前的雪，而你也會為他做同樣的事。

當你融合OPUR倫理和好鄰居的準則時（承擔完全的責

任，同時互相為對方打掃門前雪），就可以兼顧個人與單位的績效，同時整個群體也有高度凝聚力，於是創造出一個神奇配方，既是能達成高績效的環境，又是很棒的工作場所。

最後的祕密——尊重

打造一家卓越公司，其實沒有什麼神祕之處。我們有幸親自觀察過許多卓越企業的創建者，本書也援引他們的許多做法為例。他們都不是超人，他們沒有比其他人聰明，也不是罕見的魅力型領導人。

每當被問道：「你們的成功祕訣是什麼？」他們都覺得很困惑，最常聽到的回答是：「祕訣？沒有什麼祕訣啊！」他們會回歸本書提到的基本原則：懷抱願景，制定好的策略性決策，保持創新，以及（他們總是強調）能好好執行。

如果成功沒有什麼秘訣，為什麼只有小部分公司能表現非凡？這又不是莫測高深的學問，也沒有難以理解的複雜概念。我們漏掉了什麼嗎？

我們仔細聆聽聯邦快遞的史密斯接受比爾．莫耶專訪時說的話：「大多數經營公司的人……都看不起在工廠作業的工人，他們輕視普通人，儘管那個人可能為他們賺進大把鈔票。」

這時候，「尊重」兩個字就躍上檯面，尊重幾乎是我們觀察到的一切背後的重要因素。

傑姆．艾斯卡蘭特（Jaime Escalante）的故事令我們深深感動，艾斯卡蘭特是洛杉磯的高中老師，電影《為人師表》（Stand and Deliver）正是以他的生平為本。他的學生是一群出身自貧窮拉丁裔社區的高中生，艾斯卡蘭特教他們大學程度的高等微積分。他的學生持續通過大學先修課程（AP）的微積分測驗，合格率幾乎高於美國任何一所中學。

在多數人看來，艾斯卡蘭特的學生根本毫無機會通過這種高難度的微積分測驗，為什麼艾斯卡蘭特竟然會成功？他在史丹佛大學演講時，提到兩個簡單的詞：愛與尊重。他愛他的學生，而且尊重他們。由於他非常尊重學生，因此要求他們做到其他人認為他們不可能辦到的事。

如果成功有任何祕訣的話，這就是成功的祕密。卓越公司是建立在尊重的基礎之上。他們尊重顧客，他們尊重自己，他們尊重自己建立的關係。最重要的是，他們尊重員工，尊重每個階層的員工，以及來自不同背景的員工。

他們尊重員工，因此也信任員工。他們尊重員工，因此會對員工開誠布公。他們尊重員工，因此給員工充分的自由，讓他們可以自主行動和制訂決策。他們尊重員工，因此相信員工擁有天生的創造力、聰明才智和解決問題的能力。

他們尊重員工，因此期望員工展現高績效。他們設定高標準和艱難挑戰，因為他們相信員工能達到標準，克服挑戰。卓越企業的員工能穩定展現卓越的執行力，因為有人相信他們一定辦得到。

在這樣的尊重下成長的公司，本身也會備受尊敬——躍升為企業典範，為世界帶來正面影響，不但透過他們的產品、服務以及創造的就業機會影響社會，這樣的企業也會成為其他公司追隨的典範。

你們也可以打造像這樣有所堅持、設定標準的公司，不只追求績效，也重視價值。你們也可以打造一個超越紛爭的組織，藉由你們的成功告訴大家，卓越與正派與尊重完全可以攜手並進。你們更可以打造一家公司，等走到人生盡頭，回顧自己一生時，你們可以說：「我為我留下的一切感到自豪，因為我選擇了這樣的做事方式，我的一生過得很有價值。」

原版謝辭

寫書不是單憑一己之力或兩人的努力可以完成的事情。雖然如果沒有我們，本書確實不會誕生，但如果沒有其他許多人的幫助，本書也不會以今天的面貌問世。

感謝 Paul Feyen 及 John Willig 早在我們尚未動筆時，就看到本書的潛力。John 是我們最初的編輯，他給我們信心，讓我們抱持堅定無畏的信念執筆寫作。寫作過程中，他總是在關鍵轉捩點，提供有用的洞見和指引。

本書書名應該歸功於我們的研究助理及案例寫手 Lee Ann Snedeker。她對本書初稿提供的創意協助和思慮周密的批評意見，對我們有很大幫助。

總是開開心心的助理 Karen Stock 及 Ellen Kitamura 在計畫的不同階段都提供協助。Joan Patton 是「品管總管」，她針對書稿的不同版本一而再、再而三校對，有絕佳的工作表現。

Janet Brockett 將她非凡的創造力和人際技巧發揮在設計本書的封面及圖示上，和 Janet 一起工作非常愉快。

還要向 Sybil Grace 及她在 Prentice-Hall 的團隊致敬，他們以專業和謹慎的態度引領這份書稿走過印製流程，推出上市。

感謝 P. Ranganath Nayak 及 John M. Ketteringham 及其著作《創意成真》（*Breakthrough!*）帶來的智識啟發，為 3M 利貼便條紙、微波爐、Tagamet 胃藥、聯邦快遞及電腦斷層掃描技術提供豐富背景資料，我們在書中有關創新的章節引用了這些例子。

也要感謝 Michael Ray 及 Rochelle Myers。首先要謝謝他們出色的教學，其次要謝謝他們准許我們廣泛引用他們的著作《商業創意》（*Creativity in Business*）及課堂來賓的討論內容。

還要謝謝以下個人及公司准許我們引用他們的資料，包括：Bob Miller of MIPS Computer、Bill Hannemann 和 Jim Gentes of Giro Sport Design、Larry Ansin of Joan Fabrics、Kristine McDivitt of Patagonia、H. Irving Grousbeck of Continental Cablevision、Doug Stone formerly of Personal CAD Systems、Jim Swanson of Ramtek、Ann Bakar of Telecare、Bruce Pharriss of Celtrix Laboratories、David Kennedy of Kennedy-Jenks、Joe Bolin of Schlage Lock Company、Vinod Khosla, co-founder of Sun Microsystems、Pete Schmidt of NIKE、Claude Rosenberg of Rosenberg Capital Management、Debi Coleman of Apple Computer、Mike Kaul of Advanced Decision Systems、Bob Bright formerly of America's Marathon、Don Lyle of Tandem Computers。

尤其要特別感謝惠普公司的 Bill Hewlett 慷慨答應接受柯林斯和薄樂斯（Jerry Porras）的採訪，談一談早年的惠普公司；以及賈伯斯到我們班上，和我們及班上學生分享他的洞見。兩位都深深影響我們的思維，令我們深感敬佩。

我們何其幸運，許多思慮周密的審稿人願意費心閱讀我們的初稿，以批判性的眼光評估我們的成果，提出有益的評論、鼓勵、批評和建議，包括：Art Armstrong、Susan Bandura、Chris Buja、Roger Davisson、Shelly Floyd、Arthur Graham、Irv Grousbeck、Greg Hadley、Bill Hannemann、David Harman、

Jim Hutchinson、Chris Jackson、Dirk Long、Bob Miller、Bruce Pharriss、Heidi Roizen 和 Richard Wishner。

最後，我們要對在史丹佛企管研究所選修我們課程的數百位才華洋溢、充滿好奇、啟迪人心的企業主管及學生，表達最大謝意。他們影響了我們的想法，正如我們影響了他們的想法。我們要對促使我們追求高標準，以及夢想著打造出恆久卓越企業的所有人說，謝謝你們。

柯林斯 J.C.

雷吉爾 W.L.

新版謝辭

本書的誕生要感謝四個人的激勵。我四十年來的人生伴侶瓊安（Joanne Ernst）是最早提出這個想法的人。她總覺得《BE》能幫助到廣大讀者；她也認為在新版中寫一篇文章向恩師比爾·雷吉爾致敬，是最理想的做法。受到內人的想法所激勵，我聯繫師母桃樂西，徵求她的同意，桃樂西熱切贊同推出新版，沒有絲毫猶豫。由於瓊安和桃樂西都敦促我認真思考這個計畫，於是我和企鵝藍燈書屋（Penguin Random House）的 Adrian Zackheim 和 Nigel Wilcockson 接觸，說明新版的出書構想（企鵝藍燈書屋擁有《BE》的版權）。我出版其他著作時，曾和這兩位傑出的出版專業人士合作過，他們立刻對計畫表示支持。我深深感謝 Joanne、Dorothy、Adrian、Nigel 一直以來持續不斷溫暖督促，才能順利完成本書的出版。

我的 The Good to Great Project LLC 團隊成員對新版有重大貢獻。我的資深研究助理 Kate DesCombes 在最後階段以二十哩行軍的精神，力保內文正確無誤；Amy Hodgkinson、Sam McMeley、Brandon Reed、Dave Sheanin 及 Torrey Udall 為本書初稿盡心盡力，進行背景研究、整合讀者意見、查核事實、提供有用建議。Kate Harris 除了事實查核，也協助進行領導力研究，為新版提供相關概念。Alexis Bentley 及 Judi Dunckley 檢視內文，交叉核對資訊，並協助處理關鍵的審閱流程。

Deborah Knox 細心周密編輯本書文稿，再度證明我何其幸運，能夠有她當編輯。到目前為止，Deborah 擔任我最信賴的私人編輯，已和我合作過五本書，每次都為書中文字增色不少。Janet Brockett 貢獻她極富創意和特色的設計才華。我的經紀人 Peter Ginsberg 和我合作近三十年，他以豐富的想像力和開放的心靈建立的出版夥伴關係，十分符合本書的信念。企鵝藍燈書屋的 Kimberly Meilun 靈巧地引導我從最後的完稿走到正式出書。

有一群審閱者為新版的整個概念貢獻意見，並對初稿提出批評與建議。非常感謝 Liat Aaronson、Troy Allen、Kelsy Ausland、Karen Beattie、Joelle Brock、Tyson Broyles、Tiffanie Burkhalter、Bo Burlingham、Dane Burneson、Dan Burton of Health Catalyst、Christopher Chandler、Shalendra Chhabra (Shalen)、Karen Clark Cole、Terrence Cummings (Grande!)、Jeff Damir (Stanford GSB 1993) 及 Lynette Damir of Swaddle Designs、Steven M. Dastoor、Marty Davidson、Laurel Delaney、David R. Duncan、Soren Eilertsen、Jim Ellis、Andrew Feiler、Jeff Garrison、Randall T. Gerber、Brett Gilliland、Eric Hagen、Brad Halley、Sebastian Huelswitt、Sally A. Hughes of Columbus、Jacob Jaber、Tal Johnson、Kim Jordan、Noha Kikhia、Betina Koski、Lynn M. Krogh、Dana Ladzinski、Dan Markovitz、Clate Mask、Mike Moelter、Anne-Worley Moelter (SFVG)、Nick Padlo、Troy E. Porras、Bart Reed、Damien Rizzello、Cynthia Scherr、Greg Schott、William F. Shuster、Adam Stack、Tom Stewart (executive director of the National Center for the Middle Market)、Mark Stoleson、Michael Strickland、Bob Swier、Megan Tamte、Mark Toro、William L. Treciak、Elizabeth Zackheim 及

Nathaniel (Natty) Zola。

還要謝謝幾位第五級領導人，他們慷慨貢獻自己的故事，並花時間檢視書中相關部分，確保內容正確無誤：General Lloyd Austin III、Anne Bakar、Tommy Caldwell、Lt. Colonel Michael S. Erwin、Wendy Kopp、Jorge Paulo Lemann 及 Peter Salvati of DPR Construction。也要謝謝已故的賈伯斯，我從他樹立的典範以及與他的談話中獲益良多。

本文從瓊安開始，我也想以瓊安作為結束。過去數十年來，每當我絞盡腦汁釐清觀念，拿捏文字時，瓊安一直是我的長期支柱，和最信賴的智識夥伴。她從不動搖的信念，加上銳利的批評，一直是我寫作時最重要的獨家祕方。寫作不是打字，寫作也不是思考。每當我寫出來的文字不夠清楚，通常表示我的思維不夠清晰。辛苦寫作才能換來輕鬆閱讀。瓊安深深了解這些道理，總是鼓勵我一遍又一遍改寫和重寫，改寫和重寫。我不只一次把辛辛苦苦寫完的某章「最後」定稿拿給她看，她讀完後卻說：「還不成，我知道你可以寫得更好。」然後留下幾十頁稿子，裡面寫滿她深思熟慮後的評語，告訴我那些地方必須修改，偶爾有哪個部分正中要害，就可看到旁邊畫了笑臉圖案。對於寫作者而言，真愛的表現莫過於此。

關於原版作者序

由於新版的架構和原版有很大差別，我覺得如果將原版的作者序放在最前面，讀者會很困惑。但我也明白，有些讀者可能很好奇當初比爾和我如何介紹這本書。所以我決定為了讓本書更完整，仍將原版作者序納入本書，放在書的結尾。

原版作者序

我們第一次見到甘提斯時，他睡在一堆存貨中。

當時甘提斯在聖荷西一個狹小擁擠、只有一間臥室的公寓中開創新公司，把自己的臥房拿來當存放成品的倉庫。他的車庫裡塞滿各種零件和設備，還有四個年輕人在華氏 100 度的高溫中瘋狂趕工，製造單車安全帽。後來甘提斯需要更多空間，於是他送鄰居一個安全帽，換取鄰居車庫的使用權，於是新公司的規模從一個車庫擴大為兩個車庫。每天 UPS 巨大的半掛式卡車都會開進鄰居的小小車道，卸下安全帽外殼，並裝載新貨，幸運的是，鄰居從來不曾抱怨。

甘提斯的「總部」設在廚房餐桌，上面堆滿文件、單車安全帽原型、書籍，還有用歪歪斜斜擺在角落的麥金塔電腦印出來的資料。此時的甘提斯年近三十，是個狂熱認真的年輕人，坐在餐桌旁，周圍貼滿單車騎士的海報。他告訴我們，他預期新公司很快就會搬出公寓，擁有自己的辦公室，逐步邁向成功。

然後，甘提斯指著一堆談創業和中小企業管理的書說：「我剛起步時，這些書對我幫助很大，但我真正想知道的東西，在書裡找不到。」

「你想知道什麼？」

甘提斯向窗外望去，停頓了三、四十秒，才轉過頭來，對我們說：「我想要吉洛成為一家卓越的公司。」

本書的概念於焉誕生。

本書不是探討如何讓既有企業轉變為一家恆久卓越的公司，而是為甘提斯這樣的人寫的書，他們希望自己的公司能成為一家很特別、值得推崇，而且能引以自豪的企業。我們把重心放在協助他們建立非凡的組織，能保持高績效，在形塑產業面貌上扮演領導角色，成為業界典範，並延續幾個世代都常保卓越。如果你是企業領導人，想讓公司躍升為卓越企業，那麼本書就是為你而寫。

這不是一本關於如何創業的書。我們假定你已經（或打算）在目前經營的企業的進一步發展上，扮演關鍵角色，不管這是一家你創辦、收購、繼承或加入的公司。

雖然本書的許多概念適用於不同規模的公司，但我們主要為中小企業領導人而寫（也包括龐大組織中的小企業）。為什麼？通常公司都是在規模還小時，就已奠定卓越的基礎，小公司可塑性較高，比較容易充分落實領導人的價值觀。

IBM之所以卓越，是因為老華生早在IBM成為今天的藍色巨人之前就採取的許多做法。耐吉之所以卓越，是因為奈特在耐吉還是對抗大鯨魚的小蝦米時，已經採取的做法。3M之所以卓越，是因為麥克奈特數十年前就要公司遵從他的價值觀。L.L. Bean之所以卓越，是因為比恩還在緬因州自由港的建築物中經營小公司時，就採取的行動。帕塔哥尼亞之所以邁向卓越，是因為麥狄維特在這家充滿叛逆精神、衝勁十足的公司尚在成形階段，就留下她不可抹滅的印記。

如果你是中小企業領導人，要不要成為卓越的設計師、建構者，決定權掌握在自己手中。本書探討的正是如何成為這樣的建構者。

雖然我們把焦點放在營利事業，但非營利組織的管理者也可以在書中找到許多有用的內容。打造卓越企業的原則基本上適用於任何追求恆久卓越的公司。

什麼是卓越的企業？

我們定義的卓越企業必須符合以下四個條件：

1. **績效**。卓越的公司都有辦法（透過高獲利的營運方式）產生充足的現金流量，自給自足；同時他們能持續達到公司領導人和所有人設定的目標，景氣不好時也不例外。卓越企業總是能從逆境中反彈，重新展現高績效。
2. **影響**。卓越企業在形塑產業面貌上扮演要角。它不見得是最大的公司，卻能藉由創新發揮影響力，而不僅是規模。

3. **聲望**。卓越企業總是備受外界推崇和尊敬，往往被當成典範。
4. **長壽**。卓越企業能保持長青，歷久不衰。最卓越的企業往往能日新又新，即使經過管理階層改朝換代，仍能保持卓越，壽命超越當初創建公司的領導人。當你想到恆久卓越時，不妨思考如何打造能持續一百年仍卓越的公司。

卓越公司不見得很完美。沒有完美的企業，每個公司都有自己的缺點。卓越企業和偉大運動員一樣，偶爾會跌倒，聲望暫時受損。但卓越企業通常很有韌性，能從谷底反彈，就好像偉大運動員總是能從低潮中再起或受傷後康復。

如何打造卓越企業

每一章都涵蓋一個企業達到卓越的要素，提供觀念和方法，並以具體生動的例子支持我們的觀點。

第一章談領導風格，如果缺乏有效的領導風格，不可能打造一家卓越的企業。一切都要從你開始。

第二章我們轉而討論高效能的企業領導應有的功能：催生公司願景。每個卓越企業基本上都有動人的願景。願景是什麼，為什麼願景這麼重要，如何設定願景？我們回答這些問題，並提出有用的公司願景設定架構。

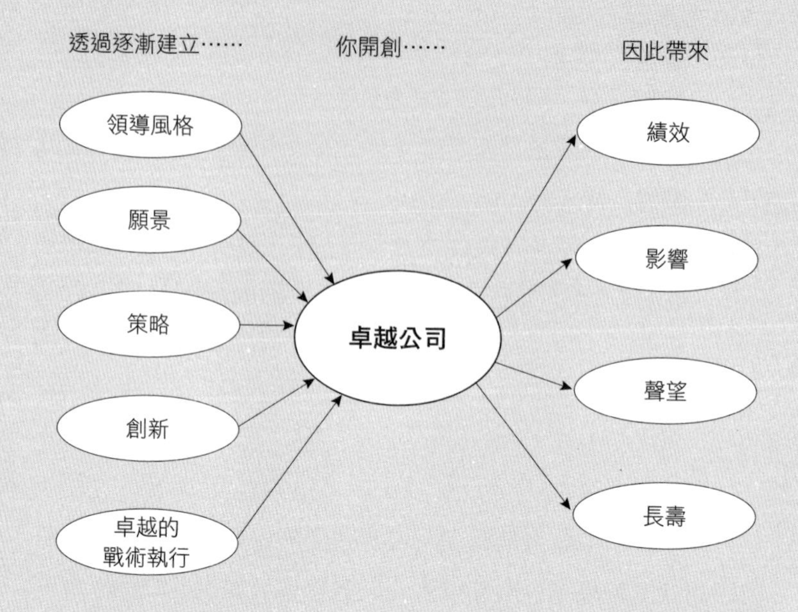

我們在第三章揭開策略的神祕面紗。一旦有了清晰的願景，你需要制定好的決策，並有個實現願景的藍圖。

我們在第四章談的是卓越企業令人振奮且不可或缺的部分：創新。如何激發創造力，讓公司在演化過程中，始終保持創新？我們提出架構和具體建議，並舉例說明。

最後，我們以卓越戰術執行的重要性作為結尾：如何將願景和策略轉化為戰術，最重要的是，如何開創能持續卓越地執行戰術的環境？

撰寫本書時，我們引用自己在企業工作的實務經驗（在回到史丹佛企管研究所任教前，我們都曾在私人企業工作過）、學術研究和理論，顧問工作，以及在不同公司擔任董事的經驗。除此之外，田野研究、案例撰寫、和學生研究計畫也持續提供我們例子和洞見。我們乃是在接觸了三百多家公司後，形成本書的概念。

順帶一提，甘提斯早已不再睡在一堆存貨中。自從我們1986年和他在吉洛「總部」見面後，吉洛公司早已成長一百多倍，逐步成為一家恆久卓越的企業。和甘提斯有共同夢想，希望打造出卓越企業的各位，預祝你們未來的命運也和甘提斯一樣。

詹姆・柯林斯及比爾・雷吉爾

注釋

前言

1 Hastings gave a piece of advice to aspiring young CEOs: Bill Snyder, "Netflix Founder Reed Hastings: Make as Few Decisions as Possible," Stanford Graduate School of Business *Insights,* November 3, 2014, https://www.gsb.stanford.edu/in sights/nerflix-founder-reed-hastings-make-few-decisions-possible; "Reed Hastings, Netflix: Stanford GSB 2014 Entrepreneurial Company of the Year," Stanford Gradu ate School of Business, October 15, 2014, https://www.youtube.com/watch?v=z CO01Nfs40M.

第1章

2 vast chunk of his fortune away: George Climo, "HP's Profit-sharing Tradition,"*Measure,* June, 1979, www.hp.com/hpinfo/abouthp/hismfacts/publications/measure/pdf/!979_06.pdf, 2-5.

3 Hewlett adhered to a simple motto: "The Hewlett Family and Foundation History," The William and Flora Hewlett Foundation, https://hewlett.org/about-us/hewlett-family-and-history.

第2章

4 Take our 20 best people away: Rich Karlgaard, "ASAP Interview: Bill Gates," *Forbes,* December 7, 1992.

5 Apple didn't release the iPhone: "Apple Reinvents the Phone with iPhone," *Apple Newsroom,* January 9, 2007, https://www.apple.com/newsroom/2007/01/09Apple-Reinvents-the-Phone-with-iPhone.

6 Apple had fallen to the very edge: Brent Schlender and Rick Tetzeli, *Becoming Steve Jobs: The Evolution of a Reckless Upstart into a Visionary Leader* (New York, NY: Crown Business, 2015) p.165;Jim Collins and Morten T. Hansen, *Great by Choice: Uncrtainty, Chaos, and Luck-Why Some Thrive Despite Them All* (New York, NY: Harper Business, 2015) pp. 91-95.

7 More than $600 billion: Tripp Mickle and Amrich Ramkumar, "Apple's Market Cap Hits $1 Trillion, "*Wall Street Journal,* August 2, 2018, https://www.wsj.com/articles/apples-market-cap-hits-1-trillion-1533225150.

8 Catmull's "first who" strategy: Ed Catmull, *Creativity, Inc.: Overcoming the Unseen Forces That Stand in the Way of True Inspiration* (New York, NY: Random House, 2014) pp.90, 112, 127, 315.

9 This line from history professor Edward T. O'Donnell: Edward T. O'Donnell, *America in the Gilded Age and Progressive Era Transcript Book* (Chantilly, VA: The Great Courses, 2015) p.9.

10 Bakar was inducted: Telecare Corporation, *Telecare Annual Report* (Alameda, CA: Telecare Corporation, 2014); Anne Bakar, Presentation to Haas School of Business, University of

California Berkeley, March 16, 2017; "Bay Area Council 2017 Business Hall of Fame---Anne Bakar," Bay Area Council, November 17, 2017, https:// www.youtube.com/watch?v=3l4LrnlhLL-E.

11 recognize Eisenhower's gifts and help him: "Dwight David Eisenhower Chronology," Dwight D. Eisenhower Presidential Library, Museum & Boyhood Home, https://www.eisenhower.archives.gov/all_about_ike/chronologies.html; Chester J. Pach, Jr., "Dwight D. Eisenhower: Life Before the Presidency," Miller Center, University of Virginia, https://millercenter.org/president/eisenhower/life-before-the-presidency: Jean Edward Smith, *Eisenhower in War and Peace* (New York, NY: Random House, 2012.) Chapter 6, Chapter 8.

12 To understand the message of Steve Jobs's life: Schlender and Tetzeli, *Becoming Steve jobs*, pp. 76, 392- 393.

13 Our research shows that the average tenure: Jim Collins and Jerry I. Porras, *Built to Last: Successful Habits of Visionary Companies* (New York, NY: Harper Business, 2002.) p. 184.

14 he built Progressive: Collins and Hansen, *Great by Choice*, p. 6.

15 J. W. Marriott Jr. began working: "J.W. Marriott Jr.," Marriott International, https://www.marriott.com/culture-and-values/jw-rnar riott-jr.mi.

16 Katharine Graham may be the most courageous CEO: Jim Collins, "The 10 Greatest CEOs of All Time," *Fortune*, July 21, 2003, 54-68.

17 LL.Bean increased revenues: Leon Gorman, *L.L.Bean: The Making of an American Icon* (Boston, MA: Harvard Business School Press, 2006) pp. 3-5, 29-31; "An Inside Look at an Outdoor Icon," LL.Bean Company History, https://www.llbean.com/llb/shop/516918?page=company-history, pp. 2-5; Tom Bell, "Leon Gorman, Visionary Who Led L.L. Bean's Growth into a Global Giant, Dies at 80," *Portland Press Herald*, September 3, 2015, https://www.pressherald.com/2015/09/03/l-l-bean-magnate-leon-gorman-dies/.

18 Xerox had earlier tried tried bringing in a "change agent" : Jim Collins, *How the Mighty Fall: And Why Some Companies Never Give In* (Boulder, CO: Jim Collins, 2009) pp.113-116; Anthony Bianco and Pamela L. Moore, "Xerox: The Downfall: The Inside Story of a Management Fiasco," *Bloomberg Businessweek*, March 4, 2001, https://www.bloomberg.com/news/articles/2001-03-04/xerox-the-downfall.

19 Mulcahy engineered one of the most unlikely corporate turnarounds: Collins, *How the Mighty Fall*, pp.113-116; Betsy Morris, "The Accidental CEO," *Fortune*, June 23, 2003, https://archive.fortune.com/magazines/fortune/fortune_archive/ 2003/06/23/344603/index.htm; Kevin Maney, "Mulcahy Traces Steps of Xerox's Comeback," *USA Today*, September 21, 2006, https://www.coursehero.com/file/6128734/Mulcahy-traces-steps-of-Xerox/; Lisa Vollmer, "Anne Mulcahy: The Keys to Turnaround at Xerox," Stanford Graduate School of Business, December 1, 2004, https://www.gsb.stanford.edu/insights/anne-mulcahy-keysturnaround-xerox; "The Cow in the Ditch:

20 How Anne Mulcahy Rescued Xerox," *Knowledge@Wharton*, Wharton School of the University of Pennsylvania, November 16, 2005, https://knowledge.wharton.upenn.edu/article/ the-cow-in-the-ditch-how-anne-mulcahy-rescued-xerox.

20 Austin served as: "Austin Leaves Legacy of Leading from the Front," United States

Central Command, April 5, 2016, https://www.centcom.mil/ MEDIA/ NEWS-ARTICLES/News-Article-View/Article/885335/austin-leaves-legacy-of-leading-from the-front; "General Lloyd J. Austin III," U.S. Department of Defense, https://archive.defense.gov/bios/biographydetail.aspx?biographyid=334.

21 Lemann and his partners: Cristiane Correa, *Dream Big: How the Brazilian Trio behind 3G Capital-Jorge Paulo Lemann, Marcel Telles and Beto Sicupira-Acquired Anheuser-Busch, Burger King and Heinz* (Rio de Janeiro, Brazil: Primeira Pessoa, 2014) pp. 54-60, 88-90, 131-138, 168-171, 206-223.

22 In our research, we found no systematic pattern: Jim Collins, *Good to Great: Why Some Companies Make the Leap…and Others Don't* (New York, NY: Harper Business, 2001) pp. 49-52.

23 And the Cleveland Clinic accomplished all this: Toby Cosgrove, *The Cleveland Clinic way: Lessons in Excellence from One of the World's Leading Healthcare Organizations* (New York, NY: McGraw-Hill Education, 2014).

24 These leaders make: "Monthly Basic Pay Table: Active Duty Pay January 2019," U.S. Department of Defense, https://militarypay.defense.gov/Pay/Basic-Pay.

25 Dick Couch, who served as a SEAL Platoon leader: Dick Couch, *The Sheriff of Ramadi: Navy SEALs and the Winning of al-Anbar* (Annapolis, MD: Naval Institute Press, 2008) p. 52.

26 multi-star general officers make vastly less: "Monthly Basic Pay Table: Active Duty Pay January 2019 "; Theo Francis and Lakshmi Ketineni, "The WSJ CEO Pay Ranking," *Wall Street journal*, May 16, 2019, https://www.wsj.com/graphics/ceo-pay-2019.

27 He happily watched the value: Collins, *Good to Great*, pp. 42-45; Warren E. Buffett, *1990 Letter to the Shareholders of Berkshire Hathaway Inc.* (Omaha, NE: Berkshire Hathaway Inc., March 1, 1991), https://www.berkshirehathaway.com/letters/1990.html, Marketable Securities; Warren E. Buffett, *1992 Letter to the Shareholders of Berkshire Hathaway Inc.* (Omaha, NE: Berkshire Hathaway Inc., March 1, 1993), https://www.berkshirehathaway.com/letters/1992.html, Common Stock Investments.

28 Contrary to the leadership ethos embodied by Cooley and Reichardt: Wells Fargo & Company, *Wells Fargo & Company Annual Report 2016* (San Francisco, CA: Wells Fargo & Company, 2017), https://wwwo8.wellsfargomedia.com/assets/pdf/about/investor-relations/annual-reports/2016-annual-report.pdf, p. 3.

29 Timothy J. Sloan, who became CEO: Wells Fargo & Company, *Wells Fargo & Company Annual Report 2016*, p. 5.

30 In an attempt to address the problem: Independent Directors of the Board of Wells Fargo & Company, *Sales Practices Investigation Report*, April 10, 2017, http s:/ / wwwo8.wellsfargomedia.com/assets/ pdf/ about/ investor-relations/presenta tions/2017 /board-report.pd £ Overview of the Report.

31 comes down to what he calls an act of love: William Manchester, *Goodbye, Darkness: A Memoir of the Pacific War* (New York, NY: Little, Brown and Company, 1980) p. 391.

32 when you have trucks and planes that have to be fully coordinated: P. Ranganath Nayak and John M. Ketteringham, *Breakthroughs!: How Leadership and Drive Create*

33 *Commercial Innovations That Sweep the World* (San Diego, CA: Pfeiffer & Company, 1994) Chapter 13.

33 Yet in the early days the company: Roger Frock, *Changing How the World Does Business: FedEx's Incredible journey to Success-The Inside Story* (San Francisco, CA: Berrett-Koehler Publishers, Inc., 2006) Kindle Edition Chapter 18.

34 This story is exceptionally well told: Nayak and Ketteringham, *Breakthroughs!*, Chapter 13.

第3章

35 “The key to a leader’s impact” : William Manchester, *The Last Lion, Alone* (Boston, MA, Little Brown, and Company, 1988) p. 210. Throughout our book, we use Churchill as an example. For an excellent insight into the life and leadership style of Churchill, we refer the reader to Manchester’s *The Last Lion* series.

36 Since its founding, Teach for America: Laura Baker, “Teach For America by the Numbers,” *Education Week*, January 15, 2016, https://www.edweek.org/ew/section/multimedia/teach-for-america-by-the-numbers.html; “The History of Teach For America,” Teach For America, https://www.teachforamerica.org/what-we-do/histo ry.

37 In that discussion, I offered Kopp: Bo Burlingham, "Jim Collins: How to Thrive in 2009," *Inc.*, April 1, 2009, https://www.inc.com/magazine/2.0090401/in-times-like-these-you-get-a-chance.html.

38 As James MacGregor Burns taught in his classic text: James MacGregor Burns, *Leadership* (New York, NY: Harper Torchbooks, 1978) p.4.

39 Powell learned that: Colin Powell, *It Worked for Me: In Life and Leadership* (New York, NY: HarperCollins, 2012.) p.159.

40 At West Point, influenced directly: “Quotes,” Dwight D. Eisenhower Presidential Library, Museum & Boyhood Home, November 5, 2019, https://www.eisenhowerlibrary.gov/eisenhowers/quotes.

41 Within a few weeks after John F. Kennedy came to office: William Manchester, *Portrait of a President: John F Kennedy in Profile* (Boston, MA: Little Brown, and Company,1962).

42 Walton examples: Vance H. Trimble, *Sam Walton* (New York, NY: Dutton, 1990) pp. 141-155. Vance Trimble's book on Sam Walton is an excellent biographical account of Walton and historical profile of Wal-Mart.

43 It was his fierce resolve: Mark A. Stoler, *The Skeptic's Guide to American History Transcript Book* (Chantilly, VA: The Great Courses, 2012.) pp. 383- 392.

44 George C. Marshall: Merle Miller, *Plain Speaking: An Oral Biography of Harry S.Truman* (New York, NY: Berkeley Publishing Group, 1984) p. 406.

45 “When all the evidence seems to be in” : Michael Ray and Rochelle Myers, *Creativity in Business* (New York, NY: Doubleday, 1986) p. 157.

46 “Strangely enough” : Ray and Myers, *Creativity in Business*, p. 163.

47 “The only thing I learned” : Miller, Plain Speaking, p. 313.

48 “Do not fear mistakes” : Harry Mark Petrakis, *The Founder's Touch: The Life of Paul Galvin of Motorola* (New York, NY: McGraw-Hill Book Company, 1965) p. 226.

49 Continuum of decision-making styles: An interesting discussion of management decision making styles is described in *Managing for Excellence* by David L. Bradford and Allan Cohen, *Managing for Excellence* (New York, NY: John Wiley & Sons,

50 1984) p. 185. Although we have adapted and evolved the concepts presented in their book, we were influenced by their description of decision-making styles.

50 "The best decisions" : C. Krenz, "MIPS Computer Systems," *Stanford Case Study* S-SB-112.

51 "The fact that" : Robert F. Kennedy, *Thirteen Days* (New York, NY: W. W. Norton & Company, 1969) p. 111.

52 It didn't matter whether: Andrew S. Grove, "How to Make Confrontation Work for You," *Fortune*, July 23, 1984.

53 Sloan reportedly said to his team: Peter F. Drucker, *The Effective Executive: The Definitive Guide to Getting the Right Things Done* (New York, NY: Harper Business, 2017) Kindle Edition, p. 165.

54 Washington cultivated a culture: Ron Chernow, *Washington: A Life* (New York, NY: Penguin Books, 2011), p. 604.

55 Still, even with the pressure: Robert F. Kennedy, *Thirteen Days: A Memoir of the Cuban Missile Crisis* (New York, NY: W.W. Norton & Company, 1999).

56 saved the world from nuclear annihilation: Kennedy, *Thirteen Days.*

57 "that was no small plane" : Karen B. Hunter, "The Man in Charge of the Skies Remembers 9/11," *Sandwich Enterprise,* January 11, 2018, https://www.capenews.net/sandwich/news/che-man-in-charge-of-the-skies-remembers/article_89764007-04bd-5fd6-aoc4-bo9c6a15bb1a.hcml.

58 Sliney later recounted: "Aviation Officials Remember September 11, 2001," C- SPAN, September 11, 2010, https://www.c-span.org/video/?295417-1/aviation-officials-remember-september-11-2001, 56:55-58:22.

59 Landing 4,556 airborne flights: "Aviation Officials Remember September 11, 2001" ; "September 11 Attack Timeline," 9/11 Memorial & Museum, https://timeline.911memorial.org/#Timeline/2.

60 We learned that the critical question: Collins and Hansen, *Great by Choice,* pp. 110-113.

61 "Do first things first" : Peter F. Drucker, *The Effective Executive* (New York, NY: Harper & Row, 1967) p. 24.

62 "Most people get killed" : Bob Bright, talk given at Stanford Business School, May 1, 1987.

63 "If your work is successful" : Kenneth Atchity, *A Writer's Time* (New York, NY: W.W. Norton & Company, 1986) pp. 29-31.

64 Marriott: Robert O'Brian, *Marriot: The J. Willard Marriott Story* (Salt Lake City, UT, Deseret Book Company, 1987) pp. 265-267.

65 Churchill: Manchester, *The Last Lion, Alone,* pp. 3-37.

66 LL.Bean: Arthur Bartlett, "The Discovery of L.L. Bean," *The Saturday Evening Post,* December 14, 1946.

67 "The open door policy" : Thomas J. Watson, Jr., *Father, Son & Co.* (New York, NY: Bantam

Books, 1990) pp. 308-309.

68 Sam Walton: Trimble, *Sam Walton,* pp. 141-155.

69 "They were flat" : Debbi Fields, *One Smart Cookie* (New York, NY: Simon and Schuster, 1987) p. 132.

70 He even created a department: Martin Gilbert, *The Churchill "War Papers: Never Surrender* (New York. NY: W.W. Norton & Company, 1995) p. xvii.

71 Fortunately for history: Winston S. Churchill, *Triumph and Tragedy* (New York, NY: RosettaBooks, 2013) Chapter 1.

72 This "natural" EPO had no commercial viability: Edmund L. Andrews, "Mad Scientists," *Business Month,* May 1990.

73 "Amgen on the only way of getting there" : Alun Anderson, "Growing Pains for Amgen as Epoetin Wins US Approval," *Nature,* June 15, 1989, p. 493.

74 In the end, Amgen won: Edmund L. Andrews, "Mad Scientists" ; Alun Anderson, "Growing Pains for Amgen as Epoetin Wins US Approval" ; Barry Stavro, "Court Upholds Amgen's Patent on Anemia Drug Medicine: The Decision Solidifies Its Position as the Nation's No.1 Biotech Company and Will Encourage Other Firms to Protect Scientific Discoveries," *Los Angeles Times,* March 7, 1991; Edmund L. Andrews, "Amgen Wins Fight over Drug: Rights to Patent Lost by Genetics Institute," *New York Times,* March 7, 1991; Rhonda L. Rundle and David Stipp, "Amgen Wins Biotech Drug Patent Battle-Genetics Institute's Shares Plunge on Court Ruling as Victor's Stock Surges," *Wall Street journal,* March 7, 1991; Diane Gershon, "Amgen Scores a Knockout," *Nature,* March 14, 1991; Elizabeth S. Kiesche, "Amgen Wins EPO battle, but Patent War Goes On," *Chemical Week,* March 20, 1991; Paul Hemp, "High Court Refuses Genetics Patent Appeal," *Boston Globe,* October 8, 1991; "High Court Backs Amgen on Drug Patent," *Washington Post,* October 8, 1991; Ann Thayer, "Supreme Court Rejects Erythropoietin Case," *Chemical & Engineering News,* October 14, 1991.

75 might affect group dynamics: Paul Hemp, "A Time for Growth: An Interview with Amgen CEO Kevin Sharer," *Harvard Business Review,* July-August 2004, https://hbr.org/2004/07/a-time-for-growth-an-interview-with-amgen-ceo-kevin-sharer.

76 Psychologists: Thomas J. Peters and Robert H. Waterman, *In Search of Excellence* (New York, NY: Warner Books, Inc., 1982.) pp. 55- 60.

77 Psychologists: Russell A. Jones, *Self-Fulfilling Prophecies: Social Psychological and Physiological Effects of Expectancies* (Hillsdale, NJ: Lawrence Erlbaum Associates, 1977) p. 167.

78 "Happy people" : "The Business Secrets of Tommy Lasorda," *Fortune,* July 3, 1989, pp. 129-135.

79 "End practice on a happy note" : John Wooden, *They Call Me Coach* (Chicago, IL: Contemporary Books, 1988) p. 108.

80 San Francisco 49ers: Bill Walsh, *Building a Champion* (New York, NY: St. Martin's Press, 1990) p. 147.

81 Wooden: Wooden, *They Call Me Coach,* p. 60.

82 "The stylish" : Walsh, *Building a Champion,* p. 97.

83 "I remember when he took" : Robert Sobel, *Trammell Crow: Master Builder* (New York, NY: John Wiley & Sons, 1990) p. 234.

84 Jim Burke: Warren Bennis, *On Becoming a Leader* (Reading, MA: Addison-Wesley Publishing Company, 1989) p. 192.

85 "Suppose my neighbor's house" : William Manchester, *The Glory and the Dream* (New York, NY: Bantam Books, 1990) pp. 229-230.

86 "[Apple] is based on" : Steven P. Jobs, talk given at Stanford Business School, May 1980.

87 Paul Galvin, founder of Motorola: Petrakis, *Founder's Touch*, p. viii.

88 William McKnight: Mildred Comfort, *William L. McKnight, Industrialist* (Minneapolis, MN: T. S. Denison & Company, Inc., 1962) p. 179.

89 Henry Ford: Robert Lacey, *FORD: The Men and the Machine* (New York, NY: Ballantine Books, 1989) p. 141.

第4章

90 "The basic question" : Edward Hoffman, *The Right to Be Human: A Biography of Abraham Maslow* (Los Angeles, CA: Jeremy P. Tarcher, Inc., 1988) p. 280.

91 "Consider any great organization" : Thomas J. Watson, Jr., *A Business and Its Beliefs* (New York, NY: McGraw-Hill Book Company, Inc., 1963) pp. 4-5. This short book is a landmark contribution, and we'd recommend it highly.

92 3M: Minnesota Mining and Manufacturing Company, *Our Story So Far: Notes from the First 75 Years of 3M Company* (St. Paul, MN: Minnesota Mining and Manufacturing Company, 1977).

93 "Any organization in order to survive" : Watson, *A Business and Its Beliefs*, pp. 4-5.

94 Watson's father: Thomas J. Watson, Jr., *Father, Son & Co.* (New York, NY: Bantam Books, 1990) p. 51.

95 Johnson & Johnson Credo: Lawrence G. Foster, *A Company That Cares: One Hundred Year Illustrated History of Johnson & Johnson* (New Brunswick, NJ: Johnson & Johnson Company, 1986) p. 108.

96 McKinsey: Marvin Bower, *Perspective on McKinsey* (New York, NY: McKinsey & Company, Inc., 1979). This is not a book in general circulation; it was written and privately printed for readership by only personnel of McKinsey & Company. Jim worked at McKinsey early in his career where he read and was impressed by the book.

97 "With all its problems, Israel" : Barbara W. Tuchman, *Practicing History* (New York, NY: Ballantine Books, 1982) p. 134.

98 Miller's comment leads: C. Krenz, "MIPS Computer Systems; *Stanford Case Study* S-SB-112.

99 "You know, you never defeated us" : Harry G. Summers, Jr., *On Strategy: A Critical Analysis of the Vietnam War* (New York, NY: Bantam Doubleday Dell Publishing Group, Inc., 1982) p. 21.

100 In terms of tactics and logistics: Summers, *On Strategy*, pp . 21- 22.

101 "This confusion over objectives" : Summers, *On Strategy*, p. 149.

102 "The principals never defined" : William Manchester, *The Glory and the Dream* (New York, NY: Bantam Books, 1990) p. 1054.

103 "I picked Williamsburg" : Watson, *Father, Son & Co.,* pp. 285-289.

104 Vermont Castings: C. Hartman, "Keeper of the Flame," *Inc.,* March 1989, pp. 66-76.

105 Collins-Porras framework: J. Collins and J. Porras, "Organizational Vision and Visionary Organizations," *California Management Review,* Fall 1991.

106 "Sell good merchandise" : Arthur Bartlett, "The Discovery of L.L. Bean," *The Saturday Evening Post,* December 14, 1946.

107 LL. Bean actions: "L. L. Bean, Inc. (B)," *Harvard Business School Case* 9-676-014.

108 Herman Miller: Max De Pree, *Leadership Is an Art* (New York, NY: Doubleday Dell Publishing Group, Inc., 1989) pp. 4-80.

109 Telecare Corporation: Interview with Anne Bakar, CEO.

110 Johnson & Johnson Credo: Foster, *A Company That Cares,* p. 108.

111 Dave Packard: "Interview with Bill Hewlett and Dave Packard," *HP Lab Notes Journal,* March 6, 1989.

112 Bill Hewlett: Interview with Jim Collins and Jerry Porras, November, 1990.

113 Merck & Company: Merck & Company, "Statement of Corporate Purpose," 1989.

114 "Business cannot be defined" : Peter F. Drucker, *Management: Tasks, Responsibilities, Practices* (New York, NY: Harper & Row, 1974) pp. 59-61.

115 "Quantitative goals can't invest" : T. Richman, "Identity Crisis," *Inc.,* October 1989, p. 100.

116 LL.Bean: "L.L. Bean, Inc. (B)," *Harvard Business School Case* 9-676-014.

117 "I don't feel that I'll ever be done" : Steve Jobs, talk given at Stanford Business School, March 1989.

118 Merck: Merck & Company, "Statement of Corporate Purpose," 1989.

119 Schlage Lock Company: Schlage Corporate Vision Statement, 1990.

120 Celtrix: Bruce Pharriss, Interview with authors, July 1991.

121 Lost Arrow/Patagonia: J. Collins, "Lost Arrow Corporation (C)," *Stanford Business School Case* S-SB-II7C.

122 Pioneer Hi-Bred: Ron Zemke and Dick Schaaf, *The Service Edge: 101 Companies That Profit from Customer Care* (Markham, Ontario: Penguin Books, 1989) p. 462.

123 Telecare Corporation: Anne Bakar, Interview with authors, July 1991.

124 Mary Kay Cosmetics: Mary Kay Ash, *Mary Kay on People Management* (Newport Beach, CA: Books on Tape, Inc., 1984), cassette 1, sider.

125 Kennedy-Jenks: David Kennedy, Interview with authors, July 1991.

126 Advanced Decision Systems: Mike Kaul, Interview with authors, July 1991.

127 "This nation should" : Daniel J. Boorstin, *The Americans: The Democratic Experience* (New York, NY: Vintage Books, 1974) p. 596.

128 Examples of ineffective mission statements: F. David, "How Companies Define Their Mission," Long Range Planning, Volume 22, #1, February, 1989, pp. 90-92.

129 "Make the MIPS architecture" : C. Krenz, "MIPS Computer Systems," *Stanford Case Study* S-SB-112-TN.

130 democratize the automobile: Boorstin, *The Americans: The Democratic Experience*, p. 548.

131 "Our whole people" : Winston S. Churchill, *Blood, Sweat, and Tears* (New York, NY: G. P. Putnam's Sons, 1941) p. 403.

132 IBM 360: Watson, *Father, Son, & Co.*, pp. 346-351.

133 Boeing: Harold Mansfield, *Vision: Saga of the Sky* (New York, NY: Madison Publishing Associates, 1986) pp. 329-339.

134 To achieve the mission, P&G: Oscar Schisgall, *Eyes on Tomorrow: The Evolution of Procter & Gamble* (Chicago, IL: J. G. Ferguson Publishing Company, 1981) pp. 87-98.

135 "We like to try the impractical" : Schisgall, *Eyes on Tomorrow*, p.200.

136 50/50 chance of success: Boorstin, *The Americans: The Democratic Experience*, p.595.

137 Merck mission: P. Gibson, "Being Good Isn't Enough Anymore," *Forbes*, November 26, 1979, p. 40.

138 Coors Mission: C. Poole, "Shirtsleeves to Shirtsleeves," *Forbes*, March 4, 1991, p. 56.

139 Tokyo Tsushin Kogyo: Akio *Morita , Made in Japan* (New York, NY: Dutton, 1986) pp. 63-74.

140 Home Depot: C. Hawkins, "Will Home Depot Be 'The Wal-Mart of the 90 s'?," *Business Week*, March 19, 1990, p. 124.

141 Wal-Mart: Vance H. Trimble, *Sam Walton* (New York, NY: Dutton, 1990) p. 168.

142 "Our goals are always based" : "Being the Boss," *Inc.*, October 1989, p. 49.

143 "We always believed" : John Schulley, *Odyssey* (New York, NY: Harper & Row Publishers, 1987) pp 4- 5.

144 "Yamaha wo tsubusu!" : G. Stalk, Jr., "Time---The Next Source of Competitive Advantage," *Harvard Business Review*, July-August, 1988, p. 44.

145 Phil Knight: "Sneaker Wars," ABC's 20/20 , August 19, 1988.

146 Parkinson: J. Collins, "Passion Can Provide a Propelling Purpose" , *San Jose Mercury News*, August 7, 1988, p. PC 1.

147 Trammell Crow: N. Aldrich, "The Real Art of the Deal," *Inc.*, November 1988, p. 82.

148 Norwest: S. Weiner, "The Wal-Mart of Baking," *Forbes*, March 4, 1991, p. 65.

149 Walmart: Trimble, *Sam Walton*, pp. 33-34.

150 "We are committed" : The General Electric Story (Schenectady, NY: General Electric Company, 1989) p. 128.

151 sweeping through corner offices around the country: Adam Bryant, "When Management Shoots for the Moon," *New York Times*, September 27, 1998, https://www.nytimes.com/1998/09/27/business/business-when-management-shoots-for-the-moon.html.

152 "We had a dream" : "The Art of Loving," *Inc.*, May, 1989, p. 46.

153 "You have to get [your vision] on paper" : "Thriving on Order," *Inc.*, December 1989, p. 47.

154 "I will build a motor car" : Robert Lacey, *FORD: The Men and the Machine* (New York, NY: Ballantine Books, 1986) p. 93.

155 "Hitler knows that he will have to break us" : William Manchester, *The Last Lion, Alone* (Boston, MA: Little, Brown, and Company, 1988) p. 686.

156 Co-founder Doug Woods: "Our History," DPR Construction, https://www.dpr.com/company/history.
157 In 2015, DPR celebrated: "Our History," DPR Construction.
158 DPR clicked past $4.5 billion: "Our History," DPR Construction.
159 "People don't call themselves visionaries" : V. Woodruff, "Giving the Globe a Nudge: Ted Turner," *Vis a Vis,* August 1988, p. 58.

第5章

160 You start at the bottom: Sam Scott, "Sheer Focus," *Stanford Magazine.* July/August 2014, https://stanfordmag.org/contents/sheer-focus.
161 President Barack Obama tweeted: Barack Obama, Obama White House Twitter, January 14, 2015, https://twitter.com/obamawhitehouse/status/555521113166336001?lang=en.
162 Jobs didn't even garner an invitation: Mona Simpson, "A Sister's Eulogy for Steve Jobs," *New York Times,* October 30, 2011, https://www.nytimes.com/2011/10/30/opinion/mona-simpsons-eulogy-for-steve-jobs.hcml.
163 "At the moment it seems quite effectively disguised" : Winston S. Churchill, *Triumph and Tragedy* (New York, NY: RosettaBooks, 2013) Chapter 40.
164 But if you see the ultimate creation as the company: Jim Collins and Jerry I. Porras, *Built to Last: Successful Habits of Visionary Companies* (New York, NY: Harper Business, 2002) p. 28.

第6章

165 In the ever-renewing society: John W. Gardner, *Self-Renewal: The Individual and the Innovative Society* (New York, NY: W.W. Norton & Company, 1995) p. 5.
166 Just because the UCLA Bruins: "John Wooden---A Coaching Legend: October 14, 1910-June 4, 2010," UCLA Athletics, https://uclabruins.com/sports/2013/4/17/208183994.aspx.
167 In the words of F. Scott Fitzgerald: F. Scott Fitzgerald, "The Crack-Up," *Esquire,* February 1, 1936, http://classic.esquire.com/ the-crack-up.

第7章

168 "Strategy is easy" : A. Rock, "Strategy vs. Tactics from a Venture Capitalist," *Harvard Business Review,* November-December 1987, p. 63.
169 The development of the tank: William Manchester, *The Last Lion: Visions of Glory* (New York, NY: Dell Publishing, 1983) pp. 510-512.
170 Stages of industry evolution: Michael Porter, *Competitive Strategy* (New York, NY: The Free Press, 1980) pp. 158-162.
171 David Birch: D. Birch, "Trading Places," *Inc.,* April 1988, p. 42.
172 "His all pervading hope" : Winston S. Churchill, *The Gathering Storm* (Boston, MA: Houghton-Mifflin Company, 1948) p. 222.
173 created a separate department: Churchill, *The Gathering Storm,* p. 468.
174 "Sharp, scratchy, harsh, almost unpleasant individuals" : T. Watson, "The Greatest Capitalist in History," *Fortune,* August 31, 1987, p. 24.

175 "There is no higher and simpler law" : Carl von Clausewitz, *On War* (Princeton, NJ: Princeton University Press, 1976) p. 204.

176 profitable airline in the United States: "Southwest Airlines Reports 47th Consecutive Year of Profitability," Southwest Airlines, January 23, 2020, http://investors.southwest.com/news-and-events/news-releases/2020/01-23-22020-112908345.

177 When Robert Noyce and Gordon Moore: Leslie Berlin, *The Man behind the Microchip: Robert Noyce and the Invention of Silicon Valley* (New York, NY: Oxford University Press, 2005) p. 159.

178 Moore had calculated: Gordon E. Moore, "Cramming More Components onto Integrated Circuits," *Proceedings of the IEEE* 86, no. 1 (January 1998): 82-85. (This is a reprint from the original publication: Gordon E. Moore, "Cramming More Components onto Integrated Circuits," *Electronics* 38, no. 8 [April 19, 1965]: 114-117).

179 The 1103 became the best-selling memory chip: Berlin, *The Man Behind the Mi crochip,* Chapter 7, Chapter 8, Chapter 9.

180 "perennial gale of creative destruction" : Joseph A. Schumpeter, *Capitalism, Socialism and Democracy* (New York, NY: Harper Perennial, 2008) p. 84.

181 The answer: twenty-five squadrons: Winston S. Churchill, *Their Finest Hour* (New York, NY: RosettaBooks, 2013) Chapter 2.

182 "no matter what the consequences might be" : Churchill, *Their Finest Hour,* Chapter 2.

183 "We might not even have to die as individuals" : Winston S. Churchill, *The Grand Alliance* (New York, NY: RosettaBooks, 2013) Chapter 32.

184 in the words of Andy Grove: Andrew S. Grove, *Only the Paranoid Survive: How to Exploit the Crisis Points That Challenge Every Company* (New York, NY: Rosetta Books, 2004) Chapter 6.

185 As University of Virginia professor Gary Gallagher teaches: Gary W. Gallagher, *Robert E. Lee and His High Command Transcript Book* (Chantilly, VA: The Great Courses, 2004); Gary W. Gallagher, *The American Civil War Transcript Book* (Chantilly, VA: The Great Courses, 2000).

186 Abraham Lincoln papers: Series 1. General Correspondence. 1833-1916: Abraham Lincoln to George G. Meade, Tuesday, July 14, 1863 (Meade's failure to pursue Lee)," *Library of Congress* ,https://www.loc.gov/resource/ mal.2.480600/?sp=r&st=text.

187 What remains true under all imaginable conditions: Von Clausewitz, *On War,* p. 263.

188 "Don't grow too fast" : Interview on HP-TV video, viewed by the authors.

189 Osborne Computer priced: K. Baron, "Spectacular Failures," *Peninsula,* July 1989, p.40.

190 rapid growth tends to create arrogance: Baron, "Spectacular Failures," pp. 40-50.

191 University National Bank Case Example: "Small Business: Second Thoughts on Growth," *Inc.,* March 1991, pp. 60-66, and K. Moriarty, "University National Bank and Trust Company," *Stanford Business School* Case S-SB-125.

192 Warren Buffett has the best answer: Andrew Frye and Dakin Campbell, "Buffett Says Pricing Power More Important Than Good Management," *Bloomberg,* February 17, 2011, https://www.bloomberg.com/news/articles/2011-02-18/buffett-says-pricing-power-more-

import ant-than-good-management?sref=30J 96vqe.

193 "If you're diversified" : Larry Ansin, talk given at Stanford Business School, October 1990.

194 Cargill: M. Berss, "End of an Era," *Forbes,* April 29, 1991, p. 41.

195 Tensor: T. Gearreald, "Tensor Corporation," *Harvard Business School Case* #9-370 -041.

196 "It's a good thing we're not a publicly owned company" : J. Pereira, "L.L. Bean Scales Back Expansion Goals to Ensure Pride in Its Service is Valid," *Wall Street journal,* July 31, 1989.

197 Porter's caveats: Porter, *Competitive Strategy,* pp. 158-162.

第8章

198 "…all progress depends" : Jorgen Palshoj, "Design Management at Bang and Olufsen," in *Design Management,* ed. Mark Oakley (Oxford, England: Basil Blackwood, 1990) p. 42.

199 "This 'telephone'" : M. Miller "Sometimes the Biggest Mistake Is Saying No to a Future Success," *Wall Street journal* December 15, 1986, p. 30.

200 "The concept is interesting and well formed" : P. Ranganath Nayak and John M. Ketteringham, *Breakthroughs!* (New York, NY: Rawson Associates, 1986) p. 318.

201 "We don't tell you how to coach": Nayak and Ketteringham, *Breakthroughs!* p. 238.

202 "So we went to Atari and said": Steve Jobs, talk given at Stanford Business School, May 1980.

203 "You should franchise them":Vance H. Trimble, *Sam Walton* (New York, NY: Dutton, 1990) p. 99.

204 "We don't like their sound" : Miller, "Sometimes the Biggest Mistake Is Saying No to a Future Success," p. 30.

205 National Cash Register: Daniel J. Boorstin, *The Americans: The Democratic Experience* (New York, NY: Vintage Books, 1974) pp. 201-202.

206 "What's all this computer nonsense": Nayak and Ketteringham, *Breakthroughs!,* p.158.

207 "Drill for oil?": Boorstin, *The Americans: The Democratic Experience,* p. 46.

208 "the airplane is useless": Basil H. Liddell Hare, *The Real War* (Newport Beach, CA: Books on Tape, *Inc.,* 1989), cassette 3, side 1.

209 "The television will never achieve popularity": William Manchester, *The Glory and the Dream* (New York, NY: Bantam Books, 1990) p. 240.

210 ideas behind Macintosh: T. Simmers, "The Big Bang," *Peninsula,* July 1988, pp. 46-53.

211 the original McDonald's: Ray Kroc, *Grinding It Out: The Making of McDonald's* (New York, NY: Berkeley Publishing Corporation, 1977) pp. 5-13.

212 prototype of Personal Publisher: S. Bandura, "T/Maker: The Personal Publisher Decision," *Stanford Business School Case* #S-SB-111.

213 Tylenol: Lawrence G. Foster, *A Company That Cares: One Hundred Year Illustrated History of Johnson & Johnson* (New Brunswick, NJ: Johnson & Johnson Company, 1986) p. 123.

214 Oxydol and Lava Soap: Schisgall, *Eyes on Tomorrow: The Evolution of Procter & Gamble* (Chicago, IL: J. G. Ferguson Publishing Company, 1981) p. 112.

215 Wetordry: Minnesota Mining and Manufacturing Company, *Our Story So Far: Notes from*

the First 75 Years of 3M Company (St. Paul, MN: Minnesota Mining and Manufacturing Company, 1977) pp. 64-65.

216 Xerox: Miller, "Sometimes the Biggest Mistake Is Saying No to a Future Success," p. 30.

217 Stew Leonard's: Ron Zemke and Dick Schaaf, *The Service Edge: 101 Companies That Profit from Customer Care* (Markham, Ontario: Penguin Books, 1989) pp. 317- 321.

218 Walmart has a policy called LTC: Zemke and Schaaf, *The Service Edge,* p. 362.

219 LL.Bean innovations came: "L. L. Bean, Inc.," *Harvard Business School Case* #9-366-013.

220 The fax machine is: P. Drucker, "Marketing 101 for a Fast-Changing Decade," *Wall Street journal,* November 20, 1990.

221 3M Post-it Notes: Nayak and Ketteringham, *Breakthroughs!,* pp. 50-74.

222 Federal Express: Nayak and Ketteringham, *Breakthroughs!,* p. 318.

223 Debbie Fields: Debbie Fields, *One Smart Cookie* (New York, NY: Simon and Schuster, 1987) pp. 56-58.

224 David Sarnoff: Boorstin, The Americans: The Democratic Experience, p. 154. Windham Hill: Michael Ray and Rochelle Myers, Creativity in Business (New York, NY: Doubleday, 1986) p. 128.

225 The first microwave oven: Nayak and Ketteringham, Breakthrougsh!, p. 195.

226 Akio Morita of Sony: Akio Morita, Made in Japan (New York, NY: E.P. Dutton, 1986) p. 79.

227 "Consumers, when confronted with something new": Jean-Pierre Vitrac, "Prospective Design," in Design Management, ed. Mark Oakley (Oxford, England: Basil Blackwell, 1990) p. 305.

228 "Certainly, the search": Nayak and Ketteringham, Breakthroughs!, pp. 17-18. Personal Publisher product: S. Bandura, "T/ Maker: The Personal Publisher Decision," Stanford Business School Case #S-SB-111.

229 "Like most great ideas": Steve Jobs, talk given at Stanford Business School, May 1980.

230 Band-aids: Foster, A Company That Cares, p. 82.

231 "In my age group": Nayak and Ketteringham, Breakthroughs!, p. 119.

232 At L.L. Bean, for example: J. Skow, "Using the Old Bean," Sports Illustrated, December 2, 1985.

233 Johnson's Baby Powder: Foster, A Company That Cares, p. 32.

234 Ballard Medical Products: T. Richman, "Seducing the Customer: Dale Ballard's Perfect Selling Machine," Inc., April 1988, pp. 95-104.

235 "Of course, this is a somewhat unscientific": Paulo Viti and Pier Paride Vidari, "Design Management at Olivetti," in Design Management, ed. Mark Oakley (Oxford, England: Basil Blackwell, 1990) p. 305.

236 "What's important is experimentation": Vinod Khosla, talk given at Stanford Business School, October 1988.

237 Edison: J. Collins, "The Bright Side of Every Failure," San Jose Mercury News, March 29, 1987, p. PC 1.

238 "Gordon the Guided Missile": John Cleese, speech given December 9, 1987. The speech is reproduced by Video Arts of Northbrook, Illinois.

239 "The key to the Post-it": Nayak and Ketteringham, Breakthroughs!, p. 57.
240 "It [the popcorn]": Nayak and Ketteringham, Breakthroughs!, p. 185.
241 "I see Jennifer, Bill, and me" : B. Maxwell, "Powerfood's First Year: Powerbar News,
242 December, 1987, pp. 1-4.
243 For example, Novellus Systems: V. Rice, "A Model Company," San Jose Mercury News, February 21, 1991, p. B1.
244 Ford Model B: Robert Lacey, FORD: The Men and the Machine (New York, NY: Ballantine Books, 1989) p. 82.
245 Motorola product failures: Harry Mark Petrakis, The Founder's Touch: The Life of Paul Galvin of Motorola (New York, NY: McGraw-Hill Book Company, 1965) pp. 102, 129, 167, 180.
246 "People are allowed to be persistent": R. Burgelman, "Intraorganizational Ecology of Strategy-making and Organizational Adaptation: Theory and Field Research," Stanford Graduate School of Business Research Paper #1122, p. 24.
247 Intel's internal venture program: Burgelman, "Intraorganizational Ecology; p. 17.
248 "You have to balance the 'flakes'": Vinod Khosla, talk given at Stanford Business School, October 1988.
249 "If you want the best things to happen in corporate life": G. Melloan, "Herman Miller's Secrets of Corporate Creativity; Wall Street Journal, May 3, 1988, p. 31.
250 In describing Ben Franklin's: Daniel J. Boorstin, The Americans: The Colonial Experience (New York, NY: Vintage Books, 1958) pp. 251- 259.
251 "in business is conventional wisdom": Debi Coleman, Interview with authors, August 1991.
252 Boston Celtics: Interview on CBS Sports during the championship series, May 1988.
253 " ... they did the work": John Tracy Kidder, The Soul of a New Machine (Boston, MA: Little, Brown and Company, 1981) pp. 272-274.
254 Herman Miller: Melloan, "Herman Miller's Secrets."
255 Merck: From a talk given by Merck CEO Roy Vagelos at Stanford Business School, February 15, 1990.
256 Rosenberg and Birdzell: Nathan Rosenberg and L. E. Birdzell, Jr., How the T-Vest Grew Rich (New York, NY: Basic Books, Inc., 1986).
257 "You have to find a new structure for U.S. industry": Steve Solomon, "The Thinking Man's CEO; Inc., November 1988, pp. 29-42.
258 "If you are going to have literally hundreds": Paul Cook, talk given at Stanford Business School, April 17, 1981.
259 Herman Miller: Melloan, "Herman Miller's Secrets".
260 "You win one game": Kidder, The Soul of a New Machine, p. 228.
261 Ben and Jerry's: Paul Hawken, Growing a Business (New York, NY: Firside, 1988) p. 149.
262 Federal Express: Zemke and Schaaf, The Service Edge, p. 479.
263 William McKnight: Mildred Houghton Comfort, William McKnight: Industrialist (Minneapolis, MN: T. S. Dennison & Company, Inc., 1962) pp. 132, 139, 191.
264 Regis McKenna: Ray and Meyers, Creativity in Business, p. 91.

265 founder Paul Galvin: Petrakis, The Founder's Touch, p. 209.
266 Herman Miller lets its designers: Melloan, "Herman Miller's Secrets."
267 Claude Rosenberg, founder of: Talk given at Stanford Business School, November 8, 1984.
268 explains Ted Nierenberg: Talk given at Stanford Business School, December 5, 1984.
269 As Gerard Tellis and Peter Golder demonstrated: Gerard J. Tellis and Peter N. Golder, Will and Vision: How Latecomers Grow to Dominate Markets (New York, NY: McGraw-Hill, 2002) pp. xiii-xv, 43-46, 288-292.

第9章

270 "God is in the details": "Thoughts on Business of Life," Forbes, August 19, 1991, p.152.
271 Hemingway was once asked: Theodore A. Rees Cheney, Getting the Words Right (Cincinnati, OH: Writer's Digest Books, 1983) p. 3.
272 An Inc. magazine survey: J. Case, "The Origins of Entrepreneurship; Inc., June, 1989, p. 62.
273 Compaq, Apple, and IBM profits per employee: Compaq, Apple, and IBM 1990 annual reports.
274 "The key ingredient turned out to be": Vance H. Trimble, Sam Walton (New York, NY: Dutton, 1990) pp. 120-122.
275 "The bulk of the causes": W. Edwards Deming, Out of the Crisis (Cambridge, MA: Massachusetts Institute of Technology, Center for Advanced Engineering Study, 1986). This quote is repeated by Deming over and over in his seminars, and is repeated in various forms throughout his book. To gain a complete understanding of this quote, we highly recommend reading Deming's Out of the Crisis.
276 A. Richard Barber: R. Barber, "How L. L. Bean Restored My Soles-And Warmed My Soul," Wall Street Journal December 18, 1990, p. A12.
277 Airplane parts manufacturer: Peter F. Drucker, Concept of the Corporation (New York, NY: The John Day Company, 1972.) pp. 157-158.
278 how Federal Express managed: P. Ranganath Nayak and John Ketteringham, Breakthroughs! (New York, NY: Rawson Associates, 1986) pp. 314-322.
279 The famous Deming Prize: Mary Walton, The Deming Management Method (New York, NY: Perigee Books, 1986) pp. 3-21.
280 Stew Leonard's: Ron Zemke and Dick Schaaf, The Service Edge: 101 Companies That Profit from Customer Care (Markham, Ontario: Penguin Books, 1989) pp. 317-321.
281 Marriott: Zemke and Schaaf, The Service Edge, pp. 117-120.
282 Whole Foods: B. Posner, "The Best Little Handbook in Texas," Inc., February, 1989, pp. 84-87.
283 Jim Miller: Zemke and Schaaf, The Service Edge, pp. 516-519.
284 Parisan: Zemke and Schaaf, The Service Edge, pp. 356-359.
285 Domino's: Zemke and Schaaf, The Service Edge, pp. 301-304.
286 Stew Leonard's: Zemke and Schaaf, The Service Edge, pp. 317-321.
287 Home Depot: C. Hawkins, "Will Home Depot Be 'The Wal-Mart of the '90s'?," Business Week, March 19, 1990, p. 124.

288 Frederick Herzberg found: F. Herzberg, "One More Time: How Do You Motivate Employees?," Harvard Business Review, September-October 1987, pp. 109-120.
289 LL.Bean measures the: Zemke and Schaaf, The Service Edge, pp. 378-381.
290 Marriott: Zemke and Schaaf, The Service Edge, pp. 117-120.
291 Deluxe Corporation: Zemke and Schaaf, The Service Edge, pp. 446-449.
292 Bob Evans Restaurant: Zemke and Schaaf, The Service Edge, pp. 293-296.
293 Shewhart Cycle: Deming, Out of the Crisis, p. 88.
294 the "Golden Falcon" award: Zemke and Schaaf, The Service Edge, p. 479.
295 "I don't see how we can get": J. Skow, "Using the Old Bean," Sports Illustrated, December 2, 1985.
296 Watson of IBM: T. Watson, "The greatest Capitalist in History," Fortune, August 31, 1987, p. 24.
297 Studies on worker motivation: D. Yankelovich and J. Immerwahr, "Putting the Work Ethic to Work," Social Science and Modern Society 21, no. 2. (January-February, 1984): pp. 58-76.
298 what Fred Smith said: Nayak and Ketteringham, Breakthroughs!, pp. 314-322.

國家圖書館出版品預行編目（CIP）資料

恆久卓越的修煉／詹姆・柯林斯(Jim Collins), 比爾・雷吉爾（Bill Lazier）著；齊若蘭譯. -- 第一版. -- 臺北市：天下雜誌股份有限公司，2022.03
464面；14.8×21公分. --（天下財經 ；451）
譯自：BE 2.0 : turning your business into an enduring great company
ISBN 978-986-398-729-1（平裝）

1.企業管理　2.組織管理　3.職場成功法

494　　110018722

天下財經 451

恆久卓越的修煉

BE 2.0: Turning Your Business into an Enduring Great Company

作　　者／詹姆・柯林斯（Jim Collins）、比爾・雷吉爾（Bill Lazier）
譯　　者／齊若蘭
封面設計／Javick工作室
內頁排版／邱介惠
責任編輯／許　湘

天下雜誌群創辦人／殷允芃
天下雜誌董事長／吳迎春
出版部總編輯／吳韻儀
出 版 者／天下雜誌股份有限公司
地　　址／台北市 104 南京東路二段 139 號 11 樓
讀者服務／（02）2662-0332　傳真／(02）2662-6048
天下雜誌GROUP網址／ http://www.cw.com.tw
劃撥帳號／01895001天下雜誌股份有限公司
法律顧問／台英國際商務法律事務所・羅明通律師
製版印刷／中原造像股份有限公司
總 經 銷／大和圖書有限公司　電話／（02）8990-2588
出版日期／2022 年 3 月 2 日第一版第一次印行
　　　　　2022 年 5 月18日第一版第四次印行
定　　價／650 元

書 號：BCCF0451P
ISBN：978-986-398-729-1（平裝）

天下雜誌
觀念領先